高等院校理工类规划教材·“互联网+”系列

概率论与随机过程：分级练习与在线测试

李晓花　鞠红杰　黄煜可　编

北京邮电大学出版社
www.buptpress.com

内 容 简 介

本书由从事"概率论与随机过程"课程教学的一线教师编写而成，主要内容为各章知识要点、分级习题（基础篇、提高篇、挑战篇）、总习题和在线测试. 书中习题在内容编排上由浅入深、题型丰富，并融入了许多历年考研真题.

本书可作为高等院校理科、工科学生学习"概率论与随机过程"课程的学习指导书，也可作为教师的教学参考书.

图书在版编目(CIP)数据

概率论与随机过程：分级练习与在线测试 / 李晓花，鞠红杰，黄煜可编. -- 北京：北京邮电大学出版社，2024.1

ISBN 978-7-5635-7013-3

Ⅰ.①概… Ⅱ.①李… ②鞠… ③黄… Ⅲ.①概率论－高等学校－教学参考资料②随机过程－高等学校－教学参考资料 Ⅳ.①O211

中国国家版本馆 CIP 数据核字(2023)第 164389 号

策划编辑：彭 楠 **责任编辑**：彭 楠 米文秋 **责任校对**：张会良 **封面设计**：七星博纳

出版发行：北京邮电大学出版社
社 址：北京市海淀区西土城路 10 号
邮政编码：100876
发 行 部：电话：010-62282185 传真：010-62283578
E-mail：publish@bupt.edu.cn
经 销：各地新华书店
印 刷：保定市中画美凯印刷有限公司
开 本：787 mm×1 092 mm 1/16
印 张：13.75
字 数：344 千字
版 次：2024 年 1 月第 1 版
印 次：2024 年 1 月第 1 次印刷

ISBN 978-7-5635-7013-3 定价：39.00 元

前　　言

本书是“概率论与随机过程”课程的辅助用书，共11章，每章均包括：知识要点、分级习题、总习题和在线测试4个部分. 本书的分级习题包含北京邮电大学数学系概率教学组编著的《概率论与随机过程》中的全部课后习题的详细解答，并且本书的习题类型丰富、覆盖全面、代表性强. 此外，每章的习题根据知识点的常见度和解答的难度分为以下3个层次.

（1）基础篇：直接运用定义及基本性质即可求解.

（2）提高篇：①基本性质的灵活运用；②带有应用背景的题目（需要正确将生活中的随机现象转化为数学中的随机问题）.

（3）挑战篇：①计算难度较大；②涉及不常考知识点.

分级习题汇集了概率论与随机过程的基本解题思路、方法和技巧，部分典型习题或易错习题附加了知识点评，以帮助学生更好地理解相关知识点的运用. 概率论部分融入了考研真题，可以帮助学生有针对性地练习，并了解近年来的考试趋势. 作为知识扩充，本书附加了重点习题和难度较高习题的讲解视频，为了方便学生考查自己对知识的掌握情况，每章附加了在线测试. 习题讲解视频和在线测试题均以二维码的形式嵌入书中.

本书得到了高等学校大学数学教学研究与发展中心教改项目（编号：CMC20220204）的支持，在此表示感谢. 由于作者水平有限，书中难免有错误和不当之处，欢迎读者通过邮箱（xhli@bupt.edu.cn）指出错误和提出建议，以便我们及时纠正.

作　者

目　录

第 1 章

概率论的基本概念

一、知识要点

(一) 样本空间、样本点和随机事件

在随机试验 E 中，所有可能结果组成的集合称为 E 的**样本空间**，样本空间的元素称为**样本点**，用 ω 表示. 样本空间的子集为 E 的**随机事件**.

事件的运算法则：

(1) **交换律：** $A\cup B=B\cup A,\quad AB=BA.$

(2) **结合律：** $A\cup(B\cup C)=(A\cup B)\cup C,$

$$ABC=A(BC)=(AB)C.$$

(3) **分配律：** $A\cup(B\cap C)=(A\cup B)\cap(A\cup C),$

$$A(B\cup C)=(AB)\cup(AC).$$

(4) **对偶律：** $\overline{A\cup B}=\overline{A}\cap\overline{B},\quad \overline{A\cap B}=\overline{A}\cup\overline{B}.$

一般地，对有限个事件及可列个事件有

$$\overline{\bigcap_{i=1}^{n} A_i}=\bigcup_{i=1}^{n}\overline{A_i},\quad \overline{\bigcup_{i=1}^{n} A_i}=\bigcap_{i=1}^{n}\overline{A_i},$$

$$\overline{\bigcap_{n=1}^{\infty} A_n}=\bigcup_{n=1}^{\infty}\overline{A_n},\quad \overline{\bigcup_{n=1}^{\infty} A_n}=\bigcap_{n=1}^{\infty}\overline{A_n}.$$

(二) 古典概率和几何概率

若试验 E 具有以下特点：

(1) 试验样本空间中的样本点只有有限个；

(2) 试验中每个基本事件的发生具有等可能性，

则称试验 E 为**古典概型**(或**等可能概型**). 古典概型中事件的概率称为**古典概率**.

若试验 E 具有以下特点：

(1) 样本空间是直线或二维、三维空间中的度量有限的区间或区域；

(2) 样本点在其上是均匀分布的(即所有基本事件是等可能的)，

则称试验 E 为**几何概型**. 几何概型中事件的概率称为**几何概率**.

(三) 概率的公理化定义

定义(概率的公理化定义) 设 Ω 是试验 E 的样本空间，对于试验 E 的每一个事件 A 有一个实数与之对应，记为 $P(A)$，且具有以下性质：

(1) **非负性** $0\leqslant P(A)\leqslant 1$；

(2) **规范性** $P(\Omega)=1$；

(3) **可列可加性** 设$A_1,A_2,\cdots$是两两互不相容的事件，即$A_iA_j=\varnothing(i\neq j,i,j=1,2,\cdots)$，有

$$P\left(\bigcup_{i=1}^{\infty}A_i\right)=\sum_{i=1}^{\infty}P(A_i),$$

则称$P(A)$为事件A的概率.

(四) 条件概率、全概率公式和贝叶斯公式

条件概率：设A,B为两事件，且$P(B)>0$，则$P(A|B)=\dfrac{P(AB)}{P(B)}$.

乘法公式：

(1) 设A,B为两事件，且$P(B)>0$，则有$P(AB)=P(B)P(A|B)$.

(2) 设A,B,C为3个事件，且$P(AB)>0$，则有$P(ABC)=P(A)P(B|A)P(C|AB)$.

(3) 设$A_1,A_2,\cdots,A_n$为n个事件，$n\geqslant 2$，且$P(A_1A_2\cdots A_{n-1})>0$，则有

$P(A_1A_2\cdots A_n)=P(A_1)P(A_2|A_1)\cdots P(A_{n-1}|A_1A_2\cdots A_{n-2})P(A_n|A_1A_2\cdots A_{n-1})$.

全概率公式：

$$P(A)=\sum_{i=1}^{n}P(A|B_i)P(B_i),$$

其中$B_1,B_2,\cdots,B_n$为Ω的一个划分，且$P(B_i)>0(i=1,2,\cdots,n)$.

贝叶斯公式：

$$P(B_i|A)=\frac{P(A|B_i)P(B_i)}{\sum_{k=1}^{n}P(A|B_k)P(B_k)},\quad i=1,2,\cdots,n,$$

其中$B_1,B_2,\cdots,B_n$为Ω的一个划分，且$P(B_i)>0(i=1,2,\cdots,n)$，$P(A)>0$.

(五) 事件的独立性

(1) 2个事件A,B**相互独立**：

$$P(AB)=P(A)P(B).$$

(2) 3个事件A,B,C**两两相互独立**：

$$P(AB)=P(A)P(B),\quad P(BC)=P(B)P(C),\quad P(AC)=P(A)P(C).$$

(3) 3个事件A,B,C**相互独立**：

$$P(AB)=P(A)P(B),\quad P(BC)=P(B)P(C),\quad P(AC)=P(A)P(C),$$

$$P(ABC)=P(A)P(B)P(C).$$

(4) n个事件$A_1,A_2,\cdots,A_n$**相互独立**：对于任意$k(1<k\leqslant n)$，任意$1\leqslant i_1<i_2<\cdots<i_k\leqslant n$，

$$P(A_{i_1}A_{i_2}\cdots A_{i_k})=P(A_{i_1})P(A_{i_2})\cdots P(A_{i_k}).$$

二、分级习题

(一) 基础篇

• 样本空间及随机事件的表述问题

1. 写出下列各随机试验的样本空间.

(1) 连续抛掷一颗骰子 2 次,记录得到的点数;

(2) 连续抛掷一颗骰子 2 次,记录得到的点数之和;

(3) 连续抛掷一颗骰子,直到点数"6"出现为止,记录抛掷次数;

(4) 在(0,1)上任取三点,记录它们的坐标;

(5) 从一生产线上生产出来的产品,或为正品(记为 1),或为次品(记为 0),观察这些产品并把它们的情况记录下来,这样继续下去,直到生产了 2 件次品或检查了 4 件产品就停止记录.

解 (1) $\Omega_1=\{(1,1),(1,2),(1,3),(1,4),(1,5),(1,6),(2,1),(2,2),(2,3),(2,4),(2,5),(2,6),(3,1),(3,2),(3,3),(3,4),(3,5),(3,6),(4,1),(4,2),(4,3),(4,4),(4,5),(4,6),(5,1),(5,2),(5,3),(5,4),(5,5),(5,6),(6,1),(6,2),(6,3),(6,4),(6,5),(6,6)\}$.

(2) $\Omega_2=\{2,3,4,5,6,7,8,9,10,11,12\}$.

(3) $\Omega_3=\{n\mid n=1,2,\cdots\}$.

(4) $\Omega_4=\{(x_1,x_2,x_3)\mid 0<x_i<1,i=1,2,3\}$.

(5) $\Omega_5=\{00,100,010,1111,1110,1101,1011,0111,1100,1010,0110\}$.

2. 袋中有分别标有数字 1,2,3,4 的 4 张卡片,写出下列随机试验的样本空间.

(1) 从袋中不放回地先后抽取 2 张卡片,记录卡片上的数字;

(2) 从袋中有放回地先后抽取 2 张卡片,记录卡片上的数字;

(3) 从袋中任意抽取 2 张卡片,记录卡片上的数字;

(4) 从袋中不放回地一张接一张地抽取卡片,直到取出 1 号卡片为止,记录卡片上的数字.

解 (1) 不放回抽取 2 张卡片,样本空间为

$$\Omega_1=\{(1,2),(1,3),(1,4),(2,1),(2,3),(2,4),(3,1),(3,2),(3,4),(4,1),(4,2),(4,3)\}.$$

(2) 有放回抽取 2 张卡片,样本空间为

$$\Omega_2=\{(1,1),(1,2),(1,3),(1,4),(2,1),(2,2),(2,3),(2,4),(3,1),(3,2),(3,3),(3,4),(4,1),(4,2),(4,3),(4,4)\}.$$

(3) 任意抽取 2 张卡片,则不考虑抽取次序,样本空间为

$$\Omega_3=\{12,13,14,23,24,34\}.$$

(4) 从袋中不放回地一张接一张地抽取卡片,直到取出 1 号卡片为止,样本空间为

$\Omega_4=\{1,21,31,41,231,241,321,341,421,431,2341,2431,3241,3421,4231,4321\}$.

3. 考虑 4 件物品 a,b,c,d,假设所登记的这些物品的次序代表一个试验的结果,令事件 $A=\{$a 排在第一个位置$\}$,事件 $B=\{$b 排在第二个位置$\}$.

(1) 说出事件 $A\cup B$ 和 $A\cap B$ 的意义;

(2) 用试验结果表示 $A\cup B$ 和 $A\cap B$.

解 (1) $A\cup B$ 表示"a 排在第一个位置或 b 排在第二个位置";

$A\cap B$ 表示"a 排在第一个位置且 b 排在第二个位置".

(2) $A\cup B=\{$abcd,abdc,acdb,acbd,adbc,adcb,cbad,cbda,dbac,dbca$\}$;

$A\cap B=\{$abcd,abdc$\}$.

4. 叙述下列事件的对立事件.

(1) 掷 2 枚硬币，结果皆为正面；

(2) 加工 4 个产品，至少有一个正品；

(3) 甲产品畅销而乙产品滞销.

解 (1)“掷 2 枚硬币，结果皆为正面”的对立事件为“掷 2 枚硬币，至少出现一个反面”.

(2)“加工 4 个产品，至少有一个正品”的对立事件为“加工 4 个产品，4 个产品均为次品”.

(3)“甲产品畅销而乙产品滞销”的对立事件为“甲产品滞销或乙产品畅销”.

5. 设有 A,B,C,D 4 个事件，用运算关系表示：

(1) A,B,C,D 都发生；

(2) A,B,C,D 都不发生；

(3) A,B,C,D 至少有一个发生；

(4) A,B,C,D 恰有一个发生；

(5) A,B,C,D 至多有一个发生.

解 (1)“A,B,C,D 都发生”，即 $ABCD$.

(2)“A,B,C,D 都不发生”，即 $\overline{A}\,\overline{B}\,\overline{C}\,\overline{D}$.

(3)“A,B,C,D 至少有一个发生”，即 $A\cup B\cup C\cup D$.

(4)“A,B,C,D 恰有一个发生”，即 $A\overline{B}\,\overline{C}\,\overline{D}\cup\overline{A}B\overline{C}\,\overline{D}\cup\overline{A}\,\overline{B}C\overline{D}\cup\overline{A}\,\overline{B}\,\overline{C}D$.

(5)“A,B,C,D 至多有一个发生”，即 $\overline{A}\,\overline{B}\,\overline{C}\,\overline{D}\cup A\overline{B}\,\overline{C}\,\overline{D}\cup\overline{A}B\overline{C}\,\overline{D}\cup\overline{A}\,\overline{B}C\overline{D}\cup\overline{A}\,\overline{B}\,\overline{C}D$.

6. 在图 1-1 所示的电路中，以 A 表示事件“信号灯亮”，B,C,D 分别表示事件继电器接点 Ⅰ，Ⅱ，Ⅲ 闭合，试以 B,C,D 表示 A 及 $\overline{A}$.

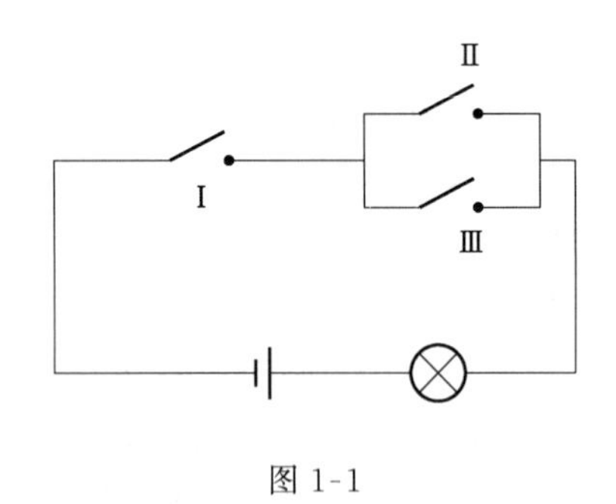

图 1-1

解 当接点Ⅰ闭合，同时接点Ⅱ或Ⅲ至少一个闭合时，信号灯亮，所以 $A=B\cap(C\cup D)$；当接点 Ⅰ 断开，或者接点 Ⅱ 和 Ⅲ 同时断开时，信号灯不亮，所以 $\overline{A}=\overline{B}\cup(\overline{C}\,\overline{D})$.

• **古典概型**

7. 设有 N 件产品，其中有 D 件次品，现从中任取 $n(n\leqslant N)$ 件，问其中恰有 $k(k\leqslant D)$ 件次品的概率是多少？

解 记事件 A 为“恰有 k 件次品”. 从 N 件产品中任取 n 件，总样本点数为 C_N^n. 若事件 A 发生，即 n 件产品中恰有 k 件次品，$n-k$ 件正品，样本点数为 $\mathrm{C}_D^k\mathrm{C}_{N-D}^{n-k}$，所以 $P(A)=\dfrac{\mathrm{C}_D^k\mathrm{C}_{N-D}^{n-k}}{\mathrm{C}_N^n}$.

8. 从 0,1,2,…,9 这些数字中随机有放回地取 4 个数字,并按其出现的先后顺序排成一列,求下列事件的概率:

(1) 4 个数字排成一个偶数;

(2) 4 个数字排成一个四位数;

(3) 4 个数字中 0 恰好出现 2 次;

(4) 4 个数字中 0 至少出现 1 次.

解　记(1)～(4)对应的事件分别为 $A_1 \sim A_4$. 该试验是有放回抽取,总样本点数为10^4.

(1) 若 A_1 发生,则最后一个数字为偶数,即 0,2,4,6,8 之一,前 3 个数字在 10 个数字中任意取,从而事件 A_1 所含样本点数为 $C_5^1 \cdot 10^3$,于是

$$P(A_1)=\frac{C_5^1 \cdot 10^3}{10^4}=0.5.$$

(2) 若 A_2 发生,即 4 个数字排成一个四位数,则千位上的数字不能为 0,其他数字任意,事件 A_2 所含样本点数为 $C_9^1 \cdot 10^3$,于是

$$P(A_2)=\frac{C_9^1 \cdot 10^3}{10^4}=0.9.$$

(3) 若 A_3 发生,即 4 个数字中 0 恰好出现 2 次,先选定 0 的位置,有 C_4^2 种可能,接着选剩余两个位置的数字,有 9^2 种可能,根据乘法原理,事件 A_3 所含样本点数为 $C_4^2 \cdot 9^2$,于是

$$P(A_3)=\frac{C_4^2 \cdot 9^2}{10^4}=0.0486.$$

(4) 若 A_4 发生,即 4 个数字中 0 至少出现 1 次,其对立事件 $\overline{A_4}$为"4 个数字中 0 没有出现",所含样本点数为 9^4,于是

$$P(A_4)=1-P(\overline{A_4})=1-\frac{9^4}{10^4}=0.3439.$$

9. 从 1,2,…,N 这些数字中不放回地取 n 个数,并按大小排列成 $x_1<x_2<\cdots<x_n$,求 $x_m=M(1\leqslant M\leqslant N)$的概率.

解　记事件 A 为"$x_m=M$". 从 N 个数中不放回地取 n 个数,总样本点数为 C_N^n. 若事件 A 发生,即第 m 个取到的数为 M,由题意可知,前 $m-1$ 个数均介于 1 到 $M-1$ 之间,后 $n-m$ 个数均介于 $M+1$ 到 N 之间,即$1\leqslant x_i\leqslant M-1(i=1,2,3,\cdots,m-1)$,$M+1\leqslant x_i\leqslant N(i=m+1,\cdots,n)$,事件 A 所含样本点数为 $C_{M-1}^{m-1}C_{N-M}^{n-m}$, 所以事件 $x_m=M(1\leqslant M\leqslant N)$发生的概率为 $P(A)=\dfrac{C_{M-1}^{m-1}C_{N-M}^{n-m}}{C_N^n}$.

10. 电梯中有 8 人,电梯自下而上经过 10 层,设每人在各层下电梯的概率均为$\frac{1}{10}$,求:

(1) 8 人在同一层下电梯的概率;

(2) 8 人恰有 2 人在顶层下电梯的概率;

(3) 8 人在不同楼层下电梯的概率.

解　记(1),(2),(3)对应的事件分别为 A,B,C. 该试验为古典概型,总样本点数为10^8.

(1) 若事件 A 发生,即 8 人同时在 10 层中的某一层下电梯,则有 10 种可能,于是

$$P(A)=\frac{10}{10^8}=\frac{1}{10^7}.$$

(2) 若事件 B 发生，即 8 人恰有 2 人在顶层下电梯，先选出在顶层下电梯的两个人，其他 6 人在非顶层的任一层下电梯，有 $\mathrm{C}_8^2 9^6$ 种可能，于是

$$P(B)=\frac{\mathrm{C}_8^2 9^6}{10^8}.$$

(3) 若事件 C 发生，即 8 人在不同楼层下电梯，有 A_{10}^8 种可能，于是

$$P(C)=\frac{\mathrm{A}_{10}^8}{10^8}.$$

11. 把 C、C、E、E、I、N、S 7 个字母分别写在 7 张同样的卡片上，并且将卡片放入同一盒中，现从盒中任意一张一张地将卡片取出，并将其按取到的顺序排成一列，假设排列结果恰好拼成一个英文单词 SCIENCE，问是否有理由怀疑这是一种魔术？

解 7 个字母分别写在 7 张同样的卡片上，若将两个 C 看成是可分辨的，两个 E 也看成是可分辨的，总样本点数为 7!. 记 A 表示“排列结果恰好为 SCIENCE”，A 发生，有 4 种可能(因为 C 有两种取法，E 也有两种取法). 因而

$$P(A)=\frac{4}{7!}=\frac{1}{1260}\approx 0.000\,79.$$

点评： 这个概率很小，该结果表明：如果多次重复这一抽卡试验，则我们所关心的事件在1260次试验中大约出现 1 次. 这种小概率事件在一次试验中发生了，人们有比较大的把握怀疑这是一种魔术.

12. n 双相异的鞋共 $2n$ 只，随机地分成 n 堆，每堆 2 只，求各堆都自成一双鞋的概率.

解 记 A 表示“各堆都自成一双鞋”. 把 $2n$ 只鞋分成 n 堆，每堆 2 只的分法数为 $\frac{(2n)!}{2!\,2!\cdots 2!}=\frac{(2n)!}{2^n}$. 而事件 A 发生有 $n!$ 种可能(将每双鞋视为一个整体，n 个整体全排列). 于是

第 1 章基础篇题 12

$$P(A)=\frac{n!}{(2n)!/2^n}=\frac{n!\,2^n}{(2n)!}.$$

13. 在 1～2000 的整数中随机地取一个数，问取到的整数既不能被 6 整除，又不能被 8 整除的概率是多少？

解 记 A 表示事件“取到的数能被 6 整除”，B 表示事件“取到的数能被 8 整除”，则 AB 表示“取到的数同时能被 6 与 8 整除”，即“取到的数能被 24 整除”.

由于 $333<\frac{2000}{6}<334$，$\frac{2000}{8}=250$，$83<\frac{2000}{24}<84$，所以 $P(A)=\frac{333}{2000}$，$P(B)=\frac{250}{2000}$，$P(AB)=\frac{83}{2000}$. 于是所求概率为

$$\begin{aligned}P(\overline{A}\,\overline{B})&=P(\overline{A\cup B})=1-P(A\cup B)\\&=1-[P(A)+P(B)-P(AB)]\\&=1-\left(\frac{333}{2000}+\frac{250}{2000}-\frac{83}{2000}\right)=\frac{3}{4}.\end{aligned}$$

- **几何概型**

14. 甲、乙两人约定中午 1 点到 2 点间在某地会面，约定先到者等候 10 分钟即离去，设甲、乙两人各自随意地在 1～2 点之间选一个时刻到达约会地点，问“甲、乙两人能会面”这一

事件的概率为多少?

解　记 A 表示"甲、乙两人能会面",设甲、乙两人到达会面点的时间分别为 1 点 x 分,y 分. 总样本空间可表示为 $\Omega=\{(x,y)\mid 0\leqslant x\leqslant 60,0\leqslant y\leqslant 60\}$,事件 A 可表示为 $A=\{(x,y)\mid |x-y|\leqslant 10\}$,如图 1-2 所示. 由几何概率公式可得

$$P(A)=\frac{L(A)}{L(\Omega)}=\frac{60^2-50^2}{60^2}=\frac{11}{36}.$$

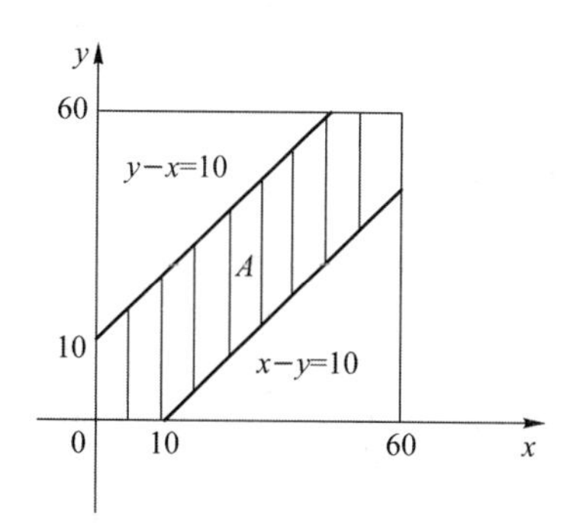

图 1-2

15. 在时间间隔 T 内,两个信号等可能地进入收音机,若两个信号的时间间隔小于 $t(0<t<T)$,则收音机受到干扰,求收音机受到干扰的概率.

解　设两个信号进入收音机的时间分别为 x,y,不妨设 $0\leqslant x\leqslant T,0\leqslant y\leqslant T$,记 A 表示事件"收音机受到干扰". 总样本空间为 $\Omega=\{(x,y)\mid 0\leqslant x\leqslant T,0\leqslant y\leqslant T\}$,事件 $A=\{(x,y)\mid |x-y|<t\}$,如图 1-3 所示. 由几何概率公式可得

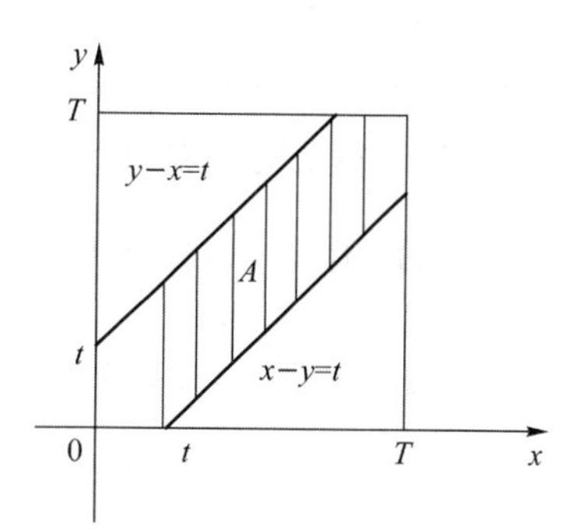

图 1-3

$$P(A)=\frac{L(A)}{L(\Omega)}=\frac{T^2-(T-t)^2}{T^2}=\frac{2tT-t^2}{T^2}.$$

16. 在区域 $D=\{(x,y)\mid (x-a)^2+y^2\leqslant a^2,y\geqslant 0\}$ 内随机投一点,求该点和原点的连线与 x 轴的夹角小于 $\frac{\pi}{4}$ 的概率.

解　该试验为几何概型,设 A 表示事件"该点和原点的连线与 x 轴的夹角小于 $\frac{\pi}{4}$",如图 1-4 所示. 由几何概率公式可得

$$P(A)=\frac{L(A)}{L(\Omega)}=\frac{\frac{\pi a^2}{4}+\frac{a^2}{2}}{\frac{\pi a^2}{2}}=\frac{\pi+2}{2\pi}.$$

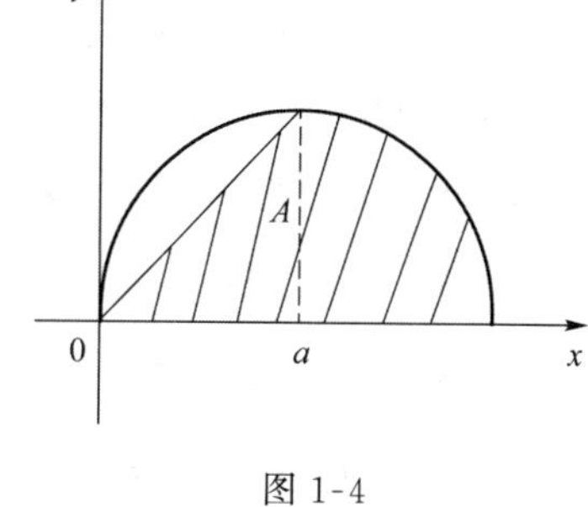

图 1-4

17. 在 $[0,1]$ 上任取两数,求两数之和小于 $\frac{6}{5}$ 的概率.

解 设所取的两个数分别为 x,y, A 表示事件"两数之和小于$\frac{6}{5}$". 总样本空间 $\Omega=\{(x,y)\mid 0\leqslant x\leqslant 1, 0\leqslant y\leqslant 1\}$, 事件 $A=\{(x,y)\mid x+y<\frac{6}{5}\}$, 如图 1-5 所示. 由几何概率公式可得

$$P(A)=\frac{L(A)}{L(\Omega)}=\frac{1-\frac{1}{2}\times\left(\frac{4}{5}\right)^2}{1}=0.68.$$

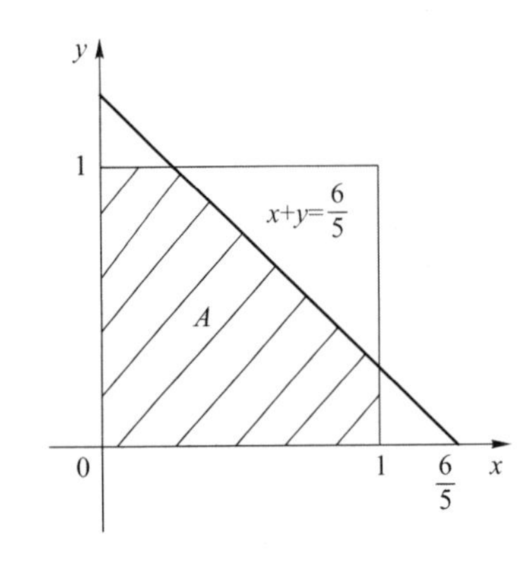

图 1-5

- **概率运算法则的应用**

18. 设 A,B,C 是 3 个事件, 已知 $P(A)=P(B)=P(C)=\frac{1}{4}$, $P(AB)=P(BC)=0$, $P(AC)=\frac{1}{8}$, 求 A,B,C 至少有一个发生的概率.

解 由 $P(AB)=0$, $ABC\subseteq AB$ 可知 $P(ABC)=0$. 由加法公式, 事件"A,B,C 至少有一个发生"的概率为

$$P(A\cup B\cup C)=P(A)+P(B)+P(C)-P(AB)-P(AC)-P(BC)+P(ABC)=\frac{5}{8}.$$

19. 设 $P(\overline{A})=0.3$, $P(B)=0.4$, $P(A\overline{B})=0.5$, 求 $P(A\cup\overline{B})$, $P(A\cup B)$, $P(\overline{A}\cup\overline{B})$.

解 由题意知, $P(A)=1-P(\overline{A})=0.7$, $P(\overline{B})=1-P(B)=1-0.4=0.6$. 又由 $P(A\overline{B})=P(A-AB)=P(A)-P(AB)=0.5$, 得到 $P(AB)=0.2$. 于是

第 1 章基础篇题 19

$$P(A\cup\overline{B})=P(A)+P(\overline{B})-P(A\overline{B})=0.7+0.6-0.5=0.8,$$

$$P(A\cup B)=P(A)+P(B)-P(AB)=0.7+0.4-0.2=0.9,$$

$$P(\overline{A}\cup\overline{B})=P(\overline{AB})=1-P(AB)=1-0.2=0.8.$$

20. 设两个相互独立的事件 A 与 B 都不发生的概率为$\frac{1}{9}$, A 发生 B 不发生的概率与 B 发生 A 不发生的概率相等, 求 $P(A)$.

解 由题意知, $P(A\overline{B})=P(\overline{A}B)$, 即 $P(A)-P(AB)=P(B)-P(AB)$, 可得 $P(A)=P(B)$. 由加法公式和事件独立性得到

$$
\begin{aligned}
P(\overline{A}\,\overline{B}) &= 1-P(A\cup B)\\
&= 1-[P(A)+P(B)-P(AB)]\\
&= 1-P(A)-P(B)+P(A)P(B)\\
&= 1-2P(A)+[P(A)]^2=\frac{1}{9},
\end{aligned}
$$

故 $P(A)=\dfrac{2}{3}$.

21. 甲、乙、丙 3 人独立地去破译一个密码,他们能译出的概率分别为$\dfrac{1}{5}$,$\dfrac{1}{3}$,$\dfrac{1}{4}$,求能将此密码译出的概率.

解　设 A 表示甲能破译密码,B 表示乙能破译密码,C 表示丙能破译密码. 由题意知,$P(A)=\dfrac{1}{5}$,$P(B)=\dfrac{1}{3}$,$P(C)=\dfrac{1}{4}$. 则由加法公式和独立性可得,将此密码译出的概率为

$$
\begin{aligned}
P(A\cup B\cup C) &= P(A)+P(B)+P(C)-P(AB)-P(AC)-P(BC)+P(ABC)\\
&= P(A)+P(B)+P(C)-P(A)P(B)-P(A)P(C)-P(B)P(C)+\\
&\quad P(A)P(B)P(C)\\
&= \frac{1}{5}+\frac{1}{3}+\frac{1}{4}-\frac{1}{5}\times\frac{1}{3}-\frac{1}{5}\times\frac{1}{4}-\frac{1}{3}\times\frac{1}{4}+\frac{1}{5}\times\frac{1}{3}\times\frac{1}{4}=\frac{3}{5}.
\end{aligned}
$$

22. 现有两名射手轮流对同一目标射击,甲命中的概率为 p_1,乙命中的概率为 p_2,甲先射击,谁先命中谁获胜,分别求甲、乙两人获胜的概率.

解　设 A_i 表示甲在第 i 次射击中命中目标,B_i 表示乙在第 i 次射击中命中目标,C 表示甲最终获胜,则 $C=A_1\cup\overline{A}_1\,\overline{B}_1A_2\cup\overline{A}_1\,\overline{B}_1\,\overline{A}_2\,\overline{B}_2A_3\cup\cdots$,且 $A_1,\overline{A}_1\,\overline{B}_1A_2,\overline{A}_1\,\overline{B}_1\,\overline{A}_2\,\overline{B}_2A_3,\cdots$ 两两互不相容,于是,甲最终获胜的概率为

$$
\begin{aligned}
P(C) &= P(A_1)+P(\overline{A}_1\,\overline{B}_1A_2)+P(\overline{A}_1\,\overline{B}_1\,\overline{A}_2\,\overline{B}_2A_3)+\cdots\\
&= P(A_1)+P(\overline{A}_1)P(\overline{B}_1)P(A_2)+P(\overline{A}_1)P(\overline{B}_1)P(\overline{A}_2)P(\overline{B}_2)P(A_3)+\cdots\\
&= p_1+(1-p_1)(1-p_2)p_1+(1-p_1)^2(1-p_2)^2p_1+\cdots\\
&= \frac{p_1}{1-(1-p_1)(1-p_2)}\\
&= \frac{p_1}{p_1+p_2-p_1p_2}.
\end{aligned}
$$

乙获胜的概率为 $P(\overline{C})=1-P(C)=\dfrac{p_2-p_1p_2}{p_1+p_2-p_1p_2}$.

- **条件概率和乘法公式的应用**

23. 设某一批产品的合格率为 80%,一级品率为 30%,现从这批产品中任取一件为合格品,求它是一级品的概率.

解　设 A 表示“任取一件为合格品”,B 表示“抽得一级品”,则 $B\subseteq A$. 由题意知,$P(A)=0.8$,$P(B)=0.3$. 则从这批产品中任取一件为合格品,它是一级品的概率为

$$
P(B|A)=\frac{P(AB)}{P(A)}=\frac{P(B)}{P(A)}=\frac{3}{8}.
$$

24. 设某种动物由出生算起活到 20 岁以上的概率为 0.8,活到 25 岁以上的概率为0.4. 问现年 20 岁的这种动物,它能活到 25 岁以上的概率是多少?

解 设 A 表示"某种动物由出生算起活到 20 岁以上",B 表示"某种动物由出生算起活到 25 岁以上",显然 $B \subseteq A$. 由题意知,$P(A)=0.8$,$P(B)=0.4$. 则现年 20 岁的这种动物,它能活到 25 岁以上的概率为

$$P(B|A)=\frac{P(AB)}{P(A)}=\frac{P(B)}{P(A)}=\frac{1}{2}.$$

- **全概率公式的应用**

25. 假设有甲、乙、丙、丁 4 个地区爆发了某种传染病,4 个地区的人口数基本持平,通过对患病人口分布和地理环境进行调研后发现这 4 个地区的人感染此病的概率分别为 $\frac{1}{6}$,$\frac{1}{5}$,$\frac{1}{4}$,$\frac{1}{3}$,现从这 4 个地区中随机找到一个人,那么此人患病的概率是多少?

解 设 A_1, A_2, A_3, A_4 分别表示"甲、乙、丙、丁 4 个地区",B 表示"此人患病".

$$\begin{aligned}P(B)&=P(A_1)P(B|A_1)+P(A_2)P(B|A_2)+P(A_3)P(B|A_3)+P(A_4)P(B|A_4)\\&=\frac{1}{4}\times\frac{1}{6}+\frac{1}{4}\times\frac{1}{5}+\frac{1}{4}\times\frac{1}{4}+\frac{1}{4}\times\frac{1}{3}=\frac{19}{80}.\end{aligned}$$

26. 设有一电路板是由电阻器、电容器和晶体管 3 种元件组成的,3 种元件的数目比为 3∶2∶1. 已知在电压升高一倍时,3 种元件损坏的概率分别为 0.1,0.3 和 0.6. 试求任取一元件在电压升高一倍后,它被损坏的概率.

第 1 章基础篇
题 26

解 设 A_1, A_2, A_3 分别表示检测到的元件为电阻器、电容器和晶体管,B 表示任取一元件它被损坏,则有 $P(A_1)=\frac{3}{6}$,$P(A_2)=\frac{2}{6}$,$P(A_3)=\frac{1}{6}$,$P(B|A_1)=\frac{1}{10}$,$P(B|A_2)=\frac{3}{10}$,$P(B|A_3)=\frac{6}{10}$. 由全概率公式,

$$\begin{aligned}P(B)&=P(A_1)P(B|A_1)+P(A_2)P(B|A_2)+P(A_3)P(B|A_3)\\&=\frac{3}{6}\times\frac{1}{10}+\frac{2}{6}\times\frac{3}{10}+\frac{1}{6}\times\frac{6}{10}=0.25.\end{aligned}$$

- **伯努利概型**

27. 一幢大楼装有 5 台同类型的供水设备,调查表明在任一时刻每台设备被使用的概率为 0.1,求在同一时刻:

(1) 恰有 2 台设备被使用的概率;

(2) 至少有 3 台设备被使用的概率;

(3) 至多有 3 台设备被使用的概率;

(4) 至少有 1 台设备被使用的概率.

解 设 A 表示"任一台设备被使用",则 $P(A)=0.1$. 5 台同类型设备同时供水可视为 5 重伯努利试验.

(1) 恰有 2 台设备被使用的概率为

$$P_1=C_5^2\times0.1^2\times0.9^3=0.0729.$$

(2) 至少有 3 台设备被使用的概率为

$$P_2=C_5^3\times0.1^3\times0.9^2+C_5^4\times0.1^4\times0.9+C_5^5\times0.1^5=0.0086.$$

(3) 至多有 3 台设备被使用的概率为

$$P_3=C_5^0\times0.9^5+C_5^1\times0.1\times0.9^4+C_5^2\times0.1^2\times0.9^3+C_5^3\times0.1^3\times0.9^2=0.9995.$$

(4) “至少有 1 台设备被使用”的对立事件为“没有设备被使用”,利用对立事件的概率可知,至少有 1 台设备被使用的概率为

$$P_4=1-C_5^0\times0.9^5=0.4095.$$

28. 某人向目标射击,每次击中目标的概率为 0.8,现独立地射击 10 次,求他至多击中 8 次目标的概率.

解　独立射击 10 次视为 10 重伯努利试验,则他至多击中 8 次目标的概率为

$$P=\sum_{k=0}^{8}C_{10}^k\times0.8^k\times0.2^{10-k}=1-C_{10}^9\times0.8^9\times0.2-C_{10}^{10}\times0.8^{10}\approx0.6242.$$

29. 设有 n 门高射炮同时独立地向一飞机各发射一发炮弹,每门炮的命中率均为 0.6,若要求至少有一门炮击中敌机的概率不低于 0.99,则 n 至少要多大?

解　至少有一门炮击中敌机的概率为

$$P=\sum_{k=1}^{n}C_n^k\times0.6^k\times0.4^{n-k}=1-C_n^0\times0.6^0\times0.4^n=1-0.4^n,$$

要使得 $P\geqslant0.99$,即 $1-0.4^n\geqslant0.99$,得到 $n\geqslant\frac{\ln 0.01}{\ln 0.4}\approx5.02$,故 n 至少为 6.

30. 设某射手在 3 次独立射击中至少命中一次的概率为 0.875,求在一次射击中命中靶子的概率.

解　设该射手在一次射击中命中靶子的概率为 p. 在 3 次独立射击中至少命中一次的概率为

$$P=\sum_{k=1}^{3}C_3^k p^k(1-p)^{3-k}=1-C_3^0p^0(1-p)^3=1-(1-p)^3.$$

由题意知 $1-(1-p)^3=0.875$,解得 $p=0.5$.

31. 设在伯努利试验中,事件 A 出现的概率为 $p(0<p<1)$. 将伯努利试验独立重复地一直做下去,称为可列伯努利试验. 证明在可列伯努利试验中,“事件 A 终将出现”的概率为 1.

证明　设 D 表示“事件 A 终将出现”,则 $D=A\cup\overline{A}A\cup\overline{A}\,\overline{A}A\cup\cdots$. 于是

$$\begin{aligned}P(D)&=P(A)+P(\overline{A}A)+P(\overline{A}\,\overline{A}A)+\cdots\\&=p+(1-p)p+(1-p)^2p+\cdots\\&=p\cdot\frac{1}{1-(1-p)}=1.\end{aligned}$$

点评: 本题只要 $p>0$,无论 p 多么小,不停地做实验,“事件 A 终将出现”的概率为 1,这体现了做事持之以恒,坚持不懈的重要性.

(二) 提高篇

- **取球问题**

题型总结: 取球问题是古典概型中一类重要而常见的问题. 由于取球的方式、球色的搭配及最终考虑的问题不同,其内容可以说是形形色色、千差万别. 常见的模型及处理方式如下.

(1) 独立重复试验模型:关键词为“有放回地抽取”,即下一次的取球试验与上一次的相同.

(2) 超几何分布模型:关键词为“不放回地抽取”.

(3) 与条件概率和乘法公式相关:此类问题通常包含一个抽球的规则,并一次次地抽取,要注意前一次的结果对后一步抽球的影响.

(4) 与全概率公式和贝叶斯公式相关:此类问题通常是多次取球,最后一步取球的结果与前一步或前两步有关,把前面取球的所有情况当作一个划分,然后用全概率公式和贝叶斯公式计算所求.

1. 袋中装有7只球,其中5只红球、2只黄球.从袋中任取一球,观察颜色后放回,再从袋中任取一球,求:

(1) 两次都取得黄球的概率;

(2) 第一次取得红球,第二次取得黄球的概率;

(3) 两次取得的球为红、黄各一球的概率;

(4) 第二次取得红球的概率.

解 设(1)~(4)中的事件分别记为 $A_1\sim A_4$.本试验为有放回抽样,总样本点数为 $7^2=49$.

(1) 事件 A_1 所含样本点数为 $2^2=4$,于是 $P(A_1)=\frac{4}{49}$.

(2) 事件 A_2 所含样本点数为 $5\times2=10$,于是 $P(A_2)=\frac{10}{49}$.

(3) 若事件 A_3 发生,则"第一次取得红球,第二次取得黄球"或者"第一次取得黄球,第二次取得红球",所含样本点数为 $5\times2+2\times5=20$,于是 $P(A_3)=\frac{20}{49}$.

(4) 若事件 A_4 发生,即第二次取得红球,而第一次可能是红球也可能是黄球,所以事件 A_4 所含样本点数为 $5\times7=35$,于是 $P(A_4)=\frac{35}{49}=\frac{5}{7}$.

2. 袋中有 α 个白球和 β 个黑球,从中任意地接连取出 $k+1(k+1\leqslant\alpha+\beta)$ 个球,若每次取后不放回,试求最后取出的球是白球的概率.

解 记事件 $A=$"最后取出的球是白球".本试验为不放回抽取,总样本点数为 $\mathrm{A}_{\alpha+\beta}^{k+1}$.

若事件 A 发生,最后一次取的是白球,有 C_α^1 种取法,前 k 次在剩余 $\alpha+\beta-1$ 个球中任取 k 个,有 $\mathrm{A}_{\alpha+\beta-1}^k$ 种取法,按照乘法原理,事件 A 所含样本点数为 $\mathrm{C}_\alpha^1\mathrm{A}_{\alpha+\beta-1}^k$.所以,

$$P(A)=\frac{\mathrm{C}_\alpha^1\mathrm{A}_{\alpha+\beta-1}^k}{\mathrm{A}_{\alpha+\beta}^{k+1}}=\frac{\alpha}{\alpha+\beta}.$$

3. 将3个球随机地放到4个盒子中(球与盒均可辨),求:

(1) 盒子中球的最大个数分别是1、2、3的概率;

(2) 恰有1个盒子空着的概率.

解 将3个球随机地放到4个盒子中(球与盒均可辨),每个球有4种可能,总样本点数为 4^3.

(1) 记 A_i 表示盒子中球的最大个数为 $i(i=1,2,3)$.

若 A_1 发生,则有3个盒子每个盒子中有一个球,共有 $\mathrm{C}_4^1\times3!$ 种可能,于是

$$P(A_1)=\frac{\mathrm{C}_4^1\times3!}{4^3}=\frac{3}{8}.$$

若 A_2 发生,则一个盒子中有2个球,一个盒子中有1个球,共有 $\mathrm{C}_4^1\mathrm{C}_3^2\mathrm{C}_3^1$ 种可能,于是

$$P(A_2)=\frac{C_4^1\ C_3^2\ C_3^1}{4^3}=\frac{9}{16}.$$

若 A_3 发生，则一个盒子中有 3 个球，其他盒子中没有球，共有 C_4^1 种可能，于是

$$P(A_3)=\frac{C_4^1}{4^3}=\frac{1}{16}.$$

(2) 记 B 表示"恰有 1 个盒子空着". 若 B 发生，分两步进行：先在 4 个盒子中选 1 个是空盒子，有 C_4^1 种可能；另外 3 个盒子中各有 1 个球，共有 3! 种可能. 于是事件 B 所含样本点数为 $C_4^1\times 3!$，所以

$$P(B)=\frac{C_4^1\times 3!}{4^3}=\frac{3}{8}.$$

4. 有甲、乙、丙三罐，甲罐中有白球 2 只和黑球 1 只，乙罐中有白球 1 只和黑球 2 只，丙罐中有白球 2 只和黑球 2 只，现从甲罐中随机地取一球放到乙罐中，然后再从乙罐中随机地取一球放到丙罐中，最后从丙罐中任取出一球，求：

(1) 3 次都取到白球的概率；

(2) 第 3 次才取到白球的概率；

(3) 第 3 次取到白球的概率.

解　设 A_i 表示第 i 次取到白球($i=1,2,3$)，则 $\overline{A}_i$ 表示第 i 次取到黑球.

(1) 3 次都取到白球的概率为

$$P(A_1A_2A_3)=P(A_1)P(A_2|A_1)P(A_3|A_1A_2)=\frac{2}{3}\times\frac{2}{4}\times\frac{3}{5}=\frac{1}{5}.$$

(2) 第 3 次才取到白球的概率为

$$P(\overline{A}_1\ \overline{A}_2A_3)=P(\overline{A}_1)P(\overline{A}_2|\overline{A}_1)P(A_3|\overline{A}_1\ \overline{A}_2)=\frac{1}{3}\times\frac{3}{4}\times\frac{2}{5}=\frac{1}{10}.$$

(3) 事件"第 3 次取到白球"为 $\overline{A}_1\ \overline{A}_2A_3\cup\overline{A}_1A_2A_3\cup A_1\ \overline{A}_2A_3\cup A_1A_2A_3$，且 $\overline{A}_1\ \overline{A}_2A_3$，$\overline{A}_1A_2A_3$，$A_1\ \overline{A}_2A_3$，$A_1A_2A_3$ 两两互不相容. 由乘法公式，

$$P(\overline{A}_1A_2A_3)=P(\overline{A}_1)P(A_2|\overline{A}_1)P(A_3|\overline{A}_1A_2)=\frac{1}{3}\times\frac{1}{4}\times\frac{3}{5}=\frac{1}{20},$$

$$P(A_1\ \overline{A}_2A_3)=P(A_1)P(\overline{A}_2|A_1)P(A_3|A_1\ \overline{A}_2)=\frac{2}{3}\times\frac{2}{4}\times\frac{2}{5}=\frac{2}{15},$$

第 3 次取到白球的概率为

$$\begin{aligned}&P(\overline{A}_1\ \overline{A}_2A_3\cup\overline{A}_1A_2A_3\cup A_1\ \overline{A}_2A_3\cup A_1A_2A_3)\\=&P(\overline{A}_1\ \overline{A}_2A_3)+P(\overline{A}_1A_2A_3)+P(A_1\ \overline{A}_2A_3)+P(A_1A_2A_3)\\=&\frac{1}{10}+\frac{1}{20}+\frac{2}{15}+\frac{1}{5}=\frac{29}{60}.\end{aligned}$$

5. 盒中有 12 个乒乓球，9 个没用过，第一次比赛从盒中任取 3 个球，用后放回，第二次比赛再从盒中任取 3 个球，求第二次比赛时所取的 3 个球都没用过的概率.

第 1 章提高篇题 5

解　设 A_i 表示第一次比赛从盒中取的 3 个球中有 i 个没用过($i=0,1,2,3$)，B 表示第二次比赛时所取的 3 个球都没用过. 由全概率公式，

$$\begin{aligned}P(B)&=P(A_0)P(B|A_0)+P(A_1)P(B|A_1)+P(A_2)P(B|A_2)+P(A_3)P(B|A_3)\\&=\frac{C_3^3}{C_{12}^3}\times\frac{C_9^3}{C_{12}^3}+\frac{C_9^1C_3^2}{C_{12}^3}\times\frac{C_8^3}{C_{12}^3}+\frac{C_9^2C_3^1}{C_{12}^3}\times\frac{C_7^3}{C_{12}^3}+\frac{C_9^3}{C_{12}^3}\times\frac{C_6^3}{C_{12}^3}=0.1457.\end{aligned}$$

6. 设有甲、乙两袋，甲袋中装有 n 个白球，m 个红球，乙袋中装有 N 个白球，M 个红球，现从甲袋中任意取一球放到乙袋中，再从乙袋中任意取一球，求取到白球的概率. 若从乙袋中取出的是红球，求从甲袋中取出放到乙袋的球为白球的概率.

解 设 A 表示从甲袋中取到白球，B 表示从乙袋中取到白球. 由全概率公式，

$$\begin{aligned}P(B)&=P(A)P(B|A)+P(\overline{A})P(B|\overline{A})\\&=\frac{n}{n+m}\frac{N+1}{N+M+1}+\frac{m}{n+m}\frac{N}{N+M+1}\\&=\frac{n(N+1)+mN}{(n+m)(N+M+1)}.\end{aligned}$$

由贝叶斯公式，可得若从乙袋中取出的是红球，则从甲袋中取出放到乙袋的球为白球的概率为

$$\begin{aligned}P(A|\overline{B})&=\frac{P(A)P(\overline{B}|A)}{P(A)P(\overline{B}|A)+P(\overline{A})P(\overline{B}|\overline{A})}\\&=\frac{\frac{n}{n+m}\frac{M}{N+M+1}}{\frac{n}{n+m}\frac{M}{N+M+1}+\frac{m}{n+m}\frac{M+1}{N+M+1}}\\&=\frac{nM}{nM+m(M+1)}.\end{aligned}$$

7. 有 a,b,c 3 个盒子，a 盒子中有 1 个白球和 2 个黑球，b 盒子中有 1 个黑球和 2 个白球，c 盒子中有 3 个白球和 3 个黑球，现掷一骰子以决定选盒，若出现 1,2,3 点，则选 a 盒，若出现 4 点，则选 b 盒，若出现 5,6 点，则选 c 盒，在选出的盒子中任取一球：

(1) 求取出白球的概率；

(2) 若取出的是白球，分别求此球来自 a,b,c 三盒的概率.

解 设 A_1 表示选 a 盒，A_2 表示选 b 盒，A_3 表示选 c 盒，B 表示取到白球. 由题意可知，

$$P(A_1)=\frac{3}{6}=\frac{1}{2},\quad P(A_2)=\frac{1}{6},\quad P(A_3)=\frac{2}{6}=\frac{1}{3},$$

$$P(B|A_1)=\frac{1}{3},\quad P(B|A_2)=\frac{2}{3},\quad P(B|A_3)=\frac{3}{6}=\frac{1}{2}.$$

(1) 由全概率公式可得

$$\begin{aligned}P(B)&=P(A_1)P(B|A_1)+P(A_2)P(B|A_2)+P(A_3)P(B|A_3)\\&=\frac{1}{2}\times\frac{1}{3}+\frac{1}{6}\times\frac{2}{3}+\frac{1}{3}\times\frac{1}{2}=\frac{4}{9}.\end{aligned}$$

(2) 由贝叶斯公式可得，若取出的是白球，此球来自 a,b,c 三盒的概率分别为

$$P(A_1|B)=\frac{P(A_1)P(B|A_1)}{P(B)}=\frac{\frac{1}{2}\times\frac{1}{3}}{\frac{4}{9}}=\frac{3}{8};$$

$$P(A_2|B)=\frac{P(A_2)P(B|A_2)}{P(B)}=\frac{\frac{1}{6}\times\frac{2}{3}}{\frac{4}{9}}=\frac{1}{4};$$

$$P(A_3|B)=\frac{P(A_3)P(B|A_3)}{P(B)}=\frac{\frac{1}{3}\times\frac{1}{2}}{\frac{4}{9}}=\frac{3}{8}.$$

• **机会游戏：玩扑克和掷骰子问题**

8. 从一副扑克的 13 张黑桃中一张一张有放回地抽取 3 次，求：

(1) 抽到没有同号的概率；

(2) 抽到有同号的概率；

(3) 抽到最多有两张同号的概率.

解　分别记(1)～(3)中的事件为 A,B,C. 该试验是有放回抽取，总样本点数为13^3.

(1) 若事件 A 发生，3 张扑克牌不同号，有A_{13}^3种可能，于是

$$P(A)=\frac{\mathrm{A}_{13}^3}{13^3}=\frac{132}{169}.$$

(2) 若事件 B 发生，所抽 3 张扑克牌中有同号，即事件 A 的对立事件，于是

$$P(B)=1-\frac{\mathrm{A}_{13}^3}{13^3}=\frac{37}{169}.$$

(3) 若事件 C 发生，抽到最多有两张同号，即"所抽 3 张均同号"的对立事件，记 D 为"所抽 3 张均同号"，若 D 发生，则 3 次抽到的是同一张扑克牌，有 C_{13}^1 种可能，$P(D)=\frac{13}{13^3}=\frac{1}{169}$，于是

$$P(C)=1-P(D)=\frac{168}{169}.$$

9. 甲、乙、丙、丁 4 人玩扑克牌，甲、丙为一家，乙、丁为一家，假定把 52 张牌随机地分给每人 13 张，且定义事件 $B_1=\{$甲、丙两人共拿到 3 张 A$\}$，$B_2=\{$乙、丁两人共拿到 3 张 A$\}$，$C=\{$玩牌者有一家(两人)拿到 3 张 A$\}$. 试问：

(1) B_1,B_2 是否为互斥事件？

(2) B_1,B_2 是否为独立事件？

(3) 求概率 $P(C)$.

解　(1) 因为一副扑克牌共有 4 张 A，所以 B_1,B_2 不可能同时发生，故 B_1,B_2 是互斥事件.

(2) 由(1)知 $P(B_1B_2)=0$，而 $P(B_1)\neq 0$，$P(B_2)\neq 0$，所以 $P(B_1B_2)\neq P(B_1)P(B_2)$，$B_1,B_2$ 不相互独立.

(3) 将甲、丙看作一个盒子，将乙、丁看作一个盒子，将 4 张 A 看作 4 个球，该试验相当于将 4 个球分到 2 个盒子中，共有 2^4 种可能. C 发生等价于两个盒子中有一个盒子有 3 个球，有 $\mathrm{C}_2^1\mathrm{C}_4^3$ 种可能，故 $P(C)=\frac{\mathrm{C}_2^1\mathrm{C}_4^3}{2^4}=\frac{1}{2}$.

10. 一次掷 10 颗骰子，已知至少出现了一个 1 点，求至少出现两个 1 点的概率.

解　设 A 表示"至少出现一个 1 点"，B 表示"至少出现两个 1 点"，显然 $B\subset A$. 利用逆运算可得，事件 A 发生的概率为 $P(A)=1-\frac{5^{10}}{6^{10}}$. 若事件 B 发生，其对立事件为"没有出现 1 点或恰出现一个 1 点"，则 B 发生的概率为 $P(B)=1-\frac{5^{10}}{6^{10}}-\frac{\mathrm{C}_{10}^1 5^9}{6^{10}}$.

于是，已知至少出现了一个 1 点，至少出现两个 1 点的概率为

$$P(B|A)=\frac{P(AB)}{P(A)}=\frac{P(B)}{P(A)}=\frac{6^{10}-5^{10}-\mathrm{C}_{10}^1 5^9}{6^{10}-5^{10}}.$$

11. 掷两颗骰子，X_1,X_2 分别表示第一颗与第二颗骰子出现的点数，事件 $A=\{X_1+X_2=10\}$，$B=\{X_1>X_2\}$，求条件概率 $P(B|A)$ 和 $P(A|B)$.

解 事件 $A=\{(4,6),(5,5),(6,4)\}$,$B=\{(2,1),(3,1),(4,1),(5,1),(6,1),(3,2),(4,2),(5,2),(6,2),(4,3),(5,3),(6,3),(5,4),(6,4),(6,5)\}$,$AB=\{(6,4)\}$,于是

$$P(B|A)=\frac{P(AB)}{P(A)}=\frac{1}{3},\quad P(A|B)=\frac{P(AB)}{P(B)}=\frac{1}{15}.$$

12. 10 个考签中有 4 个难签,3 个人参加抽签(不放回),甲先,乙次,丙最后,求:

(1) 甲、乙、丙均抽得难签的概率;

(2) 甲、乙、丙各抽得难签的概率.

解 设 A,B,C 分别表示甲、乙、丙抽得难签.

(1) 甲、乙、丙均抽得难签的概率为

$$P(ABC)=P(A)P(B|A)P(C|AB)=\frac{4}{10}\times\frac{3}{9}\times\frac{2}{8}=\frac{1}{30}.$$

(2) 甲抽得难签的概率为 $P(A)=\frac{4}{10}=\frac{2}{5}$,乙抽得难签,即 $AB\cup\overline{A}B$,由全概率公式得

$$P(B)=P(A)P(B|A)+P(\overline{A})P(B|\overline{A})=\frac{4}{10}\times\frac{3}{9}+\frac{6}{10}\times\frac{4}{9}=\frac{2}{5},$$

丙抽得难签的概率为

$$\begin{aligned}P(C)=&P(A)P(B|A)P(C|AB)+P(\overline{A})P(B|\overline{A})P(C|\overline{A}B)+\\&P(A)P(\overline{B}|A)P(C|A\overline{B})+P(\overline{A})P(\overline{B}|\overline{A})P(C|\overline{A}\,\overline{B})\\=&\frac{4}{10}\times\frac{3}{9}\times\frac{2}{8}+\frac{6}{10}\times\frac{4}{9}\times\frac{3}{8}+\frac{4}{10}\times\frac{6}{9}\times\frac{3}{8}+\frac{6}{10}\times\frac{5}{9}\times\frac{4}{8}=\frac{2}{5}.\end{aligned}$$

> **点评**:抽签能够成为大家普遍接受的方法,就有它的合理性. 这个合理性的基础就是"抽签虽有先后次序,但对参加抽签的各人应该是公平的,与先后次序无关".

(三) 挑战篇

1. 设猎人在距猎物 100 米处对猎物打第一枪,命中猎物的概率为 0.5,若第一枪未命中,则猎人继续打第二枪,此时猎人与猎物已相距 150 米,若第二枪仍未命中,则猎人继续打第三枪,此时猎人与猎物已相距 200 米,若第三枪还未命中,则猎物逃逸. 假设猎人命中猎物的概率与距离呈反比,试求猎物被击中的概率.

解 记事件 A,B,C 分别表示"猎人在 100 米、150 米、200 米处击中猎物",事件 D 表示"猎人击中猎物",$D=A\cup\overline{A}B\cup\overline{A}\,\overline{B}C$,易见 $A,\overline{A}B,\overline{A}\,\overline{B}C$ 两两互不相容. 因为猎人命中猎物的概率与距离呈反比,设

$$P(A)=\frac{k}{100},$$

得 $k=50$. 于是 $P(B)=\frac{50}{150}=\frac{1}{3}$,$P(C)=\frac{50}{200}=\frac{1}{4}$,进而

$$P(D)=P(A)+P(\overline{A}B)+P(\overline{A}\,\overline{B}C)=\frac{1}{2}+\frac{1}{2}\times\frac{1}{3}+\frac{1}{2}\times\frac{2}{3}\times\frac{1}{4}=\frac{3}{4}.$$

2. 某人将 n 封写好的信随机装入 n 个写好相应地址的信封中,问没有一封信装对的概率是多少?

解 设 A_i 表示"恰好装对第 i 封信"$(i=1,2,\cdots,n)$,D 表示"没有一封信装对",即"至少有一封信装对"的对立事件. 该试验的总样本点数为 $n!$.

第 i 封信装对的概率为 $P(A_i)=\frac{(n-1)!}{n!}(i=1,2,\cdots,n)$;第 i 封和第 j 封信装对的概率

为 $P(A_iA_j)=\frac{(n-2)!}{n!}(1\leqslant i<j\leqslant n)$；第 $i_1,i_2,\cdots,i_k$ 封信装对的概率为 $P(A_{i_1}A_{i_2}\cdots A_{i_k})=\frac{(n-k)!}{n!}$. 于是，

$$\begin{aligned}P(D)&=P(\overline{A}_1\overline{A}_2\cdots\overline{A}_n)=1-P(A_1\cup A_2\cup\cdots\cup A_n)\\&=1-[\sum_{i=1}^{n}P(A_i)-\sum_{1\leqslant i<j\leqslant n}P(A_iA_j)+\sum_{1\leqslant i<j<k\leqslant n}P(A_iA_jA_k)-\cdots+\\&\quad(-1)^{n-1}P(A_1A_2\cdots A_n)]\\&=1-[n\cdot\frac{(n-1)!}{n!}-C_n^2\frac{(n-2)!}{n!}+C_n^3\frac{(n-3)!}{n!}-\cdots+(-1)^{n-1}\frac{1}{n!}]\\&=\frac{1}{2!}-\frac{1}{3!}+\cdots+(-1)^n\frac{1}{n!}.\end{aligned}$$

3. 某人依次参加 4 门课程考试，第一门课程考试及格的概率为 p，以后各门课程考试及格的概率依前一门课程考试及格与否分别为 p 和 $\frac{p}{2}$，在 4 门课程考试中如果至少有 3 门课程考试及格，则此人被录取. 求此人被录取的概率.

解　设 A_i 表示"此人第 i 门课程考试及格"，B 表示"此人被录取". 由题意知，$P(A_1)=p$，$P(A_i|A_{i-1})=p$，$P(A_i|\overline{A}_{i-1})=\frac{p}{2}(i=2,3,4)$. 此人被录取的概率为

$$\begin{aligned}P(B)&=P(A_1A_2A_3)+P(\overline{A}_1A_2A_3A_4)+P(A_1\overline{A}_2A_3A_4)+P(A_1A_2\overline{A}_3A_4)\\&=P(A_1)P(A_2|A_1)P(A_3|A_1A_2)+\\&\quad P(\overline{A}_1)P(A_2|\overline{A}_1)P(A_3|\overline{A}_1A_2)P(A_4|\overline{A}_1A_2A_3)+\\&\quad P(A_1)P(\overline{A}_2|A_1)P(A_3|A_1\overline{A}_2)P(A_4|A_1\overline{A}_2A_3)+\\&\quad P(A_1)P(A_2|A_1)P(\overline{A}_3|A_1A_2)P(A_4|A_1A_2\overline{A}_3)\\&=P(A_1)P(A_2|A_1)P(A_3|A_2)+\\&\quad P(\overline{A}_1)P(A_2|\overline{A}_1)P(A_3|A_2)P(A_4|A_3)+\\&\quad P(A_1)P(\overline{A}_2|A_1)P(A_3|\overline{A}_2)P(A_4|A_3)+\\&\quad P(A_1)P(A_2|A_1)P(\overline{A}_3|A_2)P(A_4|\overline{A}_3)\\&=p^3+3(1-p)\frac{p}{2}p^2\\&=\frac{5}{2}p^3-\frac{3}{2}p^4.\end{aligned}$$

4. 一架长机和两架僚机一同飞往某地进行轰炸，途中必须经过敌方高炮阵地上空，此时每架飞机被击落的概率均为 0.2，如果长机被击落，则僚机也无法飞往目的地. 每架飞机飞往目的地后，可炸毁目标的概率均为 0.3，求目标被炸毁的概率.

解　设 A 表示"长机到达目的地"，B_i 表示"i 架僚机到达目的地"$(i=0,1,2)$，D 表示"目标被炸毁"，则 $\Omega=AB_0\cup AB_1\cup AB_2\cup\overline{A}B_0\cup\overline{A}B_1\cup\overline{A}B_2$. 由题意知，如果长机被击落，则目标不会被炸毁，所以 $P(D|\overline{A}B_i)=0(i=0,1,2)$. 又 $P(AB_0)=0.2^2\times0.8$，$P(AB_1)=C_2^1 0.2\times0.8^2$，$P(AB_2)=0.8^3$，$P(D|AB_0)=0.3$，$P(D|AB_1)=1-0.7^2$，$P(D|AB_2)=1-0.7^3$，

由全概率公式,

$$\begin{aligned}P(D)&=P(AB_0)P(D|AB_0)+P(AB_1)P(D|AB_1)+P(AB_2)P(D|AB_2)\\&=0.2^2\times0.8\times0.3+C_2^1 0.2\times0.8^2\times(1-0.7^2)+0.8^3\times(1-0.7^3)\\&=0.476.\end{aligned}$$

总习题一

一、选择题

1. 已知 $P(A)=0.5$, $P(B)=0.8$,则下列判断正确的是(　　).

A. A,B 互不相容　B. A,B 相容　C. $A\subset B$　D. A,B 相互独立

2. 掷硬币3次,记 A_i 表示"第 i 次出现正面"$(i=1,2,3)$,则事件"最多出现两次正面"的正确表达式为(　　).

A. $A_1\cup A_2\cup A_3$　B. $\overline{A_1}A_2A_3\cup A_1\overline{A_2}A_3\cup A_1A_2\overline{A_3}$

C. $\overline{A_1}\cup\overline{A_2}\cup\overline{A_3}$　D. $\overline{A_1\cup A_2\cup A_3}$

3. 设 $P(A)>0$,$P(B)>0$,则由 A,B 相互独立不能推出(　　).

A. $P(A\cup B)=P(A)+P(B)$　B. $P(\overline{B}|\overline{A})=P(\overline{B})$

C. $P(A|B)=P(A)$　D. $P(A\overline{B})=P(A)P(\overline{B})$

4. 如果 A,B 互不相容,则(　　).

A. A 与 B 是对立事件　B. $A\cup B$ 是必然事件

C. $\overline{A}\cup\overline{B}$ 是必然事件　D. $\overline{A}$ 与 $\overline{B}$ 互不相容

5. 一批产品共100件,其中有5件不合格,从中任取5件进行检查,如果没有发现不合格产品就接受这批产品,则该批产品被接受的概率为(　　).

A. $\dfrac{C_{95}^5}{C_{100}^5}$　B. $\dfrac{5}{100}$　C. $1-\dfrac{C_{95}^5}{C_{100}^5}$　D. $C_5^1\left(\dfrac{5}{100}\right)^1\left(\dfrac{95}{100}\right)^4$

6. 设 A,B 是两个随机事件,若当 B 发生时 A 必发生,则一定有(　　).

A. $P(AB)=P(A)$　B. $P(A\cup B)=P(A)$

C. $P(B|A)=1$　D. $P(A|B)=P(A)$

7. 设随机事件 A 与 B 互不相容,且 $P(A)>0$,$P(B)>0$,则(　　).

A. $P(A|B)=P(A)$　B. $P(AB)=P(A)P(B)$

C. $P(A|B)=\dfrac{P(A)}{P(B)}$　D. $P(A|B)=0$

8.【2009 数学三】设随机事件 A 与 B 互不相容,且 $P(A)>0$,$P(B)>0$,则(　　).

A. $P(\overline{A}\,\overline{B})=0$　B. $P(AB)=P(A)P(B)$

C. $P(A)=1-P(B)$　D. $P(\overline{A}\cup\overline{B})=1$

9.【2015 数学一、三】若 A,B 为任意两个随机事件,则(　　).

A. $P(AB)\leqslant P(A)P(B)$　B. $P(AB)\geqslant P(A)P(B)$

C. $P(AB)\leqslant\dfrac{P(A)+P(B)}{2}$　D. $P(AB)\geqslant\dfrac{P(A)+P(B)}{2}$

10.【2019 数学一、三】设 A,B 为随机事件,则 $P(A)=P(B)$ 的充分必要条件是(　　).

A. $P(A\cup B)=P(A)+P(B)$　　　　B. $P(AB)=P(A)P(B)$

C. $P(A\overline{B})=P(B\overline{A})$　　　　D. $P(AB)=P(\overline{AB})$

11. 设 A,B,C 为 3 个随机事件,且 $P(A)=P(B)=P(C)=\frac{1}{4}$,$P(AB)=0$,$P(AC)=P(BC)=\frac{1}{12}$,则 A,B,C 中恰有一个事件发生的概率为(　　).

A. $\frac{3}{4}$　　B. $\frac{2}{3}$　　C. $\frac{1}{2}$　　D. $\frac{5}{12}$

12.【2014 数学一、三】设随机事件 A 与 B 相互独立,且 $P(B)=0.5$,$P(A-B)=0.3$,则 $P(B-A)=$(　　).

A. 0.1　　B. 0.2　　C. 0.3　　D. 0.4

13.【2006 数学一】设 A,B 为随机事件,且 $P(B)>0$,$P(A|B)=1$,则必有(　　).

A. $P(A\cup B)>P(A)$　　　　B. $P(A\cup B)>P(B)$

C. $P(A\cup B)=P(A)$　　　　D. $P(A\cup B)=P(B)$

14.【2016 数学三】设 A,B 为随机事件,$0<P(A)<1$,$0<P(B)<1$,若 $P(A|B)=1$,则下面正确的是(　　).

A. $P(\overline{B}|\overline{A})=1$　　　　B. $P(A|\overline{B})=0$

C. $P(A\cup B)=1$　　　　D. $P(B|A)=1$

15.【2017 数学一】设 A,B 为随机事件,若 $0<P(A)<1$,$0<P(B)<1$,则 $P(A|B)>P(A|\overline{B})$ 的充分必要条件是(　　).

A. $P(B|A)>P(B|\overline{A})$　　　　B. $P(B|A)<P(B|\overline{A})$

C. $P(\overline{B}|A)>P(B|\overline{A})$　　　　D. $P(\overline{B}|A)<P(B|\overline{A})$

总习题一 选择题 9　　总习题一 选择题 10　　总习题一 选择题 12　　总习题一 选择题 13　　总习题一 选择题 14　　总习题一 选择题 15

二、填空题

1. 设 $A\subset B$,$P(A)=0.1$,$P(B)=0.5$,则 $P(\overline{A}\cup\overline{B})=$________.

2. 设 A,B 是两个事件,$P(A)=0.5$,$P(A\cup B)=0.8$,当 A,B 互不相容时,$P(B)=$________.

3. 设在试验中事件 A 发生的概率为 p,现进行 n 次重复独立试验,那么事件 A 至少发生一次的概率为________.

4. 设 A,B 是两个随机事件,$P(A)=0.3$,$P(AB)=P(\overline{A}\,\overline{B})$,则 $P(B)=$________.

5. 设在全部产品中有 2%是不合格品,而合格品中有 85%是一级品,则任抽出一个产品是一级品的概率为________.

6. 设 A,B,C 为三事件且 $P(A)=P(B)=P(C)=\frac{1}{4}$,$P(AB)=P(BC)=0$,$P(AC)=$

$\frac{1}{8}$，则 A,B,C 至少有一个发生的概率为________.

7. 一批产品共有 10 个正品和 2 个次品，不放回地抽取两次，则第二次取到次品的概率为________.

8. 设 A,B 为两事件，$P(A)=0.4$，$P(A\cup B)=0.7$，当 A,B 不相容时，$P(B)=$________；当 A,B 相互独立时，$P(B)=$________.

9. 若 A,B 相互独立，$P(A)=0.2$，$P(B)=0.45$，则 $P(A\cup B)=$________，$P(\overline{A}\,\overline{B})=$________.

10. 【2012 数学一、三】设 A,B,C 是随机事件，A 与 C 互不相容，$P(AB)=\frac{1}{2}$，$P(C)=\frac{1}{3}$，$P(AB|\overline{C})=$________.

11. 【2018 数学一】设随机事件 A 与 B 相互独立，A 与 C 相互独立，若 $BC\neq\varnothing$，$P(A)=P(B)=\frac{1}{2}$，$P(AC|AB\cup C)=\frac{1}{4}$，则 $P(C)=$________.

12. 【2016 数学三】设袋中有红、白、黑球各 1 个，从中有放回地取球，每次取 1 个，直到 3 种颜色的球都取到为止，则取球次数恰为 4 的概率为________.

13. 【2000 数学一】设两个相互独立的事件 A 和 B 都不发生的概率为 $\frac{1}{9}$，A 发生 B 不发生的概率与 B 发生 A 不发生的概率相等，则 $P(A)=$________.

14. 【2007 数学一、三】在区间 $(0,1)$ 中随机地取两个数，两数之差的绝对值小于 $\frac{1}{2}$ 的概率为________.

15. 【2022 数学一、三】设 A,B,C 为随机事件，且 A 与 B 互不相容，A 与 C 互不相容，B 与 C 互相独立，$P(A)=P(B)=P(C)=\frac{1}{3}$，则 $P(B\cup C|A\cup B\cup C)=$________.

总习题一
填空题 10

总习题一
填空题 11

总习题一
填空题 13

总习题一
填空题 15

三、解答题

1. 以往资料表明，某三口之家患某种传染病的概率有以下规律：$P(A)=P\{$孩子得病$\}=0.6$，$P(B|A)=P\{$母亲得病$|$孩子得病$\}=0.5$，$P(C|AB)=P\{$父亲得病$|$母亲及孩子得病$\}=0.4$. 求母亲及孩子得病但父亲未得病的概率.

2. 设甲、乙、丙三人生产同种型号的零件，他们生产的零件数之比为 2∶3∶5. 已知甲、乙、丙三人生产的零件的次品率分别为 3%、4%、2%，现从三人生产的零件中任取一个.

(1) 求该零件是次品的概率；

(2) 若已知该零件为次品，求它由甲生产的概率.

3. 一选手接连参加两次歌唱比赛，第一次获奖的概率为 p，若第一次获奖则第二次获

奖的概率也为 p，若第一次没有获奖则第二次获奖的概率为 $\frac{p}{3}$.

(1) 若至少有一次获奖则他能取得某种资格，求他取得该资格的概率；

(2) 若已知他第二次已经获奖，求他第一次获奖的概率.

总习题一参考答案

一、选择题

1. B；　2. C；　3. A；　4. C；　5. A；　6. B；　7. D；　8. D；　9. C；　10. C；　11. D；　12. B；　13. C；　14. A；　15. A.

二、填空题

1. 0.9；　2. 0.3；　3. $1-(1-p)^n$；　4. 0.7；　5. 0.833；　6. $\frac{5}{8}$；　7. $\frac{1}{6}$；　8. 0.3，0.5；　9. 0.56，0.44；　10. $\frac{3}{4}$；　11. $\frac{1}{4}$；　12. $\frac{2}{9}$；　13. $\frac{2}{3}$；　14. $\frac{3}{4}$；　15. $\frac{5}{8}$.

三、解答题

1. 所求概率为 $P(AB\overline{C})$. 注意：由于“母病”“孩病”“父病”都是随机事件，这里不是求 $P(\overline{C}|AB)$.

$$P(AB)=P(A)P(B|A)=0.6\times0.5=0.3,$$
$$P(\overline{C}|AB)=1-P(C|AB)=1-0.4=0.6,$$

从而 $P(AB\overline{C})=P(AB)\cdot P(\overline{C}|AB)=0.3\times0.6=0.18$.

2. 设事件 A_1,A_2,A_3 分别表示取到的零件由甲、乙、丙生产，事件 B 表示取到的零件是次品.

(1) $P(B)=\sum\limits_{i=1}^{3}P(A_i)P(B|A_i)=\frac{2}{10}\times3\%+\frac{3}{10}\times4\%+\frac{5}{10}\times2\%=0.028.$

(2) $P(A_1|B)=\frac{P(A_1B)}{P(B)}=\frac{P(A_1)P(B|A_1)}{P(B)}=\frac{0.2\times3\%}{0.028}=\frac{3}{14}.$

3. 设 $A_i=\{$他第 i 次获奖$\}(i=1,2)$，已知 $P(A_1)=P(A_2|A_1)=p,P(A_2|\overline{A}_1)=\frac{p}{3}$.

(1) 设 $B=\{$至少有一次获奖$\}$，所以 $\overline{B}=\{$两次均没有获奖$\}=\overline{A}_1\overline{A}_2$.

$$\begin{aligned}P(B)&=1-P(\overline{B})\\&=1-P(\overline{A}_1\overline{A}_2)\\&=1-P(\overline{A}_1)P(\overline{A}_2|\overline{A}_1)\\&=1-[1-P(A_1)][1-P(A_2|\overline{A}_1)]\\&=1-(1-p)(1-\frac{p}{3})\\&=\frac{4}{3}p-\frac{1}{3}p^2.\end{aligned}$$

(2)
$$P(A_1|A_2)=\frac{P(A_1A_2)}{P(A_2)}$$
$$=\frac{P(A_1)P(A_2|A_1)}{P(A_1)P(A_2|A_1)+P(\overline{A}_1)P(A_2|\overline{A}_1)}$$
$$=\frac{p^2}{p\cdot p+(1-p)\cdot\frac{p}{3}}$$
$$=\frac{p^2}{\frac{2p^2}{3}+\frac{p}{3}}$$
$$=\frac{3p}{2p+1}.$$

第 1 章在线测试

第2章

随机变量及其分布

一、知识要点

设试验 E 的样本空间为 $\Omega=\{\omega\}$，若对于每一个 $\omega\in\Omega$，都有一个实数 $X(\omega)$ 与之对应，且对任一实数 x，有 $\{\omega|X(\omega)\leqslant x\}$ 为随机事件，则称单值实函数 $X=X(\omega)$ 为定义在 Ω 上的**随机变量**.

设 X 为随机变量，x 为任意实数，称函数 $F(x)=P\{X\leqslant x\}=P\{\omega|X(\omega)\leqslant x\}$ 为随机变量 X 的**分布函数**.

设 X 为一随机变量，若 X 的全部可能取值是有限个 $x_1,x_2,\cdots,x_n$ 或可列无限多个 $x_1,x_2,\cdots,x_n,\cdots$，则称随机变量 X 为**离散型随机变量**. 而称 X 取其每个可能值的概率，即下列一组概率 $P\{X=x_k\}=p_k(k=1,2,\cdots)$ 为 X 的**分布律**.

设随机变量 X 的分布函数为 $F(x)$，若存在非负函数 $f(x)$，使对于任意实数 x，有 $F(x)=\int_{-\infty}^{x}f(t)\mathrm{d}t$，则称随机变量 X 为**连续型随机变量**，其中函数 $f(x)$ 称为随机变量 X 的概率密度函数.

概率论中的常见分布及其分布律/概率密度如表 2-1 所示。

表 2-1　概率论中的常见分布及其分布律/概率密度

分布		分布律/概率密度
离散分布	两点分布 $b(1,p)$	$P\{X=k\}=p^k(1-p)^{1-k},k=0,1,0<p<1$
	二项分布 $b(n,p)$	$P\{X=k\}=C_n^kp^k(1-p)^{n-k},k=0,1,2,\cdots,n,n\geqslant1,0<p<1$
	泊松分布 $\pi(\lambda)$	$P\{X=k\}=\dfrac{\lambda^k}{k!}e^{-\lambda},k=0,1,2,\cdots,\lambda>0$
连续分布	均匀分布 $U(a,b)$	$f(x)=\begin{cases}\dfrac{1}{b-a}, & a<x<b,\\ 0, & 其他\end{cases}$
	指数分布 $\mathrm{Ex}(\lambda)$	$f(x)=\begin{cases}\lambda e^{-\lambda x}, & x>0,\\ 0, & 其他,\end{cases}\lambda>0$
	正态分布 $N(\mu,\sigma^2)$	$f(x)=\dfrac{1}{\sqrt{2\pi}\sigma}e^{-\frac{(x-\mu)^2}{2\sigma^2}},-\infty<x<+\infty,\sigma>0$

二、分级习题

(一) 基础篇

- **随机变量及其分布函数**

1. 设随机变量 X 的分布函数为

$$F(x)=\begin{cases}A-\mathrm{e}^{-x}, & x\geqslant 0,\\ 0, & x<0,\end{cases}$$

求:(1)常数 A;(2)$P\{-1<X<1\}$.

解 (1) 由 $F(+\infty)=1$,得到 $A=1$.

(2) $P\{-1<X<1\}=F(1)-F(-1)=1-\mathrm{e}^{-1}$.

- **离散型随机变量**

2. 设一汽车在开往目的地的道路上需经过 4 盏信号灯,每盏信号灯以 $\frac{1}{2}$ 的概率允许或禁止汽车通过,以 X 表示汽车首次停下时,它已通过的信号灯的盏数(设各信号灯的工作是相互独立的),求 X 的分布律.

解 X 可能的取值为 0,1,2,3,4.

$X=0$ 表示汽车没有通过第 1 盏信号灯,$P\{X=0\}=\frac{1}{2}$.

$X=1$ 表示汽车通过了第 1 盏信号灯,没有通过第 2 盏信号灯,$P\{X=1\}=\frac{1}{2}\times\frac{1}{2}=\frac{1}{4}$.

$X=2$ 表示汽车通过了前 2 盏信号灯,没有通过第 3 盏信号灯,$P\{X=2\}=\frac{1}{2}\times\frac{1}{2}\times\frac{1}{2}=\frac{1}{8}$.

$X=3$ 表示汽车通过了前 3 盏信号灯,没有通过第 4 盏信号灯,$P\{X=3\}=\frac{1}{2}\times\frac{1}{2}\times\frac{1}{2}\times\frac{1}{2}=\frac{1}{16}$.

$X=4$ 表示汽车通过了全部 4 盏信号灯,$P\{X=4\}=\frac{1}{2}\times\frac{1}{2}\times\frac{1}{2}\times\frac{1}{2}=\frac{1}{16}$.

故 X 的分布律为

X	0	1	2	3	4
P	$\frac{1}{2}$	$\frac{1}{4}$	$\frac{1}{8}$	$\frac{1}{16}$	$\frac{1}{16}$

3. 已知随机变量 X 的分布律为

第 2 章基础篇题 3、题 10 和挑战篇题 3

X	-2	0	3	5
P	$\frac{1}{4}$	a	$\frac{1}{2}$	$\frac{1}{12}$

求:(1)待定系数 a;(2)分布函数 $F(x)$;(3)$P\left\{X>-\frac{1}{2}\right\}$,$P\{0<X<5\}$.

解 (1) 由规范性可知,$\frac{1}{4}+a+\frac{1}{2}+\frac{1}{12}=1$,得 $a=\frac{1}{6}$.

(2) 当 $x<-2$ 时，

$$F(x)=P\{X\leqslant x\}=0;$$

当 $-2\leqslant x<0$ 时，

$$F(x)=P\{X=-2\}=\frac{1}{4};$$

当 $0\leqslant x<3$ 时，

$$F(x)=P\{X=-2\}+P\{X=0\}=\frac{1}{4}+\frac{1}{6}=\frac{5}{12};$$

当 $3\leqslant x<5$ 时，

$$F(x)=P\{X=-2\}+P\{X=0\}+P\{X=3\}=\frac{1}{4}+\frac{1}{6}+\frac{1}{2}=\frac{11}{12};$$

当 $x\geqslant 5$ 时，

$$F(x)=P\{X=-2\}+P\{X=0\}+P\{X=3\}+P\{X=5\}=1.$$

故分布函数为

$$F(x)=\begin{cases}0, & x<-2,\\ \frac{1}{4}, & -2\leqslant x<0,\\ \frac{5}{12}, & 0\leqslant x<3,\\ \frac{11}{12}, & 3\leqslant x<5,\\ 1, & x\geqslant 5.\end{cases}$$

(3) $$P\left\{X>-\frac{1}{2}\right\}=P\{X=0\}+P\{X=3\}+P\{X=5\}=\frac{1}{6}+\frac{1}{2}+\frac{1}{12}=\frac{3}{4};$$

$$P\{0<X<5\}=P\{X=3\}=\frac{1}{2}.$$

点评：本题第(1)问要计算离散型随机变量分布律中的待定系数，最常见的方法就是使用“规范性”。类似地，规范性也常用于计算连续型随机变量概率密度函数中的待定系数。

4. 设 10 件产品中恰有 2 件次品，现在接连进行不放回抽样，每次抽一件，直至取到正品为止，求抽取次数 X 的分布律和分布函数.

解　X 可能的取值有 1,2,3.

若 $X=1$，则第一次就抽到正品，取值的概率为 $P\{X=1\}=\frac{8}{10}=\frac{4}{5}$.

若 $X=2$，则第一次抽到次品，第二次抽到正品，取值的概率为 $P\{X=2\}=\frac{2}{10}\times\frac{8}{9}=\frac{8}{45}$.

若 $X=3$，则前两次抽到次品，第三次抽到正品，取值的概率为 $P\{X=3\}=\frac{2}{10}\times\frac{1}{9}=\frac{1}{45}$.

于是，X 的分布律为

X	1	2	3
P	$\frac{4}{5}$	$\frac{8}{45}$	$\frac{1}{45}$

分布函数为

$$F(x)=\begin{cases}0, & x<1,\\ \dfrac{4}{5}, & 1\leqslant x<2,\\ \dfrac{44}{45}, & 2\leqslant x<3,\\ 1, & x\geqslant 3.\end{cases}$$

• **离散型随机变量:二项分布**

5. 某路口有大量汽车通过,设每辆汽车在一天的某段时间内出事故的概率为 0.0001. 为使一天的这段时间内在该路口不出现事故的概率不小于 0.9,应控制一天在这段时间内通过该路口的汽车不超过多少辆?

解 设控制一天在这段时间内通过该路口的汽车不超过 N 辆,才能使得该时段内在该路口不出现事故的概率不小于 0.9. 记出事故次数为 X,则 $X\sim b(N,0.0001)$. 由题意知,$P\{X=0\}=0.9999^N\geqslant 0.9$,得到 $N\leqslant\dfrac{\ln 0.9}{\ln 0.9999}\approx 1053.6$,故通过该路口的汽车不超过 1053 辆时,才能保证该时段内在该路口不出现事故的概率不小于 0.9.

6. 设 $X\sim b(2,p)$,$Y\sim b(3,p)$,已知 $P\{X\geqslant 1\}=\dfrac{5}{9}$,求 $P\{Y\geqslant 1\}$.

解 由 $X\sim b(2,p)$,有 $P\{X\geqslant 1\}=1-P\{X=0\}=1-(1-p)^2=\dfrac{5}{9}$,得到 $p=\dfrac{1}{3}$. 于是 $Y\sim b(3,\dfrac{1}{3})$,进而得到 $P\{Y\geqslant 1\}=1-P\{Y=0\}=1-\left(1-\dfrac{1}{3}\right)^3=\dfrac{19}{27}$.

• **离散型随机变量:泊松分布**

7. 设 $X\sim\pi(\lambda)$,已知 $P\{X=1\}=P\{X=2\}$,求 $P\{X=4\}$.

解 由 $X\sim\pi(\lambda)$,有 $P\{X=1\}=\dfrac{\lambda\mathrm{e}^{-\lambda}}{1!}$,$P\{X=2\}=\dfrac{\lambda^2\mathrm{e}^{-\lambda}}{2!}$,由题意知,$\dfrac{\lambda\mathrm{e}^{-\lambda}}{1!}=\dfrac{\lambda^2\mathrm{e}^{-\lambda}}{2!}$,得到 $\lambda=2$,于是 $X\sim\pi(2)$,进而得到 $P\{X=4\}=\dfrac{2^4\mathrm{e}^{-2}}{4!}\approx 0.0902$.

8. 某工厂生产的导火线中有 1%不能导火,求 400 根导火线中不少于 5 根不能导火的概率.

解 设 X 表示不能导火的导火线根数,则 $X\sim b(400,0.01)$. 因为 n 较大,p 较小,所以 X 近似服从 $\lambda=400\times 0.01=4$ 的泊松分布. 于是 400 根导火线中不少于 5 根不能导火的概率为

$$\begin{aligned}P\{X\geqslant 5\}&=\sum_{k=5}^{+\infty}P\{X=k\}\\&=\sum_{k=5}^{+\infty}\mathrm{C}_{400}^{k}\,0.01^k\times 0.99^{400-k}\\&\approx\sum_{k=5}^{+\infty}\frac{4^k\mathrm{e}^{-4}}{k!}\\&\approx 0.3712(\text{查泊松分布表}).\end{aligned}$$

9. 设某 120 救护电话每分钟接到的呼叫次数 $X\sim\pi(3)$.

(1) 求在一分钟内接到超过 7 次呼叫的概率;

(2) 若一分钟内一次呼叫需占用一条线路,该救护电话至少要设置多少条线路才能以不低于 90%的概率使呼叫得到回应?

解　(1) 在一分钟内接到超过 7 次呼叫的概率为 $P\{X>7\}=\sum_{k=8}^{+\infty}\frac{3^k\mathrm{e}^{-3}}{k!}\approx 0.0119$(查泊松分布表).

(2) 设该救护电话至少要设置 N 条线路才能以不低于 90% 的概率使呼叫得到回应. 呼叫得到回应的概率为

$$P\{X\leqslant N\}=1-\sum_{k=N+1}^{+\infty}\frac{3^k\mathrm{e}^{-3}}{k!},$$

由题意知, $P\{X\leqslant N\}=1-\sum_{k=N+1}^{+\infty}\frac{3^k\mathrm{e}^{-3}}{k!}\geqslant 0.9$, 即 $\sum_{k=N+1}^{+\infty}\frac{3^k\mathrm{e}^{-3}}{k!}\leqslant 0.1$, 查泊松分布表, 得 $N+1\geqslant 6$, 故 N 至少为 5.

- **连续型随机变量**

10. 设连续型随机变量 X 具有概率密度

$$f(x)=\begin{cases}x, & 0<x<1,\\ a, & 1\leqslant x<2,\\ 0, & \text{其他}.\end{cases}$$

求: (1) 常数 a; (2) 分布函数 $F(x)$; (3) $P\left\{\frac{1}{2}<X<4\right\}$.

解　(1) 由 $\int_{-\infty}^{+\infty}f(x)\mathrm{d}x=\int_0^1 x\mathrm{d}x+\int_1^2 a\mathrm{d}x=\frac{1}{2}+a=1$, 得 $a=\frac{1}{2}$.

(2) 概率密度 $f(x)=\begin{cases}x, & 0<x<1,\\ \frac{1}{2}, & 1\leqslant x<2,\\ 0, & \text{其他}.\end{cases}$

当 $x<0$ 时,

$$F(x)=\int_{-\infty}^{x}f(t)\mathrm{d}t=0;$$

当 $0\leqslant x<1$ 时,

$$F(x)=\int_{-\infty}^{x}f(t)\mathrm{d}t=\int_0^x t\mathrm{d}t=\frac{1}{2}x^2;$$

当 $1\leqslant x<2$ 时,

$$F(x)=\int_{-\infty}^{x}f(t)\mathrm{d}t=\int_0^1 t\mathrm{d}t+\int_1^x\frac{1}{2}\mathrm{d}t=\frac{1}{2}+\frac{1}{2}(x-1)=\frac{1}{2}x;$$

当 $x\geqslant 2$ 时,

$$F(x)=1.$$

综上可知,

$$F(x)=\begin{cases}0, & x<0,\\ \frac{x^2}{2}, & 0\leqslant x<1,\\ \frac{x}{2}, & 1\leqslant x<2,\\ 1, & x\geqslant 2.\end{cases}$$

(3) $P\left\{\frac{1}{2}<X<4\right\}=\int_{\frac{1}{2}}^{4}f(x)\mathrm{d}x=\int_{\frac{1}{2}}^{1}x\mathrm{d}x+\int_{1}^{2}\frac{1}{2}\mathrm{d}x=\frac{7}{8}$.

11. 设连续型随机变量 X 的分布函数为

$$F(x)=\begin{cases}Ae^{x}, & x<0,\\ B, & 0\leqslant x<1,\\ 1-Ae^{-(x-1)}, & x\geqslant 1.\end{cases}$$

(1) 试求常数 A,B;

(2) 计算 $P\left\{X>\frac{1}{3}\right\}$;

(3) 求 X 的概率密度.

解 (1) 因为 $F(x)$连续,所以 $\lim\limits_{x\to 0^{+}}F(x)=\lim\limits_{x\to 0^{-}}F(x)$, $\lim\limits_{x\to 1^{+}}F(x)=\lim\limits_{x\to 1^{-}}F(x)$,即 $A=B$, $B=1-A$,得 $A=B=\frac{1}{2}$.

(2) 由(1)知,

$$F(x)=\begin{cases}\frac{1}{2}e^{x}, & x<0,\\ \frac{1}{2}, & 0\leqslant x<1,\\ 1-\frac{1}{2}e^{-(x-1)}, & x\geqslant 1,\end{cases}$$

于是,$P\left\{X>\frac{1}{3}\right\}=1-F\left(\frac{1}{3}\right)=1-\frac{1}{2}=\frac{1}{2}$.

(3) X 的概率密度为

$$f(x)=\begin{cases}\frac{1}{2}e^{x}, & x<0,\\ 0, & 0\leqslant x<1,\\ \frac{1}{2}e^{-(x-1)}, & x\geqslant 1.\end{cases}$$

- **连续型随机变量:均匀分布**

12. 设随机变量 X 服从区间(2,5)上的均匀分布,现对 X 进行 3 次独立观测,求至少有两次观测值大于 3 的概率.

解 X 服从区间(2,5)上的均匀分布,X 的概率密度为

$$f(x)=\begin{cases}\frac{1}{3}, & 2<x<5,\\ 0, & \text{其他},\end{cases}$$

于是,X 取值大于 3 的概率为

$$P\{X>3\}=\int_{3}^{+\infty}f(x)\mathrm{d}x=\int_{3}^{5}\frac{1}{3}\mathrm{d}x=\frac{2}{3}.$$

对 X 进行 3 次独立观测,至少有两次观测值大于 3 的概率为

$$P=C_{3}^{2}\left(\frac{2}{3}\right)^{2}\times\frac{1}{3}+C_{3}^{3}\left(\frac{2}{3}\right)^{3}=\frac{20}{27}.$$

13. 设 X 在(0,5)上均匀分布,求方程 $4x^{2}+4Xx+X+2=0$ 无实根的概率.

解　方程 $4x^2+4Xx+X+2=0$ 无实根，即 $\Delta=(4X)^2-16(X+2)<0$，得 $-1<X<2$. X 服从 $(0,5)$ 上的均匀分布，X 的概率密度为

$$f(x)=\begin{cases}\dfrac{1}{5}, & 0<x<5,\\ 0, & \text{其他},\end{cases}$$

于是 $P\{-1<X<2\}=\int_{-1}^{2}f(x)\mathrm{d}x=\int_{0}^{2}\frac{1}{5}\mathrm{d}x=\frac{2}{5}$. 故方程 $4x^2+4Xx+X+2=0$ 无实根的概率为 $\frac{2}{5}$.

- **连续型随机变量:指数分布**

14. 设随机变量 Y 服从参数为 $\lambda=1$ 的指数分布，a 为常数且大于零，试计算

$$P\{Y\leqslant a+1\mid Y>a\}.$$

解　由题意，$Y\sim \mathrm{Ex}(1)$. 由指数分布的无记忆性可知

$$P\{Y\leqslant a+1\mid Y>a\}=1-P\{Y>a+1\mid Y>a\}=1-P\{Y>1\}=P\{Y\leqslant 1\}=F(1)=1-\mathrm{e}^{-1}.$$

- **连续型随机变量:正态分布**

15. 测量距离时产生的随机误差 X(单位:米)服从正态分布 $N(10,20^2)$，作 3 次独立测量，求：

(1) 至少有一次误差的绝对值不超过 20 米的概率；

(2) 只有两次误差的绝对值不超过 20 米的概率.

解　误差的绝对值不超过 20 米的概率为

$$\begin{aligned}p&=P\{-20\leqslant X\leqslant 20\}\\&=P\left\{-\frac{3}{2}\leqslant\frac{X-10}{20}\leqslant\frac{1}{2}\right\}\\&=\Phi(0.5)-\Phi(-1.5)\\&=\Phi(0.5)+\Phi(1.5)-1\\&=0.6915+0.9332-1\\&=0.6247.\end{aligned}$$

(1) 作 3 次独立测量，记 Y 表示误差的绝对值不超过 20 米的次数，则 $Y\sim b(3,p)$，于是，至少有一次误差的绝对值不超过 20 米的概率为

$$P\{Y\geqslant 1\}=1-P\{Y=0\}=1-C_3^0p^0(1-p)^3=1-(1-0.6247)^3\approx 0.9471.$$

(2) 只有两次误差的绝对值不超过 20 米的概率为

$$P\{Y=2\}=C_3^2p^2(1-p)=3\times 0.6247^2\times(1-0.6247)\approx 0.4394.$$

16. 一工厂生产的电子元件的寿命为 $X\sim N(120,\sigma^2)$(单位:小时).

(1) 若 $\sigma=20$，求 $P\{110<X<150\}$；

(2) 若要求 $P\{100<X<140\}\geqslant 0.9$，问 σ 最大为多少？

解　(1) 已知 $X\sim N(120,20^2)$，则

$$\begin{aligned}P\{110<X<150\}&=P\left\{-\frac{1}{2}<\frac{X-120}{20}<\frac{3}{2}\right\}\\&=\Phi(1.5)-\Phi(-0.5)\\&=\Phi(1.5)+\Phi(0.5)-1\\&\approx 0.6247.\end{aligned}$$

(2) 已知 $X\sim N(120,\sigma^2)$,则

$$P\{100<X<140\}=P\left\{-\frac{20}{\sigma}<\frac{X-120}{\sigma}<\frac{20}{\sigma}\right\}$$
$$=\Phi\left(\frac{20}{\sigma}\right)-\Phi\left(-\frac{20}{\sigma}\right)$$
$$=2\Phi\left(\frac{20}{\sigma}\right)-1.$$

要使 $P\{100<X<140\}\geqslant 0.9$,即 $2\Phi\left(\frac{20}{\sigma}\right)-1\geqslant 0.9$,得 $\Phi\left(\frac{20}{\sigma}\right)\geqslant 0.95$,查表得$\frac{20}{\sigma}\geqslant 1.65$,得 $\sigma\leqslant 12.1212$.

- **随机变量函数的分布:X 离散、Y 离散**

17. 设离散型随机变量 X 的分布律为

X	-2	-1	0	1	2
P	$\frac{1}{5}$	$\frac{1}{6}$	$\frac{1}{5}$	$\frac{1}{15}$	$\frac{11}{30}$

第 2 章基础篇
题 17、题 19

求 $Y=X^2$ 的分布律.

解 $Y=X^2$ 的所有可能取值为 0,1,4.

$$P\{Y=0\}=P\{X=0\}=\frac{1}{5};$$
$$P\{Y=1\}=P\{X^2=1\}=P\{X=1\}+P\{X=-1\}=\frac{1}{15}+\frac{1}{6}=\frac{7}{30};$$
$$P\{Y=4\}=P\{X^2=4\}=P\{X=2\}+P\{X=-2\}=\frac{11}{30}+\frac{1}{5}=\frac{17}{30}.$$

故 Y 的分布律为

Y	0	1	4
P	$\frac{1}{5}$	$\frac{7}{30}$	$\frac{17}{30}$

18. 设离散型随机变量 X 的分布律为

X	$-\frac{\pi}{2}$	$-\frac{\pi}{4}$	0	$\frac{\pi}{4}$	$\frac{\pi}{2}$
P	$\frac{1}{2}$	$\frac{1}{4}$	$\frac{1}{8}$	$\frac{1}{16}$	$\frac{1}{16}$

求:(1) $Y=\sin X$ 的分布律;(2) $Y=\cos X$ 的分布律.

解 (1) $Y=\sin X$ 的所有可能取值为$-1,-\frac{\sqrt{2}}{2},0,\frac{\sqrt{2}}{2},1$.

$$P\{Y=-1\}=P\{\sin X=-1\}=P\left\{X=-\frac{\pi}{2}\right\}=\frac{1}{2};$$
$$P\left\{Y=-\frac{\sqrt{2}}{2}\right\}=P\left\{\sin X=-\frac{\sqrt{2}}{2}\right\}=P\left\{X=-\frac{\pi}{4}\right\}=\frac{1}{4};$$

$$P\{Y=0\}=P\{\sin X=0\}=P\{X=0\}=\frac{1}{8};$$

$$P\left\{Y=\frac{\sqrt{2}}{2}\right\}=P\left\{\sin X=\frac{\sqrt{2}}{2}\right\}=P\left\{X=\frac{\pi}{4}\right\}=\frac{1}{16};$$

$$P\{Y=1\}=P\{\sin X=1\}=P\left\{X=\frac{\pi}{2}\right\}=\frac{1}{16}.$$

故 Y 的分布律为

Y	-1	$-\frac{\sqrt{2}}{2}$	0	$\frac{\sqrt{2}}{2}$	1
P	$\frac{1}{2}$	$\frac{1}{4}$	$\frac{1}{8}$	$\frac{1}{16}$	$\frac{1}{16}$

(2) $Y=\cos X$ 的所有可能取值为 $0,\frac{\sqrt{2}}{2},1$.

$$P\{Y=0\}=P\{\cos X=0\}=P\left\{X=-\frac{\pi}{2}\right\}+P\left\{X=\frac{\pi}{2}\right\}=\frac{1}{2}+\frac{1}{16}=\frac{9}{16};$$

$$P\left\{Y=\frac{\sqrt{2}}{2}\right\}=P\left\{\cos X=\frac{\sqrt{2}}{2}\right\}=P\left\{X=-\frac{\pi}{4}\right\}+P\left\{X=\frac{\pi}{4}\right\}=\frac{1}{4}+\frac{1}{16}=\frac{5}{16};$$

$$P\{Y=1\}=P\{\cos X=1\}=P\{X=0\}=\frac{1}{8}.$$

故 $Y=\cos X$ 的分布律为

Y	0	$\frac{\sqrt{2}}{2}$	1
P	$\frac{9}{16}$	$\frac{5}{16}$	$\frac{1}{8}$

- **随机变量函数的分布：X 连续、Y 离散**

19. 设顾客在某银行的窗口等待服务的时间 X（单位：分钟）的概率密度为

$$f(x)=\begin{cases}\frac{1}{5}e^{-x/5}, & x>0,\\ 0, & x\leqslant 0.\end{cases}$$

某顾客在窗口等待服务，若超过 10 分钟，他就离开. 他在一个月内要到银行 5 次，以 Y 表示一个月内他未等到服务而离开窗口的次数，求 Y 的分布律，并求 $P\{Y\geqslant 1\}$.

解　等待服务时间超过 10 分钟的概率为

$$p=P\{X>10\}=\int_{10}^{+\infty}\frac{1}{5}e^{-\frac{x}{5}}dx=e^{-2}.$$

随机变量 Y 的可能取值为 $0,1,2,3,4,5$. 由题意知，$Y\sim b(5,e^{-2})$，Y 的分布律为

$$P\{Y=k\}=C_5^k e^{-2k}(1-e^{-2})^{5-k},\quad k=0,1,2,3,4,5.$$

进而，$P\{Y\geqslant 1\}=1-P\{Y=0\}=1-(1-e^{-2})^5\approx 0.5167$.

- **随机变量函数的分布：X 连续、Y 连续**

20. 设随机变量 $X\sim U\left(-\frac{\pi}{2},\frac{\pi}{2}\right)$，$Y=\tan X$，求 Y 的概率密度（Y 的分布称为**柯西分布**）.

解 随机变量 X 的概率密度为 $f_X(x)=\begin{cases}\dfrac{1}{\pi}, & -\dfrac{\pi}{2}<x<\dfrac{\pi}{2},\\ 0, & \text{其他}.\end{cases}$ $y=\tan x$ 在 $\left(-\dfrac{\pi}{2},\dfrac{\pi}{2}\right)$上严格单调递增,其反函数为 $x=\arctan y(-\infty<y<+\infty)$, $\dfrac{\mathrm{d}x}{\mathrm{d}y}=\dfrac{1}{1+y^2}$. 由公式法可知,$Y$ 的概率密度为

$$f_Y(y)=f_X(\arctan y)\frac{\mathrm{d}x}{\mathrm{d}y}=\frac{1}{\pi(1+y^2)},\quad -\infty<y<+\infty.$$

21. 设随机变量 $X\sim N(0,1)$,分别求:

(1) $Y=2X+1$ 的概率密度;

(2) $Y=\mathrm{e}^X$ 的概率密度.

解 (1) $Y=2X+1$ 在$(-\infty,+\infty)$上取值,对任意 $y\in(-\infty,+\infty)$,Y 的分布函数为

$$F_Y(y)=P\{Y\leqslant y\}=P\{2X+1\leqslant y\}=P\left\{X\leqslant\frac{y-1}{2}\right\}=\Phi\left(\frac{y-1}{2}\right).$$

于是,Y 的概率密度为

$$\begin{aligned}f_Y(y)&=\frac{\mathrm{d}}{\mathrm{d}y}F_Y(y)=\frac{\mathrm{d}}{\mathrm{d}x}\Phi(x)\bigg|_{x=\frac{y-1}{2}}\cdot\frac{1}{2}\\&=\frac{1}{\sqrt{2\pi}}\mathrm{e}^{-\frac{1}{2}\left(\frac{y-1}{2}\right)^2}\cdot\frac{1}{2}\\&=\frac{1}{2\sqrt{2\pi}}\mathrm{e}^{-\frac{(y-1)^2}{8}},\quad -\infty<y<+\infty,\end{aligned}$$

即 $Y\sim N(1,4)$.

(2) 因为 $Y=\mathrm{e}^X$,故 Y 的取值范围是$(0,+\infty)$. 从而,若 $y\leqslant0$,则$f_Y(y)=0$;若 $y>0$,注意到 $X\sim N(0,1)$,故 Y 的分布函数为

$$F_Y(y)=P\{Y\leqslant y\}=P\{\mathrm{e}^X\leqslant y\}=P\{X\leqslant\ln y\}=\Phi(\ln y),$$

从而,$y>0$ 时,

$$f_Y(y)=\frac{\mathrm{d}}{\mathrm{d}y}F_Y(y)=\frac{\mathrm{d}}{\mathrm{d}x}\Phi(x)\bigg|_{x=\ln y}\cdot\frac{1}{y}=\frac{1}{\sqrt{2\pi}}\mathrm{e}^{-\frac{1}{2}(\ln y)^2}\cdot\frac{1}{y}.$$

于是,$Y=\mathrm{e}^X$ 的概率密度为

$$f_Y(y)=\begin{cases}\dfrac{1}{y\sqrt{2\pi}}\mathrm{e}^{-\frac{1}{2}(\ln y)^2}, & y>0,\\ 0, & y\leqslant0.\end{cases}$$

22. (1) 设随机变量 $X\sim U(0,1)$,求 $Y=\ln X$ 的概率密度;

(2) 设随机变量 $X\sim U(-1,1)$,求 $Y=|X|$的概率密度.

解 (1) $X\sim U(0,1)$,X 的概率密度为

$$f_X(x)=\begin{cases}1, & 0<x<1,\\ 0, & \text{其他}.\end{cases}$$

$Y=\ln X$ 的取值范围为$(-\infty,0)$,而且 $y=\ln x$ 在$(0,1)$上严格单调递增,其反函数为 $x=\mathrm{e}^y(-\infty<y<0)$. 由公式法,得到随机变量 Y 的概率密度为

$$f_Y(y)=f_X(e^y)\cdot e^y=\begin{cases}0, & y\geqslant 0,\\ e^y, & y<0.\end{cases}$$

(2) 随机变量 $X\sim U(-1,1)$，X 的概率密度为

$$f_X(x)=\begin{cases}\dfrac{1}{2}, & -1<x<1,\\ 0, & 其他.\end{cases}$$

随机变量 Y 的取值范围为$[0,1)$，当 $0\leqslant y<1$ 时，Y 的分布函数为

$$F_Y(y)=P\{Y\leqslant y\}=P\{|X|\leqslant y\}=P\{-y\leqslant X\leqslant y\}=\int_{-y}^{y}\frac{1}{2}dx=y;$$

当 $y\geqslant 1$ 时，$F_Y(y)=1$；当 $y<0$ 时，$F_Y(y)=0$. 故

$$F_Y(y)=\begin{cases}0, & y<0,\\ y, & 0\leqslant y<1,\\ 1, & y\geqslant 1,\end{cases}$$

于是，Y 的概率密度为 $f_Y(y)=\begin{cases}1, & 0<y<1,\\ 0, & 其他.\end{cases}$

(二) 提高篇

· 随机变量及其分布函数

1. 将 n 个球随机地放入分别标有号码 $1,2,\cdots,n$ 的 n 个盒子中，以 X 表示有球盒子的最小标号，求 X 的分布律.

解　X 的可能取值为 $1,2,\cdots,n$. 事件 $\{X=k\}=\{X\geqslant k\}-\{X\geqslant k+1\}$，而

$$P\{X\geqslant k\}=\frac{(n-k+1)^n}{n^n},\quad P\{X\geqslant k+1\}=\frac{(n-k)^n}{n^n},$$

且 $\{X\geqslant k\}\supset\{X\geqslant k+1\}$，于是

$$P\{X=k\}=P\{X\geqslant k\}-P\{X\geqslant k+1\}=\frac{(n-k+1)^n-(n-k)^n}{n^n},\quad k=1,2,\cdots,n.$$

2. 设事件 A 在每一次试验中发生的概率为 0.3. 当 A 发生不少于 3 次时，事件 B 发生.

(1) 进行了 5 次试验，求事件 B 发生的概率；

(2) 进行了 7 次试验，求事件 B 发生的概率.

解　设随机变量 X 表示事件 A 发生的次数.

(1) 若进行 5 次试验，则 X 的可能取值为 0,1,2,3,4,5. 由题意知，

$$P(B)=P\{X\geqslant 3\}=\sum_{k=3}^{5}C_5^k\times 0.3^k\times 0.7^{5-k}\approx 0.1631.$$

(2) 若进行 7 次试验，则 X 的可能取值为 0,1,2,3,4,5,6,7. 由题意知，

$$P(B)=P\{X\geqslant 3\}=\sum_{k=3}^{7}C_7^k\times 0.3^k\times 0.7^{7-k}\approx 0.3529.$$

3. 设随机变量 X 的可能取值为 $1,2,\cdots$，且 $P\{X=k\}=\frac{1}{2^k}(k=1,2,\cdots)$. 令

$$Y=\begin{cases}1, & 如果 X 为偶数,\\ -1, & 如果 X 为奇数,\end{cases}$$

试求二次方程 $2x^2+x+Y=0$ 无实根的概率.

解 二次方程 $2x^2+x+Y=0$ 无实根，等价于 $1-8Y<0$，即 $Y>\frac{1}{8}$. 于是，二次方程 $2x^2+x+Y=0$ 无实根的概率为

$$P\left\{Y>\frac{1}{8}\right\}=P\{Y=1\}=\sum_{k=1}^{\infty}P\{X=2k\}=\sum_{k=1}^{\infty}\frac{1}{2^{2k}}=\sum_{k=1}^{\infty}\frac{1}{4^k}=\frac{1}{3}.$$

4. 有一大批产品，其验收方案如下. 先作第一次检验，从中任取 10 件，经检验无次品则接受这批产品，次品数大于 2 则拒收；否则作第二次检验，做法是从中再任取 5 件，仅当 5 件中无次品时接受这批产品. 若产品次品率为 10%，求：

(1) 这批产品第一次检验就能被接受的概率；

(2) 需作第二次检验的概率；

(3) 这批产品直接按第二次检验的标准检验，被接受的概率；

(4) 这批产品在第一次检验时未能作决定，且在第二次检验时被接受的概率；

(5) 这批产品被接受的概率.

解 (1) 这批产品第一次检验就能被接受，即从中任取 10 件全为合格品，其概率为

$$P_1=0.9^{10}\approx 0.349.$$

(2) 若需作第二次检验，则次品数为 1 或 2，其概率为

$$P_2=C_{10}^{1}0.9^{9}\times 0.1+C_{10}^{2}0.9^{8}\times 0.1^{2}\approx 0.581.$$

(3) 这批产品直接按第二次检验的标准被接受，即任取 5 件都是合格品，其概率为

$$P_3=0.9^{5}\approx 0.590.$$

(4) 这批产品在第一次检验时未能作决定，且在第二次检验时被接受的概率为

$$P_4=P_2\cdot P_3=0.581\times 0.590\approx 0.343.$$

(5) 这批产品被接受，分为第一次被接受（概率 P_1）和第二次被接受（概率 P_4），其概率为

$$P_5=P_1+P_4=0.349+0.343=0.692.$$

5. 设每只母鸡产蛋数为 X，且 X 服从参数为 λ 的泊松分布，而每个蛋能孵化成小鸡的概率为 p. 试证每只母鸡有小鸡的数量 Y 服从参数为 λp 的泊松分布.

证明 Y 的可能取值为 $0,1,2,\cdots$.

$$\begin{aligned}P\{Y=n\}&=\sum_{k=n}^{\infty}P\{X=k\}P\{Y=n|X=k\}\\&=\sum_{k=n}^{\infty}\frac{\lambda^k e^{-\lambda}}{k!}\cdot C_k^n p^n(1-p)^{k-n}\\&=\frac{(\lambda p)^n e^{-\lambda}}{n!}\sum_{k=n}^{\infty}\frac{[\lambda(1-p)]^{k-n}}{(k-n)!}\\&=\frac{(\lambda p)^n e^{-\lambda}}{n!}\cdot e^{\lambda(1-p)}\\&=\frac{(\lambda p)^n e^{-\lambda p}}{n!},\end{aligned}$$

故 $Y\sim\pi(\lambda p)$.

6. 设 X 的分布函数为

$$F(x)=\begin{cases}A-Be^{-2x}, & x\geqslant 0,\\ 0, & x<0.\end{cases}$$

(1) 确定常数 A,并指出 B 应满足什么条件;

(2) 若 X 为连续型随机变量,确定 B 的值并求出 X 的概率密度.

解　(1) 由 $F(+\infty)=1$,可得 $A=1$. 由 $F(x)$单调不减,可得 $B>0$.

(2) 若 X 为连续型随机变量,则 $F(x)$连续,从而得到 $A-B=0$,得到 $B=A=1$. 概率密度为 $f(x)=\begin{cases}2e^{-2x}, & x\geqslant 0,\\ 0, & x<0.\end{cases}$

7. 设随机变量 X 的分布函数为

$$F(x)=A+B\arctan e^{-x},\quad -\infty<x<+\infty,$$

求:(1) 常数 A,B; (2) $P\{-\frac{1}{2}\ln 3<X<\frac{1}{2}\ln 3\}$;(3) X 的概率密度.

解　(1) 由 $F(-\infty)=0,F(+\infty)=1$,得 $A+B\cdot\frac{\pi}{2}=0,A=1$,解得 $A=1,B=-\frac{2}{\pi}$.

(2) 由 $F(x)=1-\frac{2}{\pi}\arctan e^{-x}(-\infty<x<+\infty)$,得

$$\begin{aligned}P\{-\frac{1}{2}\ln 3<X<\frac{1}{2}\ln 3\}&=F\left(\frac{1}{2}\ln 3\right)-F\left(-\frac{1}{2}\ln 3\right)\\&=\left(1-\frac{2}{\pi}\arctan e^{-\frac{1}{2}\ln 3}\right)-\left(1-\frac{2}{\pi}\arctan e^{\frac{1}{2}\ln 3}\right)\\&=\frac{2}{\pi}\left(\arctan\sqrt{3}-\arctan\frac{1}{\sqrt{3}}\right)\\&=\frac{2}{\pi}\left(\frac{\pi}{3}-\frac{\pi}{6}\right)=\frac{1}{3}.\end{aligned}$$

(3) X 的概率密度为 $f(x)=F'(x)=-\frac{2}{\pi}\frac{-e^{-x}}{1+e^{-2x}}=\frac{2}{\pi(e^{x}+e^{-x})}(-\infty<x<+\infty)$.

8. 设连续型随机变量 X 的概率密度函数为偶函数,即对任意的 $x\in\mathbb{R}$,有 $f(-x)=f(x)$,证明:对任意的 $a>0$,有

(1) $F(-a)=1-F(a)=\frac{1}{2}-\int_0^a f(x)dx$;

(2) $P\{|X|<a\}=2F(a)-1$;

(3) $P\{|X|>a\}=2[1-F(a)]$.

证明　(1) 由 $f(x)=f(-x)$,可得

$$F(-a)=\int_{-\infty}^{-a}f(x)dx=\int_{-\infty}^{-a}f(-x)dx=\int_a^{+\infty}f(x)dx=1-F(a),$$

若令 $a=0$,得到 $F(0)=\frac{1}{2}$,于是,

$$F(-a)=1-\int_{-\infty}^0 f(x)dx-\int_0^a f(x)dx=\frac{1}{2}-\int_0^a f(x)dx.$$

(2) $P\{|X|<a\}=P\{-a<X<a\}=\int_{-a}^{a}f(x)\mathrm{d}x=\int_{-a}^{0}f(x)\mathrm{d}x+\int_{0}^{a}f(x)\mathrm{d}x$,由 $f(x)=f(-x)$,$\int_{-a}^{0}f(x)\mathrm{d}x=\int_{-a}^{0}f(-x)\mathrm{d}x=\int_{0}^{a}f(-x)\mathrm{d}x=\int_{0}^{a}f(x)\mathrm{d}x$,因此

$$P\{|X|<a\}=2\int_{0}^{a}f(x)\mathrm{d}x=2F(a)-1.$$

(3) $P\{|X|>a\}=1-P\{|X|\leqslant a\}=1-P\{|X|<a\}=1-[2F(a)-1]=2[1-F(a)]$.

9. 设一种元件的使用寿命为随机变量 X(单位:小时),它的概率密度为

$$f(x)=\begin{cases}\dfrac{1000}{x^2}, & x\geqslant 1000,\\ 0, & x<1000.\end{cases}$$

求:(1)X 的分布函数;(2)该元件的寿命不大于 1500 小时的概率;(3)从一大批这种元件中任取 5 只,其中至少有两只寿命不大于 1500 小时的概率.

解 (1) X 的分布函数为

$$\begin{aligned}F(x)&=\int_{-\infty}^{x}f(t)\mathrm{d}t\\&=\begin{cases}\displaystyle\int_{1000}^{x}\frac{1000}{t^2}\mathrm{d}t, & x\geqslant 1000,\\ 0, & x<1000\end{cases}\\&=\begin{cases}1-\dfrac{1000}{x}, & x\geqslant 1000,\\ 0, & x<1000.\end{cases}\end{aligned}$$

(2) 该元件的寿命不大于 1500 小时的概率为

$$P\{X\leqslant 1500\}=\int_{-\infty}^{1500}f(x)\mathrm{d}x=\int_{1000}^{1500}\frac{1000}{x^2}\mathrm{d}x=\frac{1}{3}.$$

(3) 从一大批这种元件中任取 5 只,其中至少有两只寿命不大于 1500 小时的概率为

$$P=1-\left(\frac{2}{3}\right)^5-\mathrm{C}_5^1\times\frac{1}{3}\times\left(\frac{2}{3}\right)^4=\frac{131}{243}.$$

10. 假设一台大型设备在任何长为 t 的时间内发生故障的次数 $N(t)$ 服从参数为 λt 的泊松分布.求相继两次故障的时间间隔 T 的概率分布.

解 由于时间间隔 T 是非负随机变量,可见:当 $t<0$ 时,$F(t)=P\{T\leqslant t\}=0$.当 $t\geqslant 0$ 时,随机事件$\{T>t\}$和$\{N(t)=0\}$等价,因此

$$F(t)=P\{T\leqslant t\}=1-P\{T>t\}=1-P\{N(t)=0\}=1-\mathrm{e}^{-\lambda t},$$

可见,T 服从参数为 λ 的指数分布.

> **点评 1**:为什么"随机事件$\{T>t\}$和$\{N(t)=0\}$等价"呢?相继两次故障的时间间隔 $T>t\Leftrightarrow$长为 t 的时间内没有发生故障$\Leftrightarrow$长为 t 的时间内发生故障的次数 $N(t)=0$。
>
> **点评 2**:本题刻画了指数分布与泊松分布的关系,它具有深刻的数学基础:泊松过程。

- **随机变量函数的分布**

11. 设随机变量 X 的概率密度为

$$f(x)=\begin{cases}\dfrac{2x}{\pi^2}, & 0<x<\pi,\\ 0, & \text{其他}.\end{cases}$$

求 $Y=\sin X$ 的概率密度.

解　随机变量 Y 的取值范围为 $(0,1]$. 当 $y\leqslant 0$ 时,$F_Y(y)=0$;当 $y\geqslant 1$ 时,$F_Y(y)=1$;当 $0<y<1$ 时,

$$\begin{aligned}F_Y(y)&=P\{Y\leqslant y\}\\&=P\{\sin X\leqslant y\}\\&=P\{0<X\leqslant \arcsin y\}+P\{\pi-\arcsin y\leqslant X<\pi\}\\&=\int_0^{\arcsin y}\frac{2x}{\pi^2}\mathrm{d}x+\int_{\pi-\arcsin y}^{\pi}\frac{2x}{\pi^2}\mathrm{d}x\\&=\frac{1}{\pi^2}(\arcsin y)^2+\frac{1}{\pi^2}[\pi^2-(\pi-\arcsin y)^2]\\&=\frac{2}{\pi}\arcsin y,\end{aligned}$$

所以,Y 的概率密度为 $f_Y(y)=\begin{cases}\dfrac{2}{\pi\sqrt{1-y^2}}, & 0<y<1,\\ 0, & \text{其他}.\end{cases}$

12.【2003 数学三、四】设随机变量 X 的概率密度为 $f(x)=\begin{cases}\dfrac{1}{3\sqrt[3]{x^2}}, & 1\leqslant x\leqslant 8,\\ 0, & \text{其他},\end{cases}$ $F(x)$ 是 X 的分布函数. 求随机变量 $Y=F(X)$ 的分布函数.

第 2 章提高篇
题 12

解　方法一:分布函数法.

(1) 计算 X 的分布函数 $F(x)$.

① 当 $x<1$ 时,$F(x)=0$.

② 当 $1\leqslant x<8$ 时,

$$F(x)=P\{X\leqslant x\}=\int_{-\infty}^{x}f(t)\mathrm{d}t=\int_1^x\frac{1}{3\sqrt[3]{t^2}}\mathrm{d}t=\sqrt[3]{t}\Big|_1^x=\sqrt[3]{x}-1.$$

③ 当 $x\geqslant 8$ 时,$F(x)=1$.

综上所述,随机变量 X 的分布函数为 $F(x)=\begin{cases}0, & x<1,\\ \sqrt[3]{x}-1, & 1\leqslant x<8,\\ 1, & x\geqslant 8.\end{cases}$

(2) 设 $F_Y(y)$ 是随机变量 Y 的分布函数. 由分布函数的有界性可知 $0\leqslant F(X)\leqslant 1$.

① 当 $y<0$ 时,$F_Y(y)=P\{Y\leqslant y\}=P\{F(X)\leqslant y\}=0$.

② 当 $0\leqslant y<1$ 时,

$$\begin{aligned}F_Y(y)&=P\{Y\leqslant y\}\\&=P\{F(X)\leqslant y\}\\&=P\{\sqrt[3]{X}-1\leqslant y\}\\&=P\{X\leqslant (y+1)^3\}\\&=F((y+1)^3)\\&=\sqrt[3]{(y+1)^3}-1\\&=y.\end{aligned}$$

③ 当 $y\geqslant 1$ 时,$F_Y(y)=P\{Y\leqslant y\}=P\{F(X)\leqslant y\}=1$.

综上所述,随机变量 Y 的分布函数为 $F_Y(y)=\begin{cases}0, & y<0,\\ y, & 0\leqslant y<1,\\ 1, & y\geqslant 1.\end{cases}$

方法二:公式法.

(1) 计算 X 的分布函数 $F(x)$. 详见方法一.

(2) 设 $f_Y(y)$ 和 $F_Y(y)$ 分别是随机变量 Y 的概率密度和分布函数. 因 $y=F(x)$ 是区间 $[1,8]$ 上的严格单调递增函数,且 $F(1)=0,F(8)=1$,$y=F(x)=\sqrt[3]{x}-1$ 的反函数为 $x=h(y)=F^{-1}(y)=(y+1)^3$,在区间 $(0,1)$ 上 $h'(y)=3(y+1)^2>0$. 由连续型随机变量函数的概率密度公式得

$$f_Y(y)=\begin{cases}f((y+1)^3)\,|3(y+1)^2|, & 0<y<1,\\ 0, & \text{其他}\end{cases}$$
$$=\begin{cases}\dfrac{1}{3\sqrt[3]{(y+1)^{3\times 2}}}\times 3(y+1)^2, & 0<y<1,\\ 0, & \text{其他}\end{cases}$$
$$=\begin{cases}1, & 0<y<1,\\ 0, & \text{其他}.\end{cases}$$

① 当 $y<0$ 时,$F_Y(y)=0$.

② 当 $0\leqslant y<1$ 时,$F_Y(y)=P\{Y\leqslant y\}=\int_{-\infty}^{y}f_Y(t)\mathrm{d}t=\int_0^y 1\,\mathrm{d}t=y$.

③ 当 $y\geqslant 1$ 时,$F_Y(y)=1$.

综上所述,随机变量 Y 的分布函数为 $F_Y(y)=\begin{cases}0, & y<0,\\ y, & 0\leqslant y<1,\\ 1, & y\geqslant 1.\end{cases}$

点评:本题的更一般结论是:设随机变量 X 的分布函数为单调增加的连续函数 $F(x)$,则随机变量 $Y=F(X)$ 服从 $(0,1)$ 上的均匀分布.

(三) 挑战篇

• 随机变量及其分布函数

1. 甲、乙两名篮球队员独立地轮流投篮,直到某人投中为止. 设甲先投,如果甲投中的概率为 0.4,乙投中的概率为 0.6,以 X,Y 分别表示甲、乙的投篮次数,求 X,Y 的分布律.

解 X 可能的取值为 $1,2,\cdots$; Y 可能的取值为 $0,1,\cdots$.

若 $X=k$,即甲共投篮 k 次,包括两种情况:"甲共投篮 k 次,且第 k 次甲投中"和"甲共投篮 k 次,且第 k 次甲没投中",于是,X 的分布律为

$$P\{X=k\}=0.4\times 0.6^{k-1}\times 0.4^{k-1}+0.6\times 0.6^{k-1}\times 0.4^{k-1}\times 0.6$$
$$=0.76\times 0.24^{k-1},\quad k=1,2,\cdots.$$

若 $Y=0$,即乙投篮次数为 0,表示甲第一次投篮投中,所以 $P\{Y=0\}=0.4$.

若 $Y=k(k\geqslant 1)$,即乙共投篮 k 次,包括两种情况:"乙共投篮 k 次,且第 k 次投中"和"乙共投篮 k 次,且第 k 次未投中",于是,

$$P\{Y=k\}=0.6^k\times0.4^{k-1}\times0.6+0.6^k\times0.4^k\times0.4$$
$$=0.456\times0.24^{k-1},\quad k=1,2,\cdots.$$

Y 的分布律为

$$P\{Y=k\}=\begin{cases}0.4, & k=0,\\ 0.456\times0.24^{k-1}, & k=1,2,\cdots.\end{cases}$$

2. 设 $X\sim\pi(\lambda)$：

(1) 求 X 取偶数的概率；

(2) 若 $P\{X=2\}=P\{X=3\}$，求 X 取偶数的概率.

解 (1) X 取偶数的概率为

$$\begin{aligned}P&=\sum_{k=0}^{+\infty}P\{X=2k\}\\&=\sum_{k=0}^{+\infty}\frac{\lambda^{2k}\mathrm{e}^{-\lambda}}{(2k)!}\\&=\mathrm{e}^{-\lambda}\cdot\frac{1}{2}\left[\sum_{k=0}^{+\infty}\frac{\lambda^k}{k!}+\sum_{k=0}^{+\infty}\frac{(-\lambda)^k}{k!}\right]\\&=\frac{1}{2}\mathrm{e}^{-\lambda}(\mathrm{e}^{\lambda}+\mathrm{e}^{-\lambda})\\&=\frac{1}{2}(1+\mathrm{e}^{-2\lambda}).\end{aligned}$$

(2) 若 $P\{X=2\}=P\{X=3\}$，即 $\frac{\lambda^2\mathrm{e}^{-\lambda}}{2!}=\frac{\lambda^3\mathrm{e}^{-\lambda}}{3!}$，得 $\lambda=3$. 于是，X 取偶数的概率为 $P=\frac{1}{2}(1+\mathrm{e}^{-6})$.

3. 设 X 具有概率密度

$$f(x)=\begin{cases}C\mathrm{e}^{-x^2}, & x>0,\\ 0, & x\leqslant 0.\end{cases}$$

求：(1) 常数 C；(2) $P\{-\sqrt{2}<X<\sqrt{2}\}$；(3) X 的分布函数.

解 (1) 由 $\int_{-\infty}^{+\infty}f(x)\mathrm{d}x=\int_0^{+\infty}C\mathrm{e}^{-x^2}\mathrm{d}x=\frac{\sqrt{\pi}}{2}C=1$，得 $C=\frac{2}{\sqrt{\pi}}$.

(2)
$$\begin{aligned}P\{-\sqrt{2}<X<\sqrt{2}\}&=\int_{-\sqrt{2}}^{\sqrt{2}}f(x)\mathrm{d}x\\&=\int_0^{\sqrt{2}}\frac{2}{\sqrt{\pi}}\mathrm{e}^{-x^2}\mathrm{d}x\\&=\sqrt{\frac{2}{\pi}}\int_0^{\sqrt{2}}\mathrm{e}^{-\frac{(\sqrt{2}x)^2}{2}}\mathrm{d}(\sqrt{2}x)\\&=\frac{2}{\sqrt{2\pi}}\int_0^2\mathrm{e}^{-\frac{t^2}{2}}\mathrm{d}t\\&=2\Phi(2)-1\\&\approx0.9544.\end{aligned}$$

(3) 当 $x\leqslant0$ 时，$F(x)=0$；当 $x>0$ 时，

$$\begin{aligned}F(x)&=\int_{-\infty}^{x}f(t)\mathrm{d}t\\&=\int_{0}^{x}\frac{2}{\sqrt{\pi}}\mathrm{e}^{-t^2}\mathrm{d}t\\&=\sqrt{\frac{2}{\pi}}\int_{0}^{x}\mathrm{e}^{-\frac{(\sqrt{2}t)^2}{2}}\mathrm{d}(\sqrt{2}t)\\&=\frac{2}{\sqrt{2\pi}}\int_{0}^{\sqrt{2}x}\mathrm{e}^{-\frac{s^2}{2}}\mathrm{d}s\\&=2\Phi(\sqrt{2}x)-1.\end{aligned}$$

4. 设 $f(x)$,$g(x)$都是概率密度函数,证明 $h(x)=\alpha f(x)+(1-\alpha)g(x)$,$0\leqslant\alpha\leqslant1$ 也是一个概率密度函数.

解 因 $f(x)$,$g(x)$都是概率密度函数,故有 $f(x)\geqslant0$,$g(x)\geqslant0$,且

$$\int_{-\infty}^{+\infty}f(x)\mathrm{d}x=1,\quad\int_{-\infty}^{+\infty}g(x)\mathrm{d}x=1.$$

已知 $0\leqslant\alpha\leqslant1$,可得 $0\leqslant1-\alpha\leqslant1$,从而 $h(x)=\alpha f(x)+(1-\alpha)g(x)\geqslant0$,并且

$$\begin{aligned}\int_{-\infty}^{+\infty}h(x)\mathrm{d}x&=\int_{-\infty}^{+\infty}[\alpha f(x)+(1-\alpha)g(x)]\mathrm{d}x\\&=\alpha\int_{-\infty}^{+\infty}f(x)\mathrm{d}x+(1-\alpha)\int_{-\infty}^{+\infty}g(x)\mathrm{d}x\\&=\alpha+(1-\alpha)\\&=1.\end{aligned}$$

所以,$h(x)$也是一个概率密度函数.

5. 设 $F(x)$是连续型随机变量 X 的分布函数,证明对任意 $a<b$ 有

$$\int_{-\infty}^{+\infty}[F(x+b)-F(x+a)]\mathrm{d}x=b-a.$$

证明
$$\int_{-\infty}^{+\infty}[F(x+b)-F(x+a)]\mathrm{d}x=\int_{-\infty}^{+\infty}\mathrm{d}x\int_{x+a}^{x+b}f(t)\mathrm{d}t,$$

内层积分换元,令 $t=x+u$,得

$$\int_{-\infty}^{+\infty}[F(x+b)-F(x+a)]\mathrm{d}x=\int_{-\infty}^{+\infty}\mathrm{d}x\int_{a}^{b}f(x+u)\mathrm{d}u,$$

交换积分次序,得

$$\int_{-\infty}^{+\infty}[F(x+b)-F(x+a)]\mathrm{d}x=\int_{a}^{b}\mathrm{d}u\int_{-\infty}^{+\infty}f(x+u)\mathrm{d}x=\int_{a}^{b}1\ \mathrm{d}u=b-a.$$

- **随机变量函数的分布**

6. 设离散型随机变量 X 的分布律为 $P\{X=k\}=pq^{k-1}(k=1,2,\cdots;q=1-p)$,求 $Y=\cos\frac{X\pi}{2}$的分布律.

解 $Y=\cos\frac{X\pi}{2}$所有可能的取值为$-1,0,1$.

$$\begin{aligned}P\{Y=-1\}&=P\left\{\cos\frac{X\pi}{2}=-1\right\}=\sum_{k=0}^{+\infty}P\{X=4k+2\}=\sum_{k=0}^{+\infty}pq^{4k+2-1}\\&=pq\sum_{k=0}^{+\infty}q^{4k}=\frac{pq}{1-q^4};\end{aligned}$$

$$P\{Y=0\}=P\left\{\cos\frac{X\pi}{2}=0\right\}=\sum_{k=0}^{+\infty}P\{X=2k+1\}=\sum_{k=0}^{+\infty}pq^{2k}=\frac{p}{1-q^2};$$

$$P\{Y=1\}=P\left\{\cos\frac{X\pi}{2}=1\right\}=\sum_{k=1}^{+\infty}P\{X=4k\}=\sum_{k=1}^{+\infty}pq^{4k-1}=pq^3\sum_{k=1}^{+\infty}q^{4k-4}=\frac{pq^3}{1-q^4}.$$

故 Y 的分布律为

Y	-1	0	1
P	$\frac{pq}{1-q^4}$	$\frac{p}{1-q^2}$	$\frac{pq^3}{1-q^4}$

7. 设随机变量 M 服从(0,1)上的均匀分布，$\lambda>0$，

$$N=g(M)=-\frac{1}{\lambda}\ln(1-M),\quad M\in(0,1).$$

试证明随机变量 N 服从参数为 λ 的指数分布.

证明　随机变量 M 的概率密度为

$$f_M(m)=\begin{cases}1, & 0<m<1,\\ 0, & \text{其他},\end{cases}$$

随机变量 N 的取值范围为$(0,+\infty)$，$n=-\frac{1}{\lambda}\ln(1-m)$的反函数为 $m=1-\mathrm{e}^{-n\lambda}(n>0)$，$\frac{\mathrm{d}m}{\mathrm{d}n}=\lambda\mathrm{e}^{-n\lambda}$. 由公式法可得 N 的概率密度为

$$f_N(n)=f_M(1-\mathrm{e}^{-n\lambda})\cdot\lambda\mathrm{e}^{-n\lambda}=\begin{cases}\lambda\mathrm{e}^{-n\lambda}, & n>0,\\ 0, & n\leqslant 0,\end{cases}$$

故随机变量 N 服从参数为 λ 的指数分布.

总 习 题 二

一、选择题

1. 如下 4 个函数哪个是随机变量 X 的分布函数？(　　)

A. $F(x)=\begin{cases}0, & x<-1,\\ \frac{1}{2}, & -1\leqslant x<1,\\ 2, & x\geqslant 1\end{cases}$

B. $F(x)=\begin{cases}0, & x<0,\\ \sin x, & 0\leqslant x<\pi,\\ 1, & x\geqslant\pi\end{cases}$

C. $F(x)=\begin{cases}0, & x<0,\\ \sin x, & 0\leqslant x<\pi/2,\\ 1, & x\geqslant\pi/2\end{cases}$

D. $F(x)=\begin{cases}0, & x<0,\\ x+\frac{1}{4}, & 0\leqslant x\leqslant\frac{1}{2},\\ 1, & x>\frac{1}{2}\end{cases}$

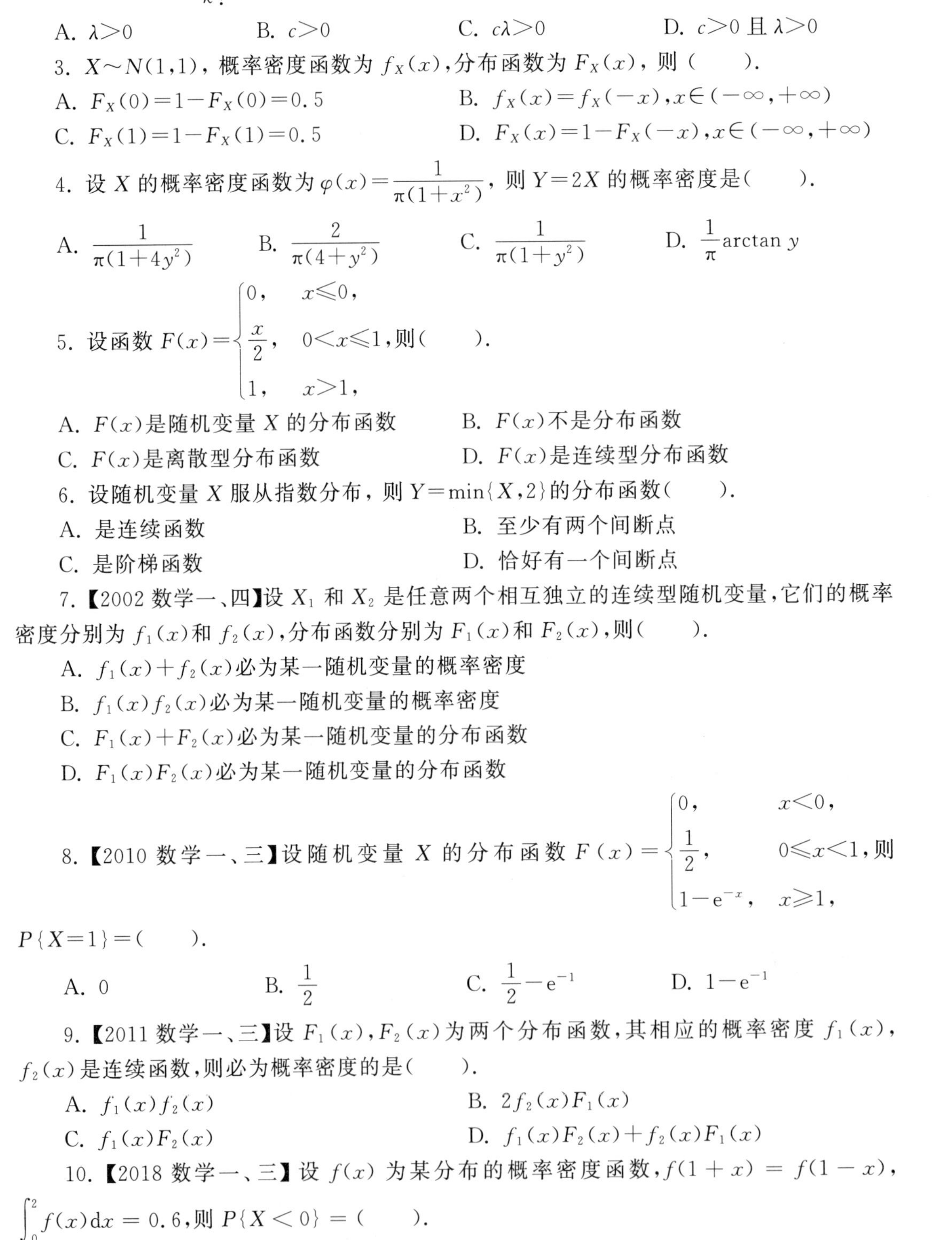

2. $P(X=k)=c\dfrac{\lambda^k}{k!}e^{-\lambda}(k=0,2,4,\cdots)$是随机变量 X 的概率分布，则λ,c 一定满足(　　).

A. $\lambda>0$　　B. $c>0$　　C. $c\lambda>0$　　D. $c>0$ 且 $\lambda>0$

3. $X\sim N(1,1)$，概率密度函数为 $f_X(x)$,分布函数为 $F_X(x)$，则(　　).

A. $F_X(0)=1-F_X(0)=0.5$　　B. $f_X(x)=f_X(-x),x\in(-\infty,+\infty)$

C. $F_X(1)=1-F_X(1)=0.5$　　D. $F_X(x)=1-F_X(-x),x\in(-\infty,+\infty)$

4. 设 X 的概率密度函数为$\varphi(x)=\dfrac{1}{\pi(1+x^2)}$，则 $Y=2X$ 的概率密度是(　　).

A. $\dfrac{1}{\pi(1+4y^2)}$　　B. $\dfrac{2}{\pi(4+y^2)}$　　C. $\dfrac{1}{\pi(1+y^2)}$　　D. $\dfrac{1}{\pi}\arctan y$

5. 设函数 $F(x)=\begin{cases}0, & x\leqslant 0,\\ \dfrac{x}{2}, & 0<x\leqslant 1,\\ 1, & x>1,\end{cases}$则(　　).

A. $F(x)$是随机变量 X 的分布函数　　B. $F(x)$不是分布函数

C. $F(x)$是离散型分布函数　　D. $F(x)$是连续型分布函数

6. 设随机变量 X 服从指数分布，则 $Y=\min\{X,2\}$的分布函数(　　).

A. 是连续函数　　B. 至少有两个间断点

C. 是阶梯函数　　D. 恰好有一个间断点

7.【2002 数学一、四】设 X_1 和 X_2 是任意两个相互独立的连续型随机变量,它们的概率密度分别为 $f_1(x)$和 $f_2(x)$,分布函数分别为 $F_1(x)$和 $F_2(x)$,则(　　).

A. $f_1(x)+f_2(x)$必为某一随机变量的概率密度

B. $f_1(x)f_2(x)$必为某一随机变量的概率密度

C. $F_1(x)+F_2(x)$必为某一随机变量的分布函数

D. $F_1(x)F_2(x)$必为某一随机变量的分布函数

8.【2010 数学一、三】设随机变量 X 的分布函数 $F(x)=\begin{cases}0, & x<0,\\ \dfrac{1}{2}, & 0\leqslant x<1,\\ 1-e^{-x}, & x\geqslant 1,\end{cases}$则 $P\{X=1\}=$(　　).

A. 0　　B. $\dfrac{1}{2}$　　C. $\dfrac{1}{2}-e^{-1}$　　D. $1-e^{-1}$

9.【2011 数学一、三】设 $F_1(x)$,$F_2(x)$为两个分布函数,其相应的概率密度 $f_1(x)$,$f_2(x)$是连续函数,则必为概率密度的是(　　).

A. $f_1(x)f_2(x)$　　B. $2f_2(x)F_1(x)$

C. $f_1(x)F_2(x)$　　D. $f_1(x)F_2(x)+f_2(x)F_1(x)$

10.【2018 数学一、三】设 $f(x)$ 为某分布的概率密度函数,$f(1+x)=f(1-x)$,$\int_0^2 f(x)\mathrm{d}x=0.6$,则 $P\{X<0\}=$(　　).

A. 0.2　　B. 0.3　　C. 0.4　　D. 0.5

11.【2007 数学一、三】某人向同一目标独立重复射击,每次射击命中目标的概率为 p,

则此人第 4 次射击恰好第 2 次命中目标的概率为(　　).

A. $3p(1-p)^2$　　B. $6p(1-p)^2$　　C. $3p^2(1-p)^2$　　D. $6p^2(1-p)^2$

12.【2006 数学一、三】设随机变量 X 服从正态分布 $N(\mu_1,\sigma_1^2)$,Y 服从正态分布 $N(\mu_2,\sigma_2^2)$,且 $P\{|X-\mu_1|<1\}>P\{|Y-\mu_2|<1\}$,则必有(　　).

A. $\sigma_1<\sigma_2$　　B. $\sigma_1>\sigma_2$　　C. $\mu_1<\mu_2$　　D. $\mu_1>\mu_2$

13.【2010 数学一、三】设 $f_1(x)$ 为标准正态分布的概率密度,$f_2(x)$ 为 $[-1,3]$ 上均匀分布的概率密度,若 $f(x)=\begin{cases} af_1(x), & x\leqslant 0, \\ bf_2(x), & x>0 \end{cases}$ $(a>0,b>0)$ 为概率密度,则 a,b 应满足(　　).

A. $2a+3b=4$　　B. $3a+2b-4$　　C. $a+b=1$　　D. $a+b=2$

14.【2013 数学一、三】设 X_1,X_2,X_3 是随机变量,且 $X_1\sim N(0,1)$,$X_2\sim N(0,2^2)$,$X_3\sim N(5,3^2)$,$P_i=P\{-2\leqslant X_i\leqslant 2\}(i=1,2,3)$,则(　　).

A. $P_1>P_2>P_3$　　B. $P_2>P_1>P_3$

C. $P_3>P_2>P_1$　　D. $P_1>P_3>P_2$

15.【2016 数学一】设随机变量 $X\sim N(\mu,\sigma^2)(\sigma>0)$,记 $p=P\{X\leqslant\mu+\sigma^2\}$,则(　　).

A. p 随着 μ 的增加而增加　　B. p 随着 σ 的增加而增加

C. p 随着 μ 的增加而减少　　D. p 随着 σ 的增加而减少

二、填空题

1. 设随机变量 $X\sim b(3,a)$,$Y\sim\pi(3a)$,若 $P\{X\geqslant 1\}=\dfrac{19}{27}$,则 $P\{Y\geqslant 1\}=$________.

2. 设 X 服从 $(0,5)$ 上的均匀分布,则二次方程 $4t^2+4Xt+X+2=0$ 有实根的概率为________.

3. 设随机变量 X 的概率密度为 $\varphi(x)=\begin{cases} \dfrac{c}{\sqrt{1-x^2}}, & |x|<1, \\ 0, & \text{其他}, \end{cases}$ 则常数 $c=$__________,X 落在 $\left(-\dfrac{1}{2},\dfrac{1}{2}\right)$ 内的概率为________.

4. 随机变量 X 的概率密度为 $f(x)=\begin{cases} x, & 0\leqslant x<1, \\ 2-x, & 1\leqslant x\leqslant 2, \\ 0, & \text{其他}, \end{cases}$ 则分布函数 $F(x)=$________.

5. 随机变量 X 的分布函数为 $F(x)=\begin{cases} 0, & x<0, \\ 1-\alpha e^{-\lambda x}, & x\geqslant 0 \end{cases}$ $(0<\alpha<1)$,则 $P\{(X=0)\cup(X=2)\}=$________.

6. 设随机变量 X 的概率密度为 $f(x)=\begin{cases} \dfrac{c}{1+x^2}, & x>0, \\ 0, & x\leqslant 0, \end{cases}$ 则 X 落在 $(-1,1)$ 内的概率为________.

7.【2000 数学三】设随机变量 X 的概率密度为 $f(x)=\begin{cases}\frac{1}{3}, & x\in[0,1],\\ \frac{2}{9}, & x\in[3,6],\\ 0, & 其他,\end{cases}$ 若 k 使 $P\{X\geqslant k\}=\frac{2}{3}$,则 k 的取值范围是________.

8.【2002 数学一】设随机变量 X 服从正态分布 $N(\mu,\sigma^2)(\sigma>0)$,且二次方程 $y^2+4y+X=0$ 无实根的概率为$\frac{1}{2}$,则 $\mu=$________.

9.【2013 数学一】设随机变量 Y 服从参数为 1 的指数分布,a 为常数且大于零,则 $P\{Y\leqslant a+1\mid Y>a\}=$________.

10.【1997 数学四】设随机变量 X 服从二项分布 $b(2,p)$,随机变量 Y 服从二项分布 $b(3,p)$,若 $P\{X\geqslant 1\}=\frac{5}{9}$,则 $P\{Y\geqslant 1\}=$________.

三、解答题

1. 测量某一物体的长度,测量的随机误差 X 具有概率密度函数

$$\varphi(x)=\frac{1}{4\sqrt{2\pi}}\exp\left\{-\frac{(x-2)^2}{32}\right\},\quad -\infty<x<+\infty.$$

(1) 求测量误差的绝对值不超过 3 的概率;

(2) 独立测量 3 次,求至少有一次误差的绝对值不超过 3 的概率.

2.【2013 数学一】设随机变量 X 的概率密度为 $f(x)=\begin{cases}\frac{1}{9}x^2, & 0<x<3,\\ 0, & 其他,\end{cases}$ 令随机变量

$$Y=\begin{cases}2, & X\leqslant 1,\\ X, & 1<X<2,\\ 1, & X\geqslant 2.\end{cases}$$

(1) 求 Y 的分布函数;

(2) 求 $P\{X\leqslant Y\}$.

3.【1995 数学一】设随机变量 X 的概率密度为 $f_X(x)=\begin{cases}\mathrm{e}^{-x}, & x\geqslant 0,\\ 0, & x<0,\end{cases}$ 求随机变量 $Y=\mathrm{e}^X$ 的概率密度 $f_Y(y)$.

总习题二参考答案

一、选择题

1. C; 2. B; 3. C; 4. B; 5. B; 6. D; 7. D; 8. C; 9. D; 10. A; 11. C; 12. A; 13. A; 14. A; 15. B.

二、填空题

1. e^{-1}；　2. $\frac{3}{5}$；　3. $\frac{1}{\pi},\frac{1}{3}$；　4. $F(x)=\begin{cases}0, & x<0,\\ \frac{x^2}{2}, & 0\leqslant x<1,\\ -\frac{x^2}{2}+2x-1, & 1\leqslant x<2,\\ 1, & x\geqslant 2;\end{cases}$　5. $1-\alpha$；

6. $\frac{1}{2}$；　7. $[1,3]$；　8. 4；　9. $1-e^{-1}$；　10. $\frac{19}{27}$.

三、解答题

1. **解**　因为 $\varphi(x)=\frac{1}{4\sqrt{2\pi}}\exp\left\{-\frac{(x-2)^2}{32}\right\}(-\infty<x<+\infty)$,所以 $X\sim N(2,16)$.

(1)

$$\begin{aligned}P\{|X|\leqslant 3\}&=P\{-3\leqslant X\leqslant 3\}\\&=P\left\{-1.25\leqslant\frac{X-2}{4}\leqslant 0.25\right\}\\&=\Phi(0.25)-\Phi(-1.25)\\&=\Phi(0.25)-[1-\Phi(1.25)]\\&=\Phi(0.25)+\Phi(1.25)-1\\&=0.5987+0.8944-1\\&=0.4931.\end{aligned}$$

(2)　P(至少有一次误差的绝对值不超过 3)$=1-P$(3 次误差的绝对值都超过 3)

$$\begin{aligned}&=1-(1-0.4931)^3\\&\approx 1-0.1302\\&=0.8698.\end{aligned}$$

2. **解**　(1) 记函数 $g(x)=\begin{cases}2, & x\leqslant 1,\\ x, & 1<x<2,\\ 1, & x\geqslant 2,\end{cases}$则有 $Y=g(X)$. 可见,随机变量 Y 的取值范围为$[1,2]$.

① 当 $y<1$ 时,$F_Y(y)=P\{Y\leqslant y\}=0$.

② 当 $1\leqslant y<2$ 时,

$$\begin{aligned}F_Y(y)&=P\{Y\leqslant y\}\\&=P\{g(X)\leqslant y\}\\&=P\{1<X\leqslant y\}+P\{2\leqslant X\leqslant 3\}\\&=\int_1^y\frac{1}{9}x^2\mathrm{d}x+\int_2^3\frac{1}{9}x^2\mathrm{d}x\\&=\frac{1}{27}(y^3+18).\end{aligned}$$

③ 当 $y\geqslant 2$ 时,$F_Y(y)=P\{Y\leqslant y\}=1$.

综上所述,随机变量 Y 的分布函数为 $F_Y(y)=\begin{cases}0, & y<1,\\ \dfrac{1}{27}(y^3+18), & 1\leqslant y<2,\\ 1, & y\geqslant 2.\end{cases}$

(2) 分情况讨论得

$$\begin{aligned}P\{X\leqslant Y\}&=P\{X\leqslant Y,X\leqslant 1\}+P\{X\leqslant Y,1<X<2\}+P\{X\leqslant Y,X\geqslant 2\}\\&=P\{X\leqslant 2,X\leqslant 1\}+P\{X\leqslant X,1<X<2\}+P\{X\leqslant 1,X\geqslant 2\}\\&=P\{X\leqslant 1\}+P\{1<X<2\}+0\\&=P\{X<2\}\\&=\int_0^2\frac{1}{9}x^2\,\mathrm{d}x\\&=\frac{8}{27}.\end{aligned}$$

3. 本题有两种解法:分布函数法和公式法.

解 方法一:分布函数法.

由 $P\{X\geqslant 0\}=1$ 可知 $P\{Y\geqslant 1\}=P\{\mathrm{e}^X\geqslant 1\}=1$,故:

① 当 $y<1$ 时,$F_Y(y)=P\{Y\leqslant y\}=0$.

② 当 $y\geqslant 1$ 时,$F_Y(y)=P\{Y\leqslant y\}=P\{\mathrm{e}^X\leqslant y\}=P\{X\leqslant \ln y\}=F_X(\ln y)$,等式两端求导得

$$f_Y(y)=F_Y'(y)=[F_X(\ln y)]'=f_X(\ln y)\cdot(\ln y)'=\mathrm{e}^{-\ln y}\cdot\frac{1}{y}=\frac{1}{y^2}.$$

因此 $f_Y(y)=\begin{cases}\dfrac{1}{y^2}, & y\geqslant 1,\\ 0, & y<1.\end{cases}$

方法二:公式法.

由题意,X 为连续型随机变量,概率密度为 $f_X(x)$. 函数 $y=g(x)=\mathrm{e}^x$ 严格单调,其反函数 $x=h(y)=\ln y$ 有一阶连续导数. 故 $Y=g(X)$ 也是连续型随机变量,$\alpha=\min g(X)=1$, $\beta=\max g(X)=+\infty$.

① 当 $y<1$ 时,其概率密度为 $f_Y(y)=0$.

② 当 $y\geqslant 1$ 时,$f_X(h(y))\,|h'(y)|=f_X(\ln y)\cdot\dfrac{1}{y}=\mathrm{e}^{-\ln y}\cdot\dfrac{1}{y}=\dfrac{1}{y^2}$.

故 Y 的概率密度为 $f_Y(y)=\begin{cases}\dfrac{1}{y^2}, & y\geqslant 1,\\ 0, & y<1.\end{cases}$

第 2 章在线测试

第3章

多维随机变量及其分布

一、知识要点

(一) 二维随机变量

设 X,Y 是定义在同一样本空间 Ω 上的随机变量,称它们构成的向量 (X,Y) 为二维随机变量.

(二) 联合分布函数

设 (X,Y) 为二维随机变量,对任意两个实数 x,y,称二元函数 $F(x,y)=P\{X\leqslant x,Y\leqslant y\}$ 为 (X,Y) 的分布函数或 X,Y 的联合分布函数.

$F(x,y)$ 的性质:

(1) $0\leqslant F(x,y)\leqslant 1$,且 $F(-\infty,y)=F(x,-\infty)=F(-\infty,-\infty)=0,F(+\infty,+\infty)=1$;

(2) $F(x,y)$ 是 x 或 y 的单调不减函数;

(3) $F(x,y)$ 关于 x 右连续,关于 y 也右连续;

(4) 对任意 $(x_1,y_1),(x_2,y_2)$,当 $x_1\leqslant x_2,y_1\leqslant y_2$ 时有

$$F(x_2,y_2)-F(x_1,y_2)-F(x_2,y_1)+F(x_1,y_1)\geqslant 0.$$

(三) 二维离散型随机变量

设 (X,Y) 所有可能的取值为 $(x_i,y_j)(i,j=1,2,\cdots)$,则 $P\{X=x_i,Y=y_j\}=p_{ij}(i,j=1,2,\cdots)$ 称为 X 和 Y 的**联合分布律**.

联合分布律的性质: (1) $0\leqslant p_{ij}\leqslant 1$; (2) $\sum\limits_{i=1}^{\infty}\sum\limits_{j=1}^{\infty}p_{ij}=1$.

(四) 二维连续型随机变量

若存在非负函数 $f(x,y)$,使得 $F(x,y)=\int_{-\infty}^{y}\int_{-\infty}^{x}f(u,v)\mathrm{d}u\mathrm{d}v$,则称 (X,Y) 为连续型随机变量,称 $f(x,y)$ 为 X 和 Y 的**联合概率密度**.

联合概率密度的性质: (1) $f(x,y)\geqslant 0$; (2) $\int_{-\infty}^{+\infty}\int_{-\infty}^{+\infty}f(x,y)\mathrm{d}x\mathrm{d}y=1$.

常见的二维随机变量:

(1) 二维均匀分布 $(X,Y)\sim U_G$,概率密度为

$$f(x,y)=\begin{cases}\dfrac{1}{A}, & (x,y)\in G,\\ 0, & \text{其他},\end{cases}$$

其中 A 是区域 G 的面积.

(2) 二维正态分布 $(X,Y)\sim N(\mu_1,\mu_2,\sigma_1^2,\sigma_2^2,\rho)$,概率密度为

$$f(x,y)=\frac{1}{2\pi\sigma_1\sigma_2\sqrt{1-\rho^2}}\mathrm{e}^{-\frac{1}{2(1-\rho^2)}\left[\frac{(x-\mu_1)^2}{\sigma_1^2}-2\rho\frac{(x-\mu_1)(y-\mu_2)}{\sigma_1\sigma_2}+\frac{(y-\mu_2)^2}{\sigma_2^2}\right]},\quad -\infty<x,y<+\infty.$$

(五) 边缘分布

(X,Y)关于 X,Y 的边缘分布函数:

$$F_X(x)=F(x,+\infty),\quad F_Y(y)=F(+\infty,y).$$

(离散型)(X,Y)关于 X,Y 的边缘分布律:

$$p_{i\cdot}=P\{X=x_i\}=\sum_{j=1}^{\infty}p_{ij},\quad p_{\cdot j}=P\{Y=y_j\}=\sum_{i=1}^{\infty}p_{ij}.$$

(连续型)(X,Y)关于 X,Y 的边缘概率密度:

$$f_X(x)=\int_{-\infty}^{+\infty}f(x,y)\mathrm{d}y,\quad f_Y(y)=\int_{-\infty}^{+\infty}f(x,y)\mathrm{d}x.$$

(六) 随机变量的独立性

独立性定义:对于任意实数 x,y,有 $F(x,y)=F_X(x)F_Y(y)$,称 X 与 Y **相互独立**.

(离散型)独立性:对于任意 i,j,有 $p_{ij}=p_{i\cdot}\,p_{\cdot j}$,则 X 与 Y 相互独立.

(连续型)独立性:对几乎处处的 x,y,有 $f(x,y)=f_X(x)f_Y(y)$,则 X 与 Y 相互独立.

(七) 条件分布

(离散型)条件分布律:

(1) 若 $P\{Y=y_j\}>0$,则称

$$P\{X=x_i|Y=y_j\}=\frac{P\{X=x_i,Y=y_j\}}{P\{Y=y_j\}}=\frac{p_{ij}}{p_{\cdot j}},\quad i=1,2,\cdots$$

为在 $Y=y_j$ 条件下随机变量 X 的条件分布律.

(2) 若 $P\{X=x_i\}>0$,则称

$$P\{Y=y_j|X=x_i\}=\frac{P\{X=x_i,Y=y_j\}}{P\{X=x_i\}}=\frac{p_{ij}}{p_{i\cdot}},\quad j=1,2,\cdots$$

为在 $X=x_i$ 条件下随机变量 Y 的条件分布律.

(连续型)条件概率密度:

(1) 在 $Y=y$ 的条件下 X 的条件概率密度:

$$f_{X|Y}(x|y)=\frac{f(x,y)}{f_Y(y)},\quad f_Y(y)>0.$$

(2) 在 $X=x$ 的条件下 Y 的条件概率密度:

$$f_{Y|X}(y|x)=\frac{f(x,y)}{f_X(x)},\quad f_X(x)>0.$$

(八) 随机变量函数的分布

二维离散型随机变量函数 $Z=g(X,Y)$的分布:

$$P\{Z=z_k\}=P\{g(X,Y)=z_k\}=\sum_{g(x_i,y_j)=z_k}p_{ij}.$$

二维连续型随机变量函数 $Z=g(X,Y)$的分布:

(1) 分布函数法

$$F_Z(z)=P\{Z\leqslant z\}=P\{g(X,Y)\leqslant z\}=\iint\limits_{g(x,y)\leqslant z} f(x,y)\mathrm{d}x\mathrm{d}y.$$

(2) 常见随机变量函数的分布

① $Z=X+Y$

概率密度为

$$f_Z(z)=\int_{-\infty}^{+\infty} f(z-y,y)\mathrm{d}y,$$

若 X,Y 相互独立,Z 的概率密度为

$$f_Z(z)=\int_{-\infty}^{+\infty} f_X(z-y)f_Y(y)\mathrm{d}y=f_X * f_Y(z).$$

② $M=\max\{X,Y\}$

若 X,Y 相互独立,M 的分布函数为 $F_M(x)=F_X(x)F_Y(x)$,其中$F_X(x)$,$F_Y(y)$分别是 X,Y 的分布函数.

若 X,Y 独立同分布,则$F_M(x)=F^2(x)$,其中 $F(x)$是 X,Y 的分布函数.

③ $N=\min\{X,Y\}$

若 X,Y 相互独立,N 的分布函数为$F_N(x)=1-[1-F_X(x)][1-F_Y(x)]$.

若 X,Y 独立同分布,则$F_N(x)=1-[1-F(x)]^2$,其中 $F(x)$是 X,Y 的分布函数.

二、分级习题

(一) 基础篇

- **二维离散型随机变量的联合分布律**

1. 设随机变量(X,Y)的分布律为

X \ Y	1	2	3
-1	$\frac{1}{3}$	$\frac{a}{6}$	$\frac{1}{4}$
1	0	$\frac{1}{4}$	a^2

求 a 的值.

解　由分布律性质可知$\frac{1}{3}+\frac{a}{6}+\frac{1}{4}+\frac{1}{4}+a^2=1$,即 $6a^2+a-1=0$,解得 $a=\frac{1}{3}$ 或 $a=-\frac{1}{2}$,由 $p_{ij}\geqslant 0$ 可得 $a=\frac{1}{3}$.

2. 在一箱子中装有 12 只开关,其中 2 只是次品,在箱子中取两次,每次任取一只,考虑两种试验方式:(1)有放回;(2)不放回.定义随机变量

$$X=\begin{cases}0, & \text{若第一次取出的是正品},\\ 1, & \text{若第一次取出的是次品},\end{cases}\quad Y=\begin{cases}0, & \text{若第二次取出的是正品},\\ 1, & \text{若第二次取出的是次品},\end{cases}$$

就(1)、(2)两种情况,分别写出 X 和 Y 的联合分布律.

解　(X,Y)的可能取值为$(0,0)$,$(0,1)$,$(1,0)$,$(1,1)$.

(1) 有放回抽样:

$$P\{(X,Y)=(0,0)\}=\frac{10}{12}\times\frac{10}{12}=\frac{25}{36};$$

$$P\{(X,Y)=(0,1)\}=\frac{10}{12}\times\frac{2}{12}=\frac{5}{36};$$

$$P\{(X,Y)=(1,0)\}=\frac{2}{12}\times\frac{10}{12}=\frac{5}{36};$$

$$P\{(X,Y)=(1,1)\}=\frac{2}{12}\times\frac{2}{12}=\frac{1}{36}.$$

故 X 和 Y 的联合分布律为

X \ Y	0	1
0	$\frac{25}{36}$	$\frac{5}{36}$
1	$\frac{5}{36}$	$\frac{1}{36}$

(2) 不放回抽样:

$$P\{(X,Y)=(0,0)\}=\frac{10}{12}\times\frac{9}{11}=\frac{15}{22};$$

$$P\{(X,Y)=(0,1)\}=\frac{10}{12}\times\frac{2}{11}=\frac{5}{33};$$

$$P\{(X,Y)=(1,0)\}=\frac{2}{12}\times\frac{10}{11}=\frac{5}{33};$$

$$P\{(X,Y)=(1,1)\}=\frac{2}{12}\times\frac{1}{11}=\frac{1}{66}.$$

故 X 和 Y 的联合分布律为

X \ Y	0	1
0	$\frac{15}{22}$	$\frac{5}{33}$
1	$\frac{5}{33}$	$\frac{1}{66}$

3. 甲从 1,2,3,4 中任取一数 X,乙从 $1,\cdots,X$ 中任取一数 Y,求(X,Y)的分布律.

解 由题意知,若 X 取值为 i,则 Y 的取值范围为 $1,\cdots,i$,于是

$$P\{X=i,Y=j\}=\begin{cases}\frac{1}{4}\cdot\frac{1}{i}, & i=1,2,3,4,j\leqslant i,\\ 0, & \text{其他}\end{cases}=\begin{cases}\frac{1}{4i}, & i=1,2,3,4,j\leqslant i,\\ 0, & \text{其他}.\end{cases}$$

- **二维连续型随机变量的联合概率密度**

4. 设二维连续型随机变量(X,Y)的分布函数为

$$F(x,y)=A\left(B+\arctan\frac{x}{2}\right)\left(C+\arctan\frac{y}{3}\right),$$

求:(1) 常数 A,B,C;(2) (X,Y)的概率密度.

解 (1) 由分布函数的定义有

$$1=F(+\infty,+\infty)=A\left(B+\frac{\pi}{2}\right)\left(C+\frac{\pi}{2}\right),$$

$$0=F(-\infty,y)=A\left(B-\frac{\pi}{2}\right)\left(C+\arctan\frac{y}{3}\right),$$

$$0=F(x,-\infty)=A\left(B+\arctan\frac{x}{2}\right)\left(C-\frac{\pi}{2}\right),$$

得 $A=\frac{1}{\pi^2},B=C=\frac{\pi}{2}$.

(2) (X,Y)的分布函数为 $F(x,y)=\frac{1}{\pi^2}\left(\frac{\pi}{2}+\arctan\frac{x}{2}\right)\left(\frac{\pi}{2}+\arctan\frac{y}{3}\right)$,故$(X,Y)$的概率密度为

$$f(x,y)=\frac{\partial^2F(x,y)}{\partial x\partial y}=\frac{1}{\pi^2}\cdot\frac{\frac{1}{2}}{1+\left(\frac{x}{2}\right)^2}\cdot\frac{\frac{1}{3}}{1+\left(\frac{y}{3}\right)^2}$$

$$=\frac{6}{\pi^2(4+x^2)(9+y^2)},\quad -\infty<x<+\infty,-\infty<y<+\infty.$$

5. 已知随机变量(X,Y)的概率密度为

$$f(x,y)=\begin{cases}4xy, & 0\leqslant x\leqslant 1,0\leqslant y\leqslant 1,\\ 0, & 其他,\end{cases}$$

求(X,Y)的分布函数.

解　(X,Y) 的分布函数 $F(x,y)=\int_{-\infty}^{x}\mathrm{d}u\int_{-\infty}^{y}f(u,v)\mathrm{d}v$.

① 当 $x<0$ 或 $y<0$ 时,$F(x,y)=0$;

② 当 $0\leqslant x<1,0\leqslant y<1$ 时,$F(x,y)=\int_0^x\mathrm{d}u\int_0^y 4uv\mathrm{d}v=x^2y^2$;

③ 当 $0\leqslant x<1,y\geqslant 1$ 时,$F(x,y)=\int_0^x\mathrm{d}u\int_0^1 4uv\mathrm{d}v=x^2$;

④ 当 $x\geqslant 1,0\leqslant y<1$ 时,$F(x,y)=\int_0^1\mathrm{d}u\int_0^y 4uv\mathrm{d}v=y^2$;

⑤ 当 $x\geqslant 1,y\geqslant 1$ 时,$F(x,y)=1$.

故(X,Y)的分布函数为

$$F(x,y)=\begin{cases}0, & x<0 \text{ 或 } y<0,\\ x^2y^2, & 0\leqslant x<1,0\leqslant y<1,\\ x^2, & 0\leqslant x<1,y\geqslant 1,\\ y^2, & x\geqslant 1,0\leqslant y<1,\\ 1, & x\geqslant 1,y\geqslant 1.\end{cases}$$

点评: 连续型随机变量的概率密度通常在某区域上非零,所以在计算分布函数时,要结合概率密度的分片情况来分区域计算.

6. 设二维随机变量(X,Y)的概率密度为

$$f(x,y)=\begin{cases}a(6-x-y), & 0<x<2,2<y<4,\\ 0, & 其他.\end{cases}$$

(1) 确定常数 a;

(2) 求 $P\{X<1,Y<3\}$,$P\{X<1.5\}$,$P\{X+Y<4\}$.

解 (1) 由概率密度的规范性,

$$\begin{aligned}1&=\iint_{\mathbb{R}^2}f(x,y)\mathrm{d}x\mathrm{d}y\\&=\int_0^2\mathrm{d}x\int_2^4 a(6-x-y)\mathrm{d}y\\&=a\int_0^2\left[2(6-x)-\frac{y^2}{2}\bigg|_2^4\right]\mathrm{d}x\\&=a\int_0^2(6-2x)\mathrm{d}x\\&=8a,\end{aligned}$$

故 $a=\dfrac{1}{8}$.

(2) $P\{X<1,Y<3\}=\iint_{x<1,y<3}f(x,y)\mathrm{d}x\mathrm{d}y=\int_0^1\mathrm{d}x\int_2^3\frac{1}{8}(6-x-y)\mathrm{d}y=\frac{3}{8}$;

$$P\{X<1.5\}=\iint_{x<1.5}f(x,y)\mathrm{d}x\mathrm{d}y=\int_0^{1.5}\mathrm{d}x\int_2^4\frac{1}{8}(6-x-y)\mathrm{d}y=\frac{27}{32};$$

$$P\{X+Y<4\}=\iint_{x+y<4}f(x,y)\mathrm{d}x\mathrm{d}y=\int_2^4\mathrm{d}y\int_0^{4-y}\frac{1}{8}(6-x-y)\mathrm{d}x=\frac{2}{3}.$$

7. 设 X 与 Y 是相互独立的随机变量,$X\sim U(0,1)$,Y 的概率密度为

第 3 章基础篇题 7

$$f_Y(y)=\begin{cases}\dfrac{1}{2}\mathrm{e}^{-\frac{y}{2}}, & y>0,\\ 0, & y\leqslant 0.\end{cases}$$

(1) 求 (X,Y) 的概率密度;

(2) 求在方程 $a^2+2Xa+Y=0$ 中,a 有实根的概率.

解 (1) X 的概率密度为 $f_X(x)=\begin{cases}1, & 0<x<1,\\ 0, & \text{其他},\end{cases}$ 由 X,Y 相互独立,则 (X,Y) 的概率密度为

$$f(x,y)=f_X(x)f_Y(y)=\begin{cases}\dfrac{1}{2}\mathrm{e}^{-\frac{y}{2}}, & 0<x<1,y>0,\\ 0, & \text{其他}.\end{cases}$$

(2) 方程 $a^2+2Xa+Y=0$ 有实根,即 $(2X)^2-4Y\geqslant 0$,亦即 $X^2\geqslant Y$. 于是,方程有实根的概率为

$$\begin{aligned}P\{X^2\geqslant Y\}&=\iint_{x^2\geqslant y}f(x,y)\mathrm{d}x\mathrm{d}y\\&=\int_0^1\mathrm{d}x\int_0^{x^2}\frac{1}{2}\mathrm{e}^{-\frac{y}{2}}\mathrm{d}y\\&=1-\int_0^1\mathrm{e}^{-\frac{x^2}{2}}\mathrm{d}x\\&=1-\sqrt{2\pi}[\Phi(1)-\Phi(0)].\end{aligned}$$

> **点评**：因为 $e^{-\frac{x^2}{2}}$ 在初等函数里没有原函数，所以当遇到被积函数是此类函数时，通常凑成正态分布的概率密度，进而用标准正态分布的分布函数表示.

- **离散型随机变量的边缘分布、条件分布及独立性**

8. 设(X,Y)的分布律为

Y \ X	1	2	3	4	5
1	0.06	0.05	0.05	0.01	0.01
2	0.07	0.05	0.01	0.01	0.01
3	0.05	0.10	0.10	0.05	0.05
4	0.05	0.02	0.01	0.01	0.03
5	0.05	0.06	0.05	0.01	0.03

(1) 求(X,Y)关于 X 和 Y 的边缘分布律；

(2) 求 $X=1$ 时，Y 的条件分布律.

解　(1) 由边缘分布律公式 $p_{i\cdot}=\sum_j p_{ij},p_{\cdot j}=\sum_i p_{ij}$，得到关于 X 的边缘分布律为

X	1	2	3	4	5
P	0.28	0.28	0.22	0.09	0.13

关于 Y 的边缘分布律为

Y	1	2	3	4	5
P	0.18	0.15	0.35	0.12	0.20

(2) 由条件分布律的公式，在 $X=1$ 的条件下，$Y=j$ 的条件概率为

$$P\{Y=j\mid X=1\}=\frac{P\{X=1,Y=j\}}{P\{X=1\}}=\frac{p_{1j}}{p_{1\cdot}},\quad j=1,2,3,4,5,$$

于是，$X=1$ 时，Y 的条件分布律为

$\{Y\mid X=1\}$	1	2	3	4	5
$P\{Y=j\mid X=1\}$	$\frac{6}{28}$	$\frac{7}{28}$	$\frac{5}{28}$	$\frac{5}{28}$	$\frac{5}{28}$

9. 设(X,Y)的分布律为

$$P\{X=m,Y=n\}=\frac{e^{-14}(7.14)^n(6.86)^{m-n}}{n!(m-n)!},\quad m=0,1,2,\cdots;n=0,1,2,\cdots,m.$$

(1) 求关于 X 和 Y 的边缘分布律；

(2) 求两个条件分布律；

(3) 判断 X 与 Y 是否相互独立.

解 (1) 由边缘分布律公式,得到关于 X 的边缘分布律为

$$\begin{aligned}P\{X=m\}&=\sum_{n=0}^{m}P\{X=m,Y=n\}\\&=\sum_{n=0}^{m}\frac{e^{-14}(7.14)^n(6.86)^{m-n}}{n!(m-n)!}\\&=\frac{e^{-14}}{m!}\sum_{n=0}^{m}C_m^n(7.14)^n(6.86)^{m-n}\\&=\frac{e^{-14}}{m!}(7.14+6.86)^m\\&=\frac{14^m e^{-14}}{m!},\quad m=0,1,\cdots,\end{aligned}$$

即 X 服从参数 $\lambda=14$ 的泊松分布.

关于 Y 的边缘分布律为

$$\begin{aligned}P\{Y=n\}&=\sum_{m=n}^{+\infty}P\{X=m,Y=n\}\\&=\sum_{m=n}^{+\infty}\frac{e^{-14}(7.14)^n(6.86)^{m-n}}{n!(m-n)!}\\&=\frac{e^{-7.14}(7.14)^n}{n!}\sum_{m=n}^{+\infty}\frac{e^{-6.86}(6.86)^{m-n}}{(m-n)!}\\&=\frac{e^{-7.14}(7.14)^n}{n!},\quad n=0,1,\cdots,\end{aligned}$$

即 Y 服从参数 $\lambda=7.14$ 的泊松分布.

(2) 当 $n=0,1,2,\cdots$ 时,在 $Y=n$ 的条件下,X 的条件分布律为

$$\begin{aligned}P\{X=m|Y=n\}&=\frac{P\{X=m,Y=n\}}{P\{Y=n\}}\\&=\frac{\dfrac{e^{-14}(7.14)^n(6.86)^{m-n}}{n!(m-n)!}}{\dfrac{(7.14)^n e^{-7.14}}{n!}}\\&=\frac{e^{-6.86}(6.86)^{m-n}}{(m-n)!},\quad m=n,n+1,\cdots;\end{aligned}$$

当 $m=0,1,2,\cdots$ 时,在 $X=m$ 的条件下,Y 的条件分布律为

$$\begin{aligned}P\{Y=n|X=m\}&=\frac{P\{X=m,Y=n\}}{P\{X=m\}}\\&=\frac{\dfrac{e^{-14}(7.14)^n(6.86)^{m-n}}{n!(m-n)!}}{\dfrac{14^m e^{-14}}{m!}}\\&=C_m^n(0.51)^n(0.49)^{m-n},\quad n=0,1,\cdots,m.\end{aligned}$$

(3) 由于 $P\{X=m\}P\{Y=n\}=\dfrac{14^m e^{-14}}{m!}\cdot\dfrac{(7.14)^n e^{-7.14}}{n!}\neq P\{X=m,Y=n\}$,所以 X 与

Y 不相互独立.

10. 设 X,Y 同分布且相互独立,分布律为 $P\{X=1\}=p>0,P\{X=0\}=1-p>0$,定义

第3章基础篇题10

$$Z=\begin{cases}1, & X+Y=\text{偶数},\\ 0, & X+Y=\text{奇数},\end{cases}$$

问 p 为何值时,X 与 Z 相互独立?

解　$P\{X=0,Z=0\}=P\{X=0,Y=1\}=P\{X=0\}P\{Y=1\}=(1-p)p,$

$P\{X=0,Z=1\}=P\{X=0,Y=0\}=P\{X=0\}P\{Y=0\}=(1-p)^2,$

$P\{X=1,Z=0\}=P\{X=1,Y=0\}=P\{X=1\}P\{Y=0\}=p(1-p),$

$P\{X=1,Z=1\}=P\{X=1,Y=1\}=P\{X=1\}P\{Y=1\}=p^2.$

于是,X 与 Z 的联合分布律为

X \ Z	0	1
0	$p(1-p)$	$(1-p)^2$
1	$p(1-p)$	p^2

$$P\{Z=0\}=P\{X=0,Y=1\}+P\{X=1,Y=0\}=2p(1-p),$$
$$P\{Z=1\}=P\{X=0,Y=0\}+P\{X=1,Y=1\}=(1-p)^2+p^2.$$

可见,若要 X 与 Z 相互独立,则必须 $P\{X=0,Z=0\}=P\{X=0\}P\{Z=0\}$,即 $(1-p)p=2p(1-p)^2$,可得 $p=\frac{1}{2}$. 另外,当 $p=\frac{1}{2}$ 时,容易验证:对任意 $i,k\in\{0,1\}$,有 $P\{X=i,Z=k\}=P\{X=i\}P\{Z=k\}$,即 X 与 Z 相互独立.

11. 设 X,Y 相互独立,且服从相同的几何分布,X 的分布律为

$$P\{X=k\}=p\,(1-p)^{k-1},\quad k=1,2,\cdots;0<p<1.$$

(1) 证明:$P\{X>n+m\mid X>n\}=P\{X>m\}$;

(2) 求在 $X+Y=6$ 的条件下,X 的条件分布律.

解　(1)

$$\begin{aligned}P\{X>n\}&=\sum_{k=n+1}^{+\infty}P\{X=k\}\\&=\sum_{k=n+1}^{+\infty}p\,(1-p)^{k-1}\\&=p\cdot\frac{(1-p)^n}{1-(1-p)}\\&=(1-p)^n,\quad n=1,2,\cdots,\end{aligned}$$

于是,$P\{X>n+m\mid X>n\}=\dfrac{P\{X>n+m,X>n\}}{P\{X>n\}}=\dfrac{P\{X>n+m\}}{P\{X>n\}}=\dfrac{(1-p)^{n+m}}{(1-p)^n}=(1-p)^m=P\{X>m\}$.

(2) 在 $X+Y=6$ 的条件下,X,Y 的可能取值为 1,2,3,4,5. 于是,由 X,Y 相互独立,可得

$$
\begin{aligned}
P\{X+Y=6\} &= \sum_{k=1}^{5} P\{X=k, Y=6-k\} \\
&= \sum_{k=1}^{5} P\{X=k\} P\{Y=6-k\} \\
&= \sum_{k=1}^{5} p(1-p)^{k-1} p(1-p)^{5-k} \\
&= 5p^2(1-p)^4,
\end{aligned}
$$

从而，

$$
\begin{aligned}
P\{X=k \mid X+Y=6\} &= \frac{P\{X=k, X+Y=6\}}{P\{X+Y=6\}} \\
&= \frac{P\{X=k, Y=6-k\}}{P\{X+Y=6\}} \\
&= \frac{P\{X=k\} P\{Y=6-k\}}{P\{X+Y=6\}} \\
&= \frac{p(1-p)^{k-1} \cdot p(1-p)^{6-k-1}}{5p^2(1-p)^4} \\
&= \frac{1}{5}, \quad k=1,2,3,4,5.
\end{aligned}
$$

点评：本题第(1)问表明几何分布具有“无记忆性”.

- **连续型随机变量的边缘分布、条件分布及独立性**

12. 设随机变量 $X \sim U(0,1)$，当给定 $X=x(0<x<1)$ 时，随机变量 Y 的条件概率密度为

$$
f_{Y|X}(y|x)=\begin{cases} x, & 0<y<\dfrac{1}{x}, \\ 0, & \text{其他}, \end{cases}
$$

求：(1) (X,Y) 的概率密度；(2) 边缘概率密度函数 $f_Y(y)$；(3) $P\{X>Y\}$.

解 (1) 已知 X 的概率密度为

$$
f_X(x)=\begin{cases} 1, & 0<x<1, \\ 0, & \text{其他}, \end{cases}
$$

于是，(X,Y) 的概率密度为

$$
f(x,y)=f_X(x) f_{Y|X}(y|x)=\begin{cases} x, & 0<y<\dfrac{1}{x}, 0<x<1, \\ 0, & \text{其他}. \end{cases}
$$

(2) 关于 Y 的边缘概率密度为

$$
f_Y(y)=\int_{-\infty}^{+\infty} f(x,y)\mathrm{d}x=\begin{cases} \displaystyle\int_0^{\frac{1}{y}} x\mathrm{d}x, & y \geqslant 1, \\ \displaystyle\int_0^1 x\mathrm{d}x, & 0<y<1, \\ 0, & y \leqslant 0 \end{cases}=\begin{cases} \dfrac{1}{2y^2}, & y \geqslant 1, \\ \dfrac{1}{2}, & 0<y<1, \\ 0, & y \leqslant 0. \end{cases}
$$

(3) $P\{X>Y\}=\iint\limits_{x>y} f(x,y)\mathrm{d}x\mathrm{d}y=\int_0^1 \mathrm{d}x \int_0^x x\mathrm{d}y=\int_0^1 x^2\mathrm{d}x=\dfrac{1}{3}$.

13. 设二维随机变量(X,Y)的概率密度为 $f(x,y)=\begin{cases}6x, & 0<x<y<1,\\ 0, & 其他,\end{cases}$ 求：

(1) 关于 X,Y 的边缘概率密度；

(2) 当 $X=\frac{1}{3}$时,Y 的条件概率密度 $f_{Y|X}\left(y\,|\,X=\frac{1}{3}\right)$；

(3) $P\{X+Y\leqslant 1\}$.

解　(1) 关于 X 的边缘概率密度为

$$f_X(x)=\int_{-\infty}^{+\infty}f(x,y)\mathrm{d}y=\begin{cases}\int_x^1 6x\mathrm{d}y, & 0<x<1,\\ 0, & 其他\end{cases}=\begin{cases}6x(1-x), & 0<x<1,\\ 0, & 其他,\end{cases}$$

关于 Y 的边缘概率密度为

$$f_Y(y)=\int_{-\infty}^{+\infty}f(x,y)\mathrm{d}x=\begin{cases}\int_0^y 6x\mathrm{d}x, & 0<y<1,\\ 0, & 其他\end{cases}=\begin{cases}3y^2, & 0<y<1,\\ 0, & 其他.\end{cases}$$

(2) 当 $X=\frac{1}{3}$时,Y 的条件概率密度为

$$f_{Y|X}\left(y\,|\,X=\frac{1}{3}\right)=\frac{f\left(\frac{1}{3},y\right)}{f_X\left(\frac{1}{3}\right)}=\begin{cases}\frac{3}{2}, & \frac{1}{3}<y<1,\\ 0, & 其他.\end{cases}$$

(3) $P\{X+Y\leqslant 1\}=\iint\limits_{x+y\leqslant 1}f(x,y)\mathrm{d}x\mathrm{d}y=\int_0^{\frac{1}{2}}\mathrm{d}x\int_x^{1-x}6x\mathrm{d}y=\int_0^{\frac{1}{2}}6x(1-2x)\mathrm{d}x=\frac{1}{4}.$

14. 设随机变量 X 的概率密度为

$$f_X(x)=\begin{cases}\frac{\ln x}{x^2}, & x\geqslant 1,\\ 0, & x<1,\end{cases}$$

当 $x>1$ 时,在 $X=x$ 条件下,Y 的条件概率密度为

$$f_{Y|X}(y\,|\,x)=\begin{cases}\frac{1}{2y\ln x}, & \frac{1}{x}<y<x,\\ 0, & 其他,\end{cases}$$

求:(1)Y 的概率密度;(2)条件概率密度 $f_{X|Y}(x\,|\,y)$.

解　(1) 由题目可知,(X,Y)的概率密度为

$$f(x,y)=f_X(x)f_{Y|X}(y\,|\,x)=\begin{cases}\frac{1}{2x^2y}, & \frac{1}{x}<y<x,x\geqslant 1,\\ 0, & 其他.\end{cases}$$

于是,关于 Y 的边缘概率密度为

$$f_Y(y)=\int_{-\infty}^{+\infty}f(x,y)\mathrm{d}x=\begin{cases}\int_{\frac{1}{y}}^{+\infty}\frac{1}{2x^2y}\mathrm{d}x, & 0<y<1,\\ \int_y^{+\infty}\frac{1}{2x^2y}\mathrm{d}x, & y\geqslant 1,\\ 0, & y\leqslant 0\end{cases}=\begin{cases}\frac{1}{2}, & 0<y<1,\\ \frac{1}{2y^2}, & y\geqslant 1,\\ 0, & y\leqslant 0.\end{cases}$$

(2) 当 $0<y<1$ 时,条件概率密度

$$f_{X|Y}(x|y)=\frac{f(x,y)}{f_Y(y)}=\begin{cases}\frac{1}{x^2y}, & x>\frac{1}{y},\\ 0, & \text{其他},\end{cases}$$

当 $y\geqslant 1$ 时,条件概率密度

$$f_{X|Y}(x|y)=\frac{f(x,y)}{f_Y(y)}=\begin{cases}\frac{y}{x^2}, & x>y,\\ 0, & \text{其他}.\end{cases}$$

点评:在计算条件概率密度函数 $f_{X|Y}(x|y)$ 时,要在 $f_Y(y)$ 非零的点处计算才有意义.另外,注意 $f_{X|Y}(x|y)$ 是 x 的一元函数.

15.【2013 数学三】设 (X,Y) 是二维随机变量,X 的边缘概率密度为

$$f_X(x)=\begin{cases}3x^2, & 0<x<1,\\ 0, & \text{其他}.\end{cases}$$

在给定 $X=x(0<x<1)$ 的条件下,Y 的条件概率密度为

$$f_{Y|X}(y|x)=\begin{cases}\frac{3y^2}{x^3}, & 0<y<x,\\ 0, & \text{其他}.\end{cases}$$

(1) 求 (X,Y) 的联合概率密度 $f(x,y)$;

(2) 求 Y 的边缘概率密度 $f_Y(y)$.

解 (1) (X,Y) 的联合概率密度

$$f(x,y)=f_X(x)f_{Y|X}(y|x)=\begin{cases}\frac{9y^2}{x}, & 0<y<x<1,\\ 0, & \text{其他}.\end{cases}$$

(2) Y 的边缘概率密度

$$f_Y(y)=\int_{-\infty}^{+\infty}f(x,y)\mathrm{d}x=\begin{cases}\int_y^1\frac{9y^2}{x}\mathrm{d}x, & 0<y<1,\\ 0, & \text{其他}\end{cases}=\begin{cases}-9y^2\ln y, & 0<y<1,\\ 0, & \text{其他}.\end{cases}$$

16. 设 X 与 Y 是相互独立的随机变量,其概率密度分别为

$$f_X(x)=\begin{cases}\lambda\mathrm{e}^{-\lambda x}, & x>0,\\ 0, & x\leqslant 0,\end{cases}\quad f_Y(y)=\begin{cases}\mu\mathrm{e}^{-\mu y}, & y>0,\\ 0, & y\leqslant 0,\end{cases}$$

其中 $\lambda>0,\mu>0$ 是常数.引入随机变量

$$Z=\begin{cases}1, & X\leqslant Y,\\ 0, & X>Y.\end{cases}$$

(1) 求条件概率密度 $f_{X|Y}(x|y)$;

(2) 求 Z 的分布律和分布函数.

解 (1) 由 X,Y 相互独立,可得 (X,Y) 的概率密度为

$$f(x,y)=f_X(x)f_Y(y)=\begin{cases}\lambda\mu\,\mathrm{e}^{-\lambda x-\mu y}, & x>0,y>0,\\ 0, & \text{其他},\end{cases}$$

当 $y>0$ 时，条件概率密度

$$f_{X|Y}(x|y)=\frac{f(x,y)}{f_Y(y)}=\begin{cases}\lambda e^{-\lambda x}, & x>0,\\ 0, & 其他.\end{cases}$$

(2)

$$\begin{aligned}P\{Z=1\}&=P\{X\leqslant Y\}\\&=\iint_{x\leqslant y}f(x,y)dxdy\\&=\int_0^{+\infty}dy\int_0^y\lambda\mu\, e^{-\lambda x-\mu y}dx\\&=\int_0^{+\infty}[\mu\, e^{-\mu y}-\mu\, e^{-(\lambda+\mu)y}]dy\\&=\frac{\lambda}{\mu+\lambda},\end{aligned}$$

于是 $P\{Z=0\}=1-P\{Z=1\}=\frac{\mu}{\mu+\lambda}$. 故 Z 的分布律为

Z	0	1
P	$\frac{\mu}{\mu+\lambda}$	$\frac{\lambda}{\mu+\lambda}$

Z 的分布函数为

$$F_Z(z)=\begin{cases}0, & z<0,\\ \frac{\mu}{\mu+\lambda}, & 0\leqslant z<1,\\ 1, & z\geqslant 1.\end{cases}$$

17. 设二维随机变量(X,Y)的概率密度为 $f(x,y)=\begin{cases}e^{-x}, & 0<y<x,\\ 0, & 其他,\end{cases}$ 求：

(1) 条件概率密度 $f_{Y|X}(y|x)$；

(2) $P\{X\leqslant 1|Y\leqslant 1\}$.

解　(1) X 的边缘概率密度为

$$f_X(x)=\int_{-\infty}^{+\infty}f(x,y)dy=\begin{cases}\int_0^x e^{-x}dy, & x>0,\\ 0, & x\leqslant 0\end{cases}=\begin{cases}x\, e^{-x}, & x>0,\\ 0, & x\leqslant 0,\end{cases}$$

于是，当 $x>0$ 时，条件概率密度

$$f_{Y|X}(y|x)=\frac{f(x,y)}{f_X(x)}=\begin{cases}\frac{1}{x}, & 0<y<x,\\ 0, & 其他.\end{cases}$$

(2) $P\{X\leqslant 1|Y\leqslant 1\}=\frac{P\{X\leqslant 1,Y\leqslant 1\}}{P\{Y\leqslant 1\}}$，而

$$P\{X\leqslant 1,Y\leqslant 1\}=\iint_{x\leqslant 1,y\leqslant 1}f(x,y)dxdy=\int_0^1 dx\int_0^x e^{-x}dy=\int_0^1 x\, e^{-x}dx=1-2e^{-1},$$

$$P\{Y\leqslant 1\}=\iint_{y\leqslant 1}f(x,y)dxdy=\int_0^1 dy\int_y^{+\infty}e^{-x}dx=\int_0^1 e^{-y}dy=1-e^{-1},$$

故 $P\{X\leqslant 1|Y\leqslant 1\}=\frac{1-2e^{-1}}{1-e^{-1}}$.

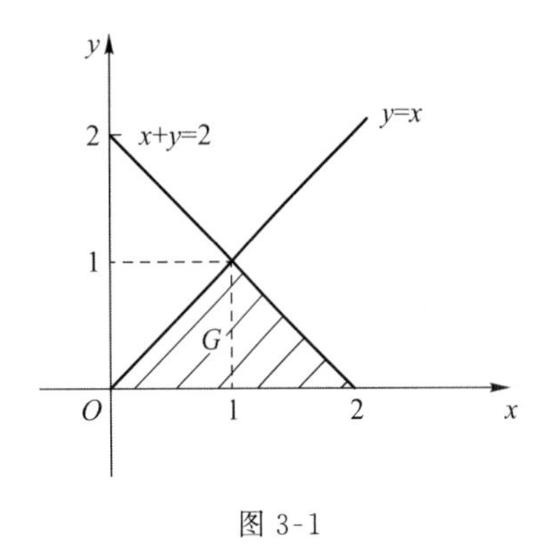

图 3-1

18.【2011 数学三】设二维随机变量(X,Y)服从区域G上的均匀分布,其中G是由$x-y=0$,$x+y=2$与$y=0$所围成的区域.

(1) 求边缘概率密度$f_X(x)$;

(2) 求条件概率密度$f_{X|Y}(x|y)$.

解 (1) 区域G如图 3-1 中阴影部分所示,由题意知

$$f(x,y)=\begin{cases}1, & 0\leqslant y\leqslant 1, y\leqslant x\leqslant 2-y,\\ 0, & \text{其他}.\end{cases}$$

X的边缘概率密度

$$f_X(x)=\int_{-\infty}^{+\infty}f(x,y)\mathrm{d}y=\begin{cases}\int_0^x 1\mathrm{d}y, & 0\leqslant x<1,\\ \int_0^{2-x}1\mathrm{d}y, & 1\leqslant x\leqslant 2,\\ 0, & \text{其他}\end{cases}=\begin{cases}x, & 0\leqslant x<1,\\ 2-x, & 1\leqslant x\leqslant 2,\\ 0, & \text{其他}.\end{cases}$$

(2) $$f_Y(y)=\int_{-\infty}^{+\infty}f(x,y)\mathrm{d}x=\begin{cases}\int_y^{2-y}1\mathrm{d}x, & 0\leqslant y<1,\\ 0, & \text{其他}\end{cases}=\begin{cases}2-2y, & 0\leqslant y<1,\\ 0, & \text{其他},\end{cases}$$

当$0\leqslant y<1$时,条件概率密度

$$f_{X|Y}(x|y)=\frac{f(x,y)}{f_Y(y)}=\begin{cases}\dfrac{1}{2-2y}, & y\leqslant x\leqslant 2-y,\\ 0, & \text{其他}.\end{cases}$$

- **二维离散型随机变量函数的分布**

19. 设二维随机变量(X,Y)的分布律为

Y \ X	0	1	2
0	$\frac{1}{12}$	$\frac{1}{6}$	$\frac{1}{24}$
1	$\frac{1}{4}$	$\frac{1}{4}$	$\frac{1}{40}$
2	$\frac{1}{8}$	$\frac{1}{20}$	0
3	$\frac{1}{120}$	0	0

求:(1) $P\{X=Y\}$和$P\{X+Y\leqslant 1\}$;(2)$W_1=X+Y$和$W_2=XY$的分布律.

解 (1) $$P\{X=Y\}=P\{X=0,Y=0\}+P\{X=1,Y=1\}+P\{X=2,Y=2\}=\frac{1}{12}+\frac{1}{4}+0=\frac{1}{3};$$

$$P\{X+Y\leqslant 1\}=P\{X=0,Y=0\}+P\{X=0,Y=1\}+P\{X=1,Y=0\}=\frac{1}{12}+\frac{1}{4}+\frac{1}{6}=\frac{1}{2}.$$

(2)

$P\{W_1=0\}=P\{X=0,Y=0\}=\frac{1}{12}$,

$P\{W_1=1\}=P\{X=0,Y=1\}+P\{X=1,Y=0\}=\frac{1}{4}+\frac{1}{6}=\frac{5}{12}$,

$P\{W_1=2\}=P\{X=0,Y=2\}+P\{X=1,Y=1\}+P\{X=2,Y=0\}=\frac{1}{8}+\frac{1}{4}+\frac{1}{24}=\frac{5}{12}$,

$P\{W_1=3\}=P\{X=0,Y=3\}+P\{X=1,Y=2\}+P\{X=2,Y=1\}=\frac{1}{120}+\frac{1}{20}+\frac{1}{40}=\frac{1}{12}$,

$P\{W_1=4\}=P\{X=1,Y=3\}+P\{X=2,Y=2\}=0$,

$P\{W_1=5\}=P\{X=2,Y=3\}=0$,

故W_1 的分布律为

W_1	0	1	2	3
P	$\frac{1}{12}$	$\frac{5}{12}$	$\frac{5}{12}$	$\frac{1}{12}$

$$P\{W_2=0\}=P\{X=0,Y=0\}+P\{X=0,Y=1\}+P\{X=0,Y=2\}+P\{X=0,Y=3\}+P\{X=1,Y=0\}+P\{X=2,Y=0\}=\frac{27}{40},$$

$$P\{W_2=1\}=P\{X=1,Y=1\}=\frac{10}{40},$$

$$P\{W_2=2\}=P\{X=1,Y=2\}+P\{X=2,Y=1\}=\frac{1}{20}+\frac{1}{40}=\frac{3}{40},$$

$$P\{W_2=3\}=P\{X=1,Y=3\}=0,$$

$$P\{W_2=4\}=P\{X=2,Y=2\}=0,$$

$$P\{W_2=6\}=P\{X=2,Y=3\}=0,$$

由此得到W_2 的分布律为

W_2	0	1	2
P	$\frac{27}{40}$	$\frac{10}{40}$	$\frac{3}{40}$

20. 设 X 与 Y 独立同分布,分布律为 $P\{X=n\}=P\{Y=n\}=\frac{1}{2^n}(n=1,2,\cdots)$, 求 $X-Y$ 的分布律.

解　由 X,Y 相互独立可得,当 $k\geqslant 0$ 时,

$$\begin{aligned}P\{X-Y=k\}&=\sum_{n=1}^{+\infty}P\{X=n+k,Y=n\}\\&=\sum_{n=1}^{+\infty}P\{X=n+k\}P\{Y=n\}\\&=\sum_{n=1}^{+\infty}\frac{1}{2^{n+k}}\cdot\frac{1}{2^n}\\&=\frac{1}{2^k}\cdot\frac{\frac{1}{4}}{1-\frac{1}{4}}\\&=\frac{1}{3\times 2^k},\end{aligned}$$

当 $k<0$ 时,

$$\begin{aligned} P\{X-Y=k\} &= \sum_{n=1}^{+\infty} P\{X=n, Y=n-k\} \\ &= \sum_{n=1}^{+\infty} P\{X=n\}P\{Y=n-k\} \\ &= \sum_{n=1}^{+\infty} \frac{1}{2^n}\cdot\frac{1}{2^{n-k}} \\ &= \frac{1}{2^{-k}}\cdot\frac{\frac{1}{4}}{1-\frac{1}{4}} \\ &= \frac{1}{3\times 2^{-k}}, \end{aligned}$$

综上可得,

$$P\{X-Y=k\}=\frac{1}{3\times 2^{|k|}},\quad k=0,\pm1,\pm2,\cdots.$$

21. 设二维随机变量(X,Y)的分布律为

Y \ X	0	1	2
0	$\frac{1}{6}$	$\frac{1}{3}$	$\frac{1}{12}$
1	$\frac{2}{9}$	$\frac{1}{6}$	0
2	$\frac{1}{36}$	0	0

求:(1)$Z=X+Y$ 的分布律;(2)在 $X=1$ 的条件下,Y 的条件分布律;(3)在 $X+Y=1$ 的条件下,X 的条件分布律.

解 (1) $Z=X+Y$ 的可能取值为 0,1,2,3,4.

$P\{Z=0\}=P\{X+Y=0\}=P\{X=0,Y=0\}=\frac{1}{6}$,

$P\{Z=1\}=P\{X+Y=1\}=P\{X=0,Y=1\}+P\{X=1,Y=0\}=\frac{2}{9}+\frac{1}{3}=\frac{5}{9}$,

$P\{Z=2\}=P\{X=0,Y=2\}+P\{X=1,Y=1\}+P\{X=2,Y=0\}=\frac{1}{36}+\frac{1}{6}+\frac{1}{12}=\frac{5}{18}$,

$P\{Z=3\}=P\{X=1,Y=2\}+P\{X=2,Y=1\}=0$,

$P\{Z=4\}=P\{X=2,Y=2\}=0$,

故 Z 的分布律为

Z	0	1	2
P	$\frac{1}{6}$	$\frac{5}{9}$	$\frac{5}{18}$

(2) $P\{X=1\}=\sum_{k=0}^{2}P\{X=1,Y=k\}=\frac{1}{3}+\frac{1}{6}+0=\frac{1}{2}$,于是,在 $X=1$ 的条件下,

$Y=k$ 的条件概率为 $P\{Y=k|X=1\}=\dfrac{P\{X=1,Y=k\}}{P\{X=1\}}=2P\{X=1,Y=k\}(k=0,$ $1,2)$. 故,在 $X=1$ 的条件下,Y 的条件分布律为

$\{Y\|X=1\}$	0	1
$P\{Y=k\|X=1\}$	$\frac{2}{3}$	$\frac{1}{3}$

(3) $P\{X+Y=1\}=P\{X=0,Y=1\}+P\{X=1,Y=0\}=\dfrac{2}{9}+\dfrac{1}{3}=\dfrac{5}{9}$,在 $X+Y=1$ 的条件下,$X=k$ 的概率为 $P\{X=k|X+Y=1\}=\dfrac{P\{X=k,X+Y=1\}}{P\{X+Y=1\}}(k=0,1)$,于是

$\{X\|X+Y=1\}$	0	1
$P\{X=k\|X+Y=1\}$	$\frac{2}{5}$	$\frac{3}{5}$

- **二维连续型随机变量函数的分布**

22. 设二维随机变量(X,Y)的概率密度为

$$f(x,y)=\begin{cases}a(x+y), & x>0,y>0,x+y<1,\\ 0, & \text{其他},\end{cases}$$

求:(1)a;(2)X 的边缘概率密度 $f_X(x)$;(3)$Z=X+Y$ 的概率密度.

解　(1) 由规范性,

$$1=\iint_{\mathbb{R}^2}f(x,y)\mathrm{d}x\mathrm{d}y=\int_0^1\mathrm{d}x\int_0^{1-x}a(x+y)\mathrm{d}y=a\int_0^1\left[x(1-x)+\frac{1}{2}(1-x)^2\right]\mathrm{d}x=\frac{a}{3},$$

因此 $a=3$.

(2) X 的边缘概率密度为

$$f_X(x)=\int_{-\infty}^{+\infty}f(x,y)\mathrm{d}y=\begin{cases}\displaystyle\int_0^{1-x}3(x+y)\mathrm{d}y, & 0<x<1,\\ 0, & \text{其他}\end{cases}=\begin{cases}\dfrac{3}{2}(1-x^2), & 0<x<1,\\ 0, & \text{其他}.\end{cases}$$

(3) $Z=X+Y$ 的取值范围为$[0,1]$,Z 的概率密度为

$$f_Z(z)=\int_{-\infty}^{+\infty}f(x,z-x)\mathrm{d}x=\begin{cases}\displaystyle\int_0^z 3z\mathrm{d}x, & 0<z<1,\\ 0, & \text{其他}\end{cases}=\begin{cases}3z^2, & 0<z<1,\\ 0, & \text{其他}.\end{cases}$$

23. 设随机变量 X 与 Y 相互独立,其概率密度分别为

$$f_X(x)=\begin{cases}1, & 0\leqslant x\leqslant 1,\\ 0, & \text{其他},\end{cases}\quad f_Y(y)=\begin{cases}\mathrm{e}^{-y}, & y>0,\\ 0, & \text{其他},\end{cases}$$

求 $Z=X+Y$ 的概率密度.

解　方法一:Z 的取值范围为$[0,+\infty)$. 由卷积公式,Z 的概率密度

$$f_Z(z)=\int_{-\infty}^{+\infty}f_X(z-y)f_Y(y)\mathrm{d}y,$$

当 $0\leqslant z-y\leqslant 1,y>0$ 时,即 $z-1\leqslant y\leqslant z,y>0$ 时,被积函数非零. 于是,当 $0<z<1$ 时,

$$f_Z(z)=\int_0^z\mathrm{e}^{-y}\mathrm{d}y=1-\mathrm{e}^{-z};$$

当 $z\geqslant 1$ 时，

$$f_Z(z)=\int_{z-1}^{z}\mathrm{e}^{-y}\mathrm{d}y=(\mathrm{e}-1)\mathrm{e}^{-z}.$$

故 Z 的概率密度为

$$f_Z(z)=\begin{cases}1-\mathrm{e}^{-z}, & 0<z<1,\\ (\mathrm{e}-1)\mathrm{e}^{-z}, & z\geqslant 1,\\ 0, & \text{其他}.\end{cases}$$

方法二：分布函数法.

X,Y 的联合概率密度为

$$f(x,y)=\begin{cases}\mathrm{e}^{-y}, & 0\leqslant x\leqslant 1,y>0,\\ 0, & \text{其他}.\end{cases}$$

Z 的取值范围为$[0,+\infty)$. 当 $z\leqslant 0$ 时，$F_Z(z)=0$；当 $0<z<1$ 时，

$$\begin{aligned}F_Z(z)&=P\{Z\leqslant z\}\\&=P\{X+Y\leqslant z\}\\&=\iint_{x+y\leqslant z}f(x,y)\mathrm{d}x\mathrm{d}y\\&=\int_0^z\mathrm{d}x\int_0^{z-x}\mathrm{e}^{-y}\mathrm{d}y\\&=\int_0^z[1-\mathrm{e}^{-(z-x)}]\mathrm{d}x\\&=z-1+\mathrm{e}^{-z};\end{aligned}$$

当 $z\geqslant 1$ 时，

$$\begin{aligned}F_Z(z)&=P\{Z\leqslant z\}\\&=P\{X+Y\leqslant z\}\\&=\iint_{x+y\leqslant z}f(x,y)\mathrm{d}x\mathrm{d}y\\&=\int_0^1\mathrm{d}x\int_0^{z-x}\mathrm{e}^{-y}\mathrm{d}y\\&=\int_0^1[1-\mathrm{e}^{-(z-x)}]\mathrm{d}x\\&=1-\mathrm{e}^{-z+1}+\mathrm{e}^{-z}.\end{aligned}$$

于是，Z 的分布函数为

$$F_Z(z)=\begin{cases}0, & z\leqslant 0,\\ z-1+\mathrm{e}^{-z}, & 0<z<1,\\ 1-\mathrm{e}^{-z+1}+\mathrm{e}^{-z}, & z\geqslant 1,\end{cases}$$

故 Z 的概率密度函数为

$$f_Z(z)=\begin{cases}0, & z\leqslant 0,\\ 1-\mathrm{e}^{-z}, & 0<z<1,\\ (\mathrm{e}-1)\mathrm{e}^{-z}, & z\geqslant 1.\end{cases}$$

24. 设二维随机变量(X,Y)的概率密度为

$$f(x,y)=\begin{cases}3x, & 0<x<1,0<y<x,\\ 0, & 其他,\end{cases}$$

求 $Z=X-Y$ 的概率密度.

解　Z 的取值范围为$[0,1]$,当 $0<z<1$ 时,

$$\begin{aligned}F_Z(z) &= P\{Z\leqslant z\}\\ &= P\{X-Y\leqslant z\}\\ &= \iint_{x-y\leqslant z} f(x,y)\mathrm{d}x\mathrm{d}y\\ &= \int_0^z \mathrm{d}x\int_0^x 3x\mathrm{d}y+\int_z^1\mathrm{d}x\int_{x-z}^x 3x\mathrm{d}y\\ &= \int_0^z 3x^2\mathrm{d}x+\int_z^1 3xz\mathrm{d}x\\ &= \frac{3}{2}z-\frac{1}{2}z^3;\end{aligned}$$

当 $z\geqslant 1$ 时,$F_Z(z)=1$;当 $z\leqslant 0$ 时,$F_Z(z)=0$. 因此,Z 的概率密度为

$$f_Z(z)=\begin{cases}\dfrac{3}{2}(1-z^2), & 0<z<1,\\ 0, & 其他.\end{cases}$$

25.【2007 数学一、三】设二维随机变量(X,Y)的概率密度为

$$f(x,y)=\begin{cases}2-x-y, & 0<x<1,0<y<1,\\ 0, & 其他.\end{cases}$$

求:(1)$P\{X>2Y\}$;(2)$Z=X+Y$ 的概率密度 $f_Z(z)$.

解　(1)

$$P\{X>2Y\}=\iint_{x>2y}f(x,y)\mathrm{d}x\mathrm{d}y=\int_0^1\mathrm{d}x\int_0^{\frac{x}{2}}(2-x-y)\mathrm{d}y=\int_0^1\left(x-\frac{5}{8}x^2\right)\mathrm{d}x=\frac{7}{24}.$$

(2) Z 的取值范围为$[0,2]$. 设 Z 的分布函数为$F_Z(z)$. 当 $z\leqslant 0$ 时,$F_Z(z)=0$;当 $z\geqslant 2$ 时,$F_Z(z)=1$;当 $0<z\leqslant 1$ 时,

$$\begin{aligned}F_Z(z) &= P\{Z\leqslant z\}\\ &= P\{X+Y\leqslant z\}\\ &= \int_0^z\mathrm{d}x\int_0^{z-x}(2-x-y)\mathrm{d}y\\ &= z^2-\frac{z^3}{3};\end{aligned}$$

当 $1<z<2$ 时,

$$\begin{aligned}F_Z(z) &= P\{Z\leqslant z\}\\ &= P\{X+Y\leqslant z\}\\ &= \int_0^{z-1}\mathrm{d}x\int_0^1(2-x-y)\mathrm{d}y+\int_{z-1}^1\mathrm{d}x\int_0^{z-x}(2-x-y)\mathrm{d}y\\ &= \frac{1}{3}z^3-2z^2+4z-\frac{5}{3}.\end{aligned}$$

于是,Z 的概率密度为

$$f_Z(z)=\begin{cases}2z-z^2, & 0<z\leqslant 1,\\ z^2-4z+4, & 1<z<2,\\ 0, & \text{其他}.\end{cases}$$

26. 设随机变量 X 与 Y 相互独立,它们的概率密度均为

第3章基础篇
题26

$$f(x)=\begin{cases}\mathrm{e}^{-x}, & x>0,\\ 0, & \text{其他},\end{cases}$$

求 $Z=\dfrac{Y}{X}$的概率密度.

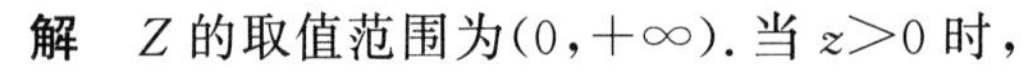

解 Z 的取值范围为$(0,+\infty)$. 当 $z>0$ 时,

$$\begin{aligned}F_Z(z)&=P\{Z\leqslant z\}\\ &=P\left\{\frac{Y}{X}\leqslant z\right\}\\ &=P\{Y\leqslant zX\}\\ &=\iint_{y\leqslant zx}f_X(x)f_Y(y)\mathrm{d}x\mathrm{d}y\\ &=\int_0^{+\infty}\mathrm{d}x\int_0^{zx}\mathrm{e}^{-x}\mathrm{e}^{-y}\mathrm{d}y\\ &=\frac{z}{z+1},\end{aligned}$$

当 $z\leqslant 0$ 时,$F_Z(z)=0$. 故 Z 的概率密度为

$$f_Z(z)=\begin{cases}\dfrac{1}{(z+1)^2}, & z>0,\\ 0, & z\leqslant 0.\end{cases}$$

27.【2001 数学三】设随机变量 X 和 Y 的联合分布是正方形 $G=\{(x,y)\mid 1\leqslant x\leqslant 3, 1\leqslant y\leqslant 3\}$上的均匀分布,试求随机变量 $U=|X-Y|$的概率密度.

解 由题意知,(X,Y)的概率密度函数为

$$f(x,y)=\begin{cases}\dfrac{1}{4}, & (x,y)\in G,\\ 0, & \text{其他}.\end{cases}$$

U 的分布函数为

$$\begin{aligned}F_U(u)&=P\{|X-Y|\leqslant u\}\\ &=\begin{cases}0, & u\leqslant 0,\\ \displaystyle\iint_{|x-y|\leqslant u}f(x,y)\mathrm{d}x\mathrm{d}y, & 0<u<2,\\ 1, & u\geqslant 2\end{cases}\\ &=\begin{cases}0, & u\leqslant 0,\\ \dfrac{1}{4}[4-(2-u)^2], & 0<u<2,\\ 1, & u\geqslant 2.\end{cases}\end{aligned}$$

于是,U 的概率密度函数为

$$f_U(u)=\begin{cases}\dfrac{2-u}{2}, & 0<u<2,\\ 0, & \text{其他}.\end{cases}$$

28.【2005 数学一、三、四】设二维随机变量(X,Y)的概率密度为

$$f(x,y)=\begin{cases}1, & 0<x<1,0<y<2x,\\ 0, & \text{其他}.\end{cases}$$

求:(1)边缘概率密度$f_X(x),f_Y(y)$;(2)$Z=2X-Y$的概率密度$f_Z(z)$.

解　(1) $f_X(x)=\int_{-\infty}^{+\infty}f(x,y)\mathrm{d}y=\begin{cases}\int_0^{2x}1\mathrm{d}y, & 0<x<1,\\ 0, & \text{其他}\end{cases}=\begin{cases}2x, & 0<x<1,\\ 0, & \text{其他}.\end{cases}$

$$f_Y(y)=\int_{-\infty}^{+\infty}f(x,y)\mathrm{d}x=\begin{cases}\int_{\frac{y}{2}}^{1}1\mathrm{d}x, & 0<y<2,\\ 0, & \text{其他}\end{cases}=\begin{cases}1-\dfrac{y}{2}, & 0<y<2,\\ 0, & \text{其他}.\end{cases}$$

(2) $Z=2X-Y$的取值范围为$[0,2]$,令$F_Z(z)=P\{Z\leqslant z\}=P\{2X-Y\leqslant z\}$.当$z\leqslant 0$时,$F_Z(z)=0$;当$0<z\leqslant 2$时,

$$F_Z(z)=\iint_{2x-y\leqslant z}f(x,y)\mathrm{d}x\mathrm{d}y=z-\frac{z^2}{4};$$

当$z>2$时,$F_Z(z)=1$.即得Z的分布函数为

$$F_Z(z)=\begin{cases}0, & z\leqslant 0,\\ z-\dfrac{z^2}{4}, & 0<z\leqslant 2,\\ 1, & z>2.\end{cases}$$

于是,概率密度函数为

$$f_Z(z)=\begin{cases}1-\dfrac{z}{2}, & 0<z<2,\\ 0, & \text{其他}.\end{cases}$$

(二)提高篇

- **球盒问题**

1. 将 3 个球任意地放入 3 个盒子中,若X表示放入第一个盒子中的球数,Y表示有球放入的盒子的个数,求(X,Y)的分布律.

解　X的可能取值为 0,1,2,3;Y的可能取值为 1,2,3.总样本点数为$3^3=27$.

$P\{X=0,Y=1\}=\dfrac{C_2^1}{27}=\dfrac{2}{27}$;　$P\{X=0,Y=2\}=\dfrac{C_3^2 2!}{27}=\dfrac{6}{27}$;　$P\{X=0,Y=3\}=0$;

$P\{X=1,Y=1\}=0$;　$P\{X=1,Y=2\}=\dfrac{C_2^1C_3^1}{27}=\dfrac{6}{27}$;　$P\{X=1,Y=3\}=\dfrac{3!}{27}=\dfrac{6}{27}$;

$P\{X=2,Y=1\}=0$;　$P\{X=2,Y=2\}=\dfrac{C_3^2C_2^1}{27}=\dfrac{6}{27}$;　$P\{X=2,Y=3\}=0$;

$P\{X=3,Y=1\}=\dfrac{1}{27}$;　$P\{X=3,Y=2\}=P\{X=3,Y=3\}=0$.

故(X,Y)的分布律为

X \ Y	1	2	3
0	$\frac{2}{27}$	$\frac{6}{27}$	0
1	0	$\frac{6}{27}$	$\frac{6}{27}$
2	0	$\frac{6}{27}$	0
3	$\frac{1}{27}$	0	0

2. 盒子中装有 3 只黑球、2 只红球、2 只白球,在其中任取 4 只球. 以 X 表示取到的黑球数,以 Y 表示取到的红球数. 求:

(1) X 和 Y 的联合分布律;

(2) $P\{X>Y\}$, $P\{Y=2X\}$, $P\{X+Y=3\}$, $P\{X<3-Y\}$.

解 (1) X 的可能取值为 0,1,2,3;Y 的可能取值为 0,1,2. (X,Y) 的可能取值为 (0,0),(0,1),(0,2),(1,0),(1,1),(1,2),(2,0),(2,1),(2,2),(3,0),(3,1),(3,2). 因为所取的 4 个球中黑球和红球之和至少为 2,所以

$$P\{(X,Y)=(0,0)\}=0;\quad P\{(X,Y)=(0,1)\}=0;\quad P\{(X,Y)=(1,0)\}=0;$$

$$P\{(X,Y)=(0,2)\}=\frac{1}{C_7^4}=\frac{1}{35};\quad P\{(X,Y)=(1,1)\}=\frac{C_3^1 C_2^1}{C_7^4}=\frac{6}{35};$$

$$P\{(X,Y)=(1,2)\}=\frac{C_3^1 C_2^1}{C_7^4}=\frac{6}{35};\quad P\{(X,Y)=(2,0)\}=\frac{C_3^2}{C_7^4}=\frac{3}{35};$$

$$P\{(X,Y)=(2,1)\}=\frac{C_3^2 C_2^1 C_2^1}{C_7^4}=\frac{12}{35};\quad P\{(X,Y)=(2,2)\}=\frac{C_3^2}{C_7^4}=\frac{3}{35};$$

$$P\{(X,Y)=(3,0)\}=\frac{C_2^1}{C_7^4}=\frac{2}{35};\quad P\{(X,Y)=(3,1)\}=\frac{C_2^1}{C_7^4}=\frac{2}{35};$$

$$P\{(X,Y)=(3,2)\}=0.$$

故 X 和 Y 的联合分布律为

X \ Y	0	1	2
0	0	0	$\frac{1}{35}$
1	0	$\frac{6}{35}$	$\frac{6}{35}$
2	$\frac{3}{35}$	$\frac{12}{35}$	$\frac{3}{35}$
3	$\frac{2}{35}$	$\frac{2}{35}$	0

(2)
$$\begin{aligned}P\{X>Y\}&=P\{(X,Y)=(1,0)\}+P\{(X,Y)=(2,0)\}+P\{(X,Y)=(2,1)\}+\\&\quad P\{(X,Y)=(3,0)\}+P\{(X,Y)=(3,1)\}+P\{(X,Y)=(3,2)\}\\&=0+\frac{3}{35}+\frac{12}{35}+\frac{2}{35}+\frac{2}{35}+0\\&=\frac{19}{35};\end{aligned}$$

$$P\{Y=2X\}=P\{(X,Y)=(0,0)\}+P\{(X,Y)=(1,2)\}=0+\frac{6}{35}=\frac{6}{35};$$

$$\begin{aligned}P\{X+Y=3\}&=P\{(X,Y)=(3,0)\}+P\{(X,Y)=(2,1)\}+P\{(X,Y)=(1,2)\}\\&=\frac{2}{35}+\frac{12}{35}+\frac{6}{35}\\&=\frac{4}{7};\end{aligned}$$

$$\begin{aligned}P\{X<3-Y\}&=P\{(X,Y)=(0,0)\}+P\{(X,Y)=(0,1)\}+P\{(X,Y)=(1,0)\}+\\&\quad P\{(X,Y)=(1,1)\}+P\{(X,Y)=(2,0)\}+P\{(X,Y)=(0,2)\}\\&=0+0+0+\frac{6}{35}+\frac{3}{35}+\frac{1}{35}\\&=\frac{2}{7}.\end{aligned}$$

3. 袋中有 1 个红球、2 个黑球与 3 个白球，现有放回地从袋中取两次，每次取一球，以 X,Y,Z 分别表示两次取球所取得的红球、黑球与白球的个数.

(1) 求 $P\{X=1|Z=0\}$；

(2) 求二维随机变量 (X,Y) 的概率分布.

解　(1) 在没有取白球的情况下取了 1 次红球，利用缩小样本空间，则相当于只有 1 个红球、2 个黑球放回取两次，其中取了 1 个红球. 所以

$$P\{X=1|Z=0\}=\frac{C_2^1\times 2}{C_3^1\times C_3^1}=\frac{4}{9}.$$

(2) X,Y 的取值范围为 0,1,2，故

$$P\{X=0,Y=0\}=\frac{C_3^1\times C_3^1}{C_6^1\times C_6^1}=\frac{1}{4},\quad P\{X=1,Y=0\}=\frac{C_2^1\times C_3^1}{C_6^1\times C_6^1}=\frac{1}{6},$$

$$P\{X=2,Y=0\}=\frac{1}{C_6^1\times C_6^1}=\frac{1}{36},\quad P\{X=0,Y=1\}=\frac{C_2^1\times C_2^1\times C_3^1}{C_6^1\times C_6^1}=\frac{1}{3},$$

$$P\{X=1,Y=1\}=\frac{C_2^1\times C_2^1}{C_6^1\times C_6^1}=\frac{1}{9},\quad P\{X=2,Y=1\}=0,$$

$$P\{X=0,Y=2\}=\frac{C_2^1\times C_2^1}{C_6^1\times C_6^1}=\frac{1}{9},\quad P\{X=1,Y=2\}=P\{X=2,Y=2\}=0.$$

(X,Y) 的联合分布律为

Y \ X	0	1	2
0	$\frac{1}{4}$	$\frac{1}{6}$	$\frac{1}{36}$
1	$\frac{1}{3}$	$\frac{1}{9}$	0
2	$\frac{1}{9}$	0	0

- **最值函数的概率分布**

4. 同时掷两粒骰子，设 X 表示第一粒骰子出现的点数，Y 表示两粒骰子出现的点数的最大值，求二维随机变量 (X,Y) 的分布律.

解　X,Y 的取值均为 $1,2,3,4,5,6$,且 Y 的取值不小于 X 的取值,于是:当 $i>j$ 时,$P\{X=i,Y=j\}=0$;当 $i=j$ 时,$P\{X=i,Y=j\}=\frac{1}{6}\cdot\frac{i}{6}=\frac{i}{36}$;当 $i<j$ 时,$P\{X=i,Y=j\}=\frac{1}{6}\times\frac{1}{6}=\frac{1}{36}$. 因此,$(X,Y)$的分布律为

$$P\{X=i,Y=j\}=\begin{cases}0, & i>j,\\ \frac{i}{36}, & i=j,\\ \frac{1}{36}, & i<j,\end{cases}\quad i,j=1,2,3,4,5,6.$$

5. 设随机变量 $X\sim\pi(\lambda)$,随机变量 $Y=\max\{X,2\}$,求 X 和 Y 的联合分布律及边缘分布律.

第 3 章提高篇
题 5

解　Y 的可能取值为 $2,3,4,\cdots$.

$$P\{X=0,Y=2\}=\mathrm{e}^{-\lambda},\quad P\{X=1,Y=2\}=\frac{\lambda\mathrm{e}^{-\lambda}}{1!},$$

$$P\{X=2,Y=2\}=\frac{\lambda^2\mathrm{e}^{-\lambda}}{2!},\quad P\{X=i,Y=2\}=0,i=3,4,\cdots,$$

$$P\{X=k,Y=j\}=\begin{cases}\frac{\lambda^k\mathrm{e}^{-\lambda}}{k!}, & k=j,\\ 0, & k\neq j,\end{cases}\quad j=3,4,\cdots;k=0,1,2,3,\cdots.$$

故 X 与 Y 的联合分布律为

Y \ X	0	1	2	3	$\cdots$
2	$\mathrm{e}^{-\lambda}$	$\lambda\mathrm{e}^{-\lambda}/1!$	$\lambda^2\mathrm{e}^{-\lambda}/2!$	0	
3	0	0	0	$\lambda^3\mathrm{e}^{-\lambda}/3!$	
4	0	0	0	0	$\ddots$
$\vdots$	0	0	0	0	

(X,Y)关于 X 的边缘分布律为 $P\{X=k\}=\frac{\lambda^k\mathrm{e}^{-\lambda}}{k!}(k=0,1,2,\cdots)$.

(X,Y)关于 Y 的边缘分布律为 $P\{Y=2\}=\mathrm{e}^{-\lambda}\left(1+\lambda+\frac{\lambda^2}{2}\right)$,$P\{Y=k\}=\frac{\lambda^k\mathrm{e}^{-\lambda}}{k!}(k=3,4,\cdots)$.

6. 对某种电子装置的输出测量了 5 次,得到结果为 X_1,X_2,X_3,X_4,X_5. 设它们是相互独立的随机变量且都服从参数 $\sigma=2$ 的瑞利分布,即

$$f(x)=\begin{cases}\frac{x}{4}\mathrm{e}^{-\frac{x^2}{8}}, & x>0,\\ 0, & \text{其他},\end{cases}$$

求:(1) $Z=\max\{X_1,X_2,X_3,X_4,X_5\}$的分布函数;(2) $P\{Z>4\}$.

解　X_i 的分布函数为

$$F(x)=\int_{-\infty}^{x}f(t)\mathrm{d}t=\begin{cases}\int_0^x\frac{t}{4}\mathrm{e}^{-\frac{t^2}{8}}\mathrm{d}t, & x>0,\\ 0, & x\leqslant 0\end{cases}=\begin{cases}1-\mathrm{e}^{-\frac{x^2}{8}}, & x>0,\\ 0, & x\leqslant 0,\end{cases}$$

由于 X_1,X_2,X_3,X_4,X_5 相互独立，可得 $Z=\max\{X_1,X_2,X_3,X_4,X_5\}$ 的分布函数为

$$F_Z(z)=F^5(z)=\begin{cases}(1-e^{-\frac{z^2}{8}})^5, & z>0,\\ 0, & z\leqslant 0.\end{cases}$$

(2) $P\{Z>4\}=1-F_Z(4)=1-(1-e^{-2})^5\approx 0.5167.$

7. 设随机变量 X 与 Y 相互独立，且 $X\sim U(0,1)$，$Y\sim U(0,2)$，求 $M=\max(X,Y)$ 的概率密度.

解　X 的分布函数为 $F_X(x)=\begin{cases}0, & x<0,\\ x, & 0\leqslant x<1,\\ 1, & x\geqslant 1,\end{cases}$ Y 的分布函数为 $F_Y(y)=\begin{cases}0, & y<0,\\ \dfrac{y}{2}, & 0\leqslant y<2,\\ 1, & y\geqslant 2,\end{cases}$ 由 X,Y 相互独立可知 $M=\max(X,Y)$ 的分布函数为

$$F_M(m)=F_X(m)F_Y(m)=\begin{cases}0, & m<0,\\ \dfrac{m^2}{2}, & 0\leqslant m<1,\\ \dfrac{m}{2}, & 1\leqslant m<2,\\ 1, & m\geqslant 2.\end{cases}$$

故 M 的概率密度为

$$f_M(m)=F_M'(m)=\begin{cases}m, & 0<m<1,\\ \dfrac{1}{2}, & 1<m<2,\\ 0, & \text{其他}.\end{cases}$$

8. 设二维随机变量 (X,Y) 的概率密度为

$$f(x,y)=\begin{cases}be^{-(x+y)}, & 0<x<1,y>0,\\ 0, & \text{其他}.\end{cases}$$

(1) 试确定常数 b；

(2) 求边缘概率密度 $f_X(x)$，$f_Y(y)$；

(3) 求 $U=\max(X,Y)$ 的分布函数.

解　(1) 由规范性，

$$1=\iint_{\mathbb{R}^2} f(x,y)\mathrm{d}x\mathrm{d}y=b\int_0^1\mathrm{d}x\int_0^{+\infty} e^{-(x+y)}\mathrm{d}y=b(1-e^{-1}),$$

得 $b=\dfrac{1}{1-e^{-1}}$.

(2) X 与 Y 的边缘概率密度分别为

$$f_X(x)=\int_{-\infty}^{+\infty}f(x,y)\mathrm{d}y=\begin{cases}\displaystyle\int_0^{+\infty}\frac{1}{1-e^{-1}}e^{-(x+y)}\mathrm{d}y, & 0<x<1,\\ 0, & \text{其他}\end{cases}$$

$$=\begin{cases}\dfrac{e^{-x}}{1-e^{-1}}, & 0<x<1,\\ 0, & \text{其他},\end{cases}$$

$$f_Y(y)=\int_{-\infty}^{+\infty}f(x,y)\mathrm{d}x=\begin{cases}\int_0^1\frac{1}{1-\mathrm{e}^{-1}}\mathrm{e}^{-(x+y)}\mathrm{d}x, & y>0,\\ 0, & \text{其他}\end{cases}=\begin{cases}\mathrm{e}^{-y}, & y>0,\\ 0, & \text{其他}.\end{cases}$$

(3) 容易看出 $f(x,y)=f_X(x)f_Y(y)$,所以 X,Y 相互独立. X 的分布函数为

$$F_X(x)=\int_{-\infty}^{x}f_X(t)\mathrm{d}t=\begin{cases}0, & x\leqslant 0,\\ \int_0^x\frac{\mathrm{e}^{-t}}{1-\mathrm{e}^{-1}}\mathrm{d}t, & 0<x<1,\\ 1, & x\geqslant 1\end{cases}=\begin{cases}0, & x\leqslant 0,\\ \frac{1-\mathrm{e}^{-x}}{1-\mathrm{e}^{-1}}, & 0<x<1,\\ 1, & x\geqslant 1,\end{cases}$$

Y 的分布函数为

$$F_Y(y)=\int_{-\infty}^{y}f_Y(t)\mathrm{d}t=\begin{cases}0, & y\leqslant 0,\\ \int_0^y\mathrm{e}^{-t}\mathrm{d}t, & y>0\end{cases}=\begin{cases}0, & y\leqslant 0,\\ 1-\mathrm{e}^{-y}, & y>0,\end{cases}$$

故 U 的分布函数为

$$F_U(u)=F_X(u)F_Y(u)=\begin{cases}0, & u\leqslant 0,\\ \frac{(1-\mathrm{e}^{-u})^2}{1-\mathrm{e}^{-1}}, & 0<u<1,\\ 1-\mathrm{e}^{-u}, & u\geqslant 1.\end{cases}$$

- **竞技问题**

9. 甲、乙两人轮流投篮,直到有一人投中为止. 假定每次投篮甲、乙投中的概率分别为 0.4,0.6. 若甲先投,X,Y 分别表示甲、乙的投篮次数,求(X,Y)的分布律.

第 3 章提高篇题 9

解 设甲投篮次数 $X=i(i=1,2,\cdots)$,乙投篮次数 $Y=j(j=0,1,2,\cdots)$. 若甲首先投中,则甲比乙多投一次篮. 若乙首先投中,则甲、乙投篮次数相同. 于是

$$P\{X=i,Y=j\}=\begin{cases}0.6\times(0.6\times0.4)^{i-1}\times0.6, & i=j,\\ (0.6\times0.4)^{i-1}\times0.4, & j=i-1,\\ 0, & \text{其他}\end{cases}$$

$$=\begin{cases}0.36\times0.24^{i-1}, & i=j,\\ 0.4\times0.24^{i-1}, & j=i-1,\\ 0, & \text{其他},\end{cases}\quad i=1,2,\cdots.$$

- **生活应用问题**

10. 某种商品一周的需求量是一个随机变量,其概率密度为

第 3 章提高篇题 10

$$f(t)=\begin{cases}t\mathrm{e}^{-t}, & t>0,\\ 0, & t\leqslant 0,\end{cases}$$

设各周的需求量是相互独立的,分别求:

(1) 两周的需求量的概率密度;

(2) 三周的需求量的概率密度.

解 (1) 设 $Z=X+Y$ 表示两周的需求量,其中 X,Y 独立同分布,均表示一周的需求量. 由卷积公式,Z 的概率密度为

$$f_Z(z)=\int_{-\infty}^{+\infty}f_X(z-y)f_Y(y)\mathrm{d}y.$$

当 $z-y>0$ 且 $y>0$ 时，即 $z>y>0$ 时，被积函数非零. 于是，当 $z>0$ 时，

$$f_Z(z)=\int_0^z (z-y)\,\mathrm{e}^{y-z} y\,\mathrm{e}^{-y}\mathrm{d}y=\frac{z^3}{3!}\mathrm{e}^{-z},$$

当 $z\leqslant 0$ 时，$f_Z(z)=0$. 故 Z 的概率密度为

$$f_Z(z)=\begin{cases}\dfrac{z^3}{3!}\mathrm{e}^{-z}, & z>0,\\ 0, & z\leqslant 0.\end{cases}$$

（2）三周的需求量 $V=Z+X$，其中 X 表示一周的需求量，Z 表示两周的需求量，X 与 Z 相互独立. 由卷积公式，V 的概率密度为

$$f_V(v)=\int_{-\infty}^{+\infty} f_X(v-z)\,f_Z(z)\mathrm{d}z.$$

当 $v-z>0$ 且 $z>0$ 时，即 $0<z<v$ 时，被积函数非零. 于是，当 $v>0$ 时，

$$f_V(v)=\int_0^v (v-z)\,\mathrm{e}^{z-v}\,\frac{z^3}{3!}\,\mathrm{e}^{-z}\mathrm{d}z=\frac{v^5}{5!}\mathrm{e}^{-v},$$

当 $v\leqslant 0$ 时，$f_V(v)=0$. 故 V 的概率密度为

$$f_V(v)=\begin{cases}\dfrac{v^5}{5!}\mathrm{e}^{-v}, & v>0,\\ 0, & v\leqslant 0.\end{cases}$$

点评： 本题中我们假设第一周和第二周的需求量分别为 X,Y，注意到，X,Y 是相互独立的随机变量，虽然它们有相同的分布，但它们的取值是相互独立的，因此两周的需求量不能写成 $2X$，而应写成 $X+Y$.

11.【2001 数学一】设某班车起点站上客人数 X 服从参数为 $\lambda(\lambda>0)$ 的泊松分布，每位乘客在中途下车的概率为 $p(0<p<1)$，且各位乘客中途下车与否相互独立. 以 Y 表示在中途下车的人数，求：

（1）在发车时有 n 位乘客的条件下，中途有 m 人下车的概率；

（2）二维随机变量 (X,Y) 的概率分布.

解　（1）所求概率为 $P\{Y=m\mid X=n\}=\mathrm{C}_n^m p^m(1-p)^{n-m}(0\leqslant m\leqslant n)$.

（2）由题意可知，$P\{X=n\}=\dfrac{\lambda^n\mathrm{e}^{-\lambda}}{n!}$，于是

$$\begin{aligned}P\{X=n,Y=m\}&=P\{Y=m\mid X=n\}P\{X=n\}\\&=\mathrm{C}_n^m p^m(1-p)^{n-m}\frac{\lambda^n\mathrm{e}^{-\lambda}}{n!},\quad n=1,2,\cdots;m=0,1,\cdots,n.\end{aligned}$$

（三）挑战篇

题型总结： 本篇多涉及求两个不同类型随机变量和的分布，其中一个是连续型，另一个是离散型. 这类题型的解题思路为：要根据离散型随机变量的取值将样本空间进行分割，进而利用全概率公式计算.

1. 设随机变量 X 与 Y 相互独立，且服从同一分布，证明

$$P\{a<\min\{X,Y\}\leqslant b\}=[P\{X>a\}]^2-[P\{X>b\}]^2,\quad a\leqslant b.$$

证明

$$
\begin{aligned}
P\{a<\min(X,Y)\leqslant b\} &= P\{\min(X,Y)\leqslant b\}-P\{\min(X,Y)\leqslant a\} \\
&= [1-P\{\min(X,Y)>b\}]-[1-P\{\min(X,Y)>a\}] \\
&= P\{\min(X,Y)>a\}-P\{\min(X,Y)>b\} \\
&= P\{X>a,Y>a\}-P\{X>b,Y>b\} \\
&= P\{X>a\}P\{Y>a\}-P\{X>b\}P\{Y>b\} \quad (X,Y\text{ 相互独立}) \\
&= [P\{X>a\}]^2-[P\{X>b\}]^2 \quad (X,Y\text{ 同分布}).
\end{aligned}
$$

2.【2003 数学三】设随机变量 X 与 Y 独立,其中 X 的概率分布为 $X\sim\begin{pmatrix}1 & 2\\ 0.3 & 0.7\end{pmatrix}$,而 Y 的概率密度为 $f(y)$,求随机变量 $U=X+Y$ 的概率密度.

解 U 的分布函数为

$$
\begin{aligned}
F_U(u) &= P\{U\leqslant u\} \\
&= P\{X+Y\leqslant u\} \\
&= P\{X=1,Y\leqslant u-1\}+P\{X=2,Y\leqslant u-2\} \\
&= P\{X=1\}P\{Y\leqslant u-1\}+P\{X=2\}P\{Y\leqslant u-2\} \\
&= 0.3\,F_Y(u-1)+0.7\,F_Y(u-2),
\end{aligned}
$$

于是,U 的概率密度为

$$f_U(u)=0.3f(u-1)+0.7f(u-2).$$

3.【2008 数学一、三】设随机变量 X 与 Y 相互独立,X 的概率分布为 $P\{X=i\}=\frac{1}{3}$ $(i=-1,0,1)$,Y 的概率密度为 $f_Y(y)=\begin{cases}1, & 0\leqslant y<1,\\ 0, & \text{其他},\end{cases}$ 记 $Z=X+Y$.

(1) 求 $P\left\{Z\leqslant\frac{1}{2}\mid X=0\right\}$;

(2) 求 Z 的概率密度 $f_Z(z)$.

第 3 章挑战篇题 3

解 (1) 利用条件概率的定义以及 X,Y 的独立性,可得

$$P\left\{Z\leqslant\frac{1}{2}\mid X=0\right\}=\frac{P\left\{X=0,Z\leqslant\frac{1}{2}\right\}}{P\{X=0\}}=\frac{P\left\{X=0,Y\leqslant\frac{1}{2}\right\}}{P\{X=0\}}=P\left\{Y\leqslant\frac{1}{2}\right\}=\frac{1}{2}.$$

(2) Z 的分布函数为

$$
\begin{aligned}
F_Z(z) &= P\{Z\leqslant z\} \\
&= P\{X+Y\leqslant z\} \\
&= P\{X+Y\leqslant z,X=-1\}+P\{X+Y\leqslant z,X=0\}+P\{X+Y\leqslant z,X=1\} \\
&= P\{Y\leqslant z+1,X=-1\}+P\{Y\leqslant z,X=0\}+P\{Y\leqslant z-1,X=1\} \\
&= P\{Y\leqslant z+1\}P\{X=-1\}+P\{Y\leqslant z\}P\{X=0\}+P\{Y\leqslant z-1\}P\{X=1\} \\
&= \frac{1}{3}[P\{Y\leqslant z+1\}+P\{Y\leqslant z\}+P\{Y\leqslant z-1\}] \\
&= \frac{1}{3}[F_Y(z+1)+F_Y(z)+F_Y(z-1)],
\end{aligned}
$$

于是,Z 的概率密度为

$$f_Z(z)=F_Z'(z)$$
$$=\frac{1}{3}[f_Y(z+1)+f_Y(z)+f_Y(z-1)]$$
$$=\begin{cases}\frac{1}{3}, & -1\leqslant z<2,\\ 0, & \text{其他}.\end{cases}$$

4.【2016 数学一、三】设二维随机变量(X,Y)在区域$D=\{(x,y)\mid 0<x<1,x^2<y<\sqrt{x}\}$上服从均匀分布，令$U=\begin{cases}1, & X\leqslant Y,\\ 0, & X>Y.\end{cases}$

(1) 写出(X,Y)的概率密度；

(2) 问U与X是否相互独立？并说明理由；

(3) 求$Z=U+X$的分布函数$F_Z(z)$.

解　(1) (X,Y)的概率密度为

$$f(x,y)=\begin{cases}3, & 0<x<1,x^2<y<\sqrt{x},\\ 0, & \text{其他}.\end{cases}$$

(2) 由

$$P\{U\leqslant\frac{1}{2},X\leqslant\frac{1}{2}\}=P\{U=0,X\leqslant\frac{1}{2}\}=P\{X>Y,X\leqslant\frac{1}{2}\}=\int_0^{\frac{1}{2}}\mathrm{d}x\int_{x^2}^{x}3\mathrm{d}y=\frac{1}{4},$$

$$P\{U\leqslant\frac{1}{2}\}=P\{U=0\}=P\{X>Y\}=\int_0^1\mathrm{d}x\int_{x^2}^{x}3\mathrm{d}y=\frac{1}{2},$$

$$P\{X\leqslant\frac{1}{2}\}=\int_0^{\frac{1}{2}}\mathrm{d}x\int_{x^2}^{\sqrt{x}}3\mathrm{d}y=\frac{4\sqrt{2}-1}{8},$$

显然，$P\{U\leqslant\frac{1}{2},X\leqslant\frac{1}{2}\}\neq P\{U\leqslant\frac{1}{2}\}P\{X\leqslant\frac{1}{2}\}$，故$U$与$X$不相互独立.

(3) Z的取值范围为$[0,2]$，其分布函数$F_Z(z)=P\{Z\leqslant z\}=P\{U+X\leqslant z\}$. 当$z<0$时，$F_Z(z)=0$；当$z\geqslant 2$时，$F_Z(z)=1$；当$0\leqslant z<1$时，

$$\begin{aligned}F_Z(z)&=P\{U=0,X\leqslant z\}\\&=P\{X>Y,X\leqslant z\}\\&=\int_0^z\mathrm{d}x\int_{x^2}^{x}3\mathrm{d}y\\&=\frac{3}{2}z^2-z^3;\end{aligned}$$

当$1\leqslant z<2$时，

$$\begin{aligned}F_Z(z)&=P\{U=0,X\leqslant z\}+P\{U=1,X\leqslant z-1\}\\&=P\{X>Y,X\leqslant 1\}+P\{X\leqslant Y,X\leqslant z-1\}\\&=\int_0^1\mathrm{d}x\int_{x^2}^{x}3\mathrm{d}y+\int_0^{z-1}\mathrm{d}x\int_{x}^{\sqrt{x}}3\mathrm{d}y\\&=\frac{1}{2}+2(z-1)^{\frac{3}{2}}-\frac{3}{2}(z-1)^2.\end{aligned}$$

故Z的分布函数为

$$F_Z(z)=\begin{cases}0, & z<0,\\ \dfrac{3}{2}z^2-z^3, & 0\leqslant z<1,\\ \dfrac{1}{2}+2(z-1)^{\frac{3}{2}}-\dfrac{3}{2}(z-1)^2, & 1\leqslant z<2,\\ 1, & z\geqslant 2.\end{cases}$$

5.【2010 数学一、三】设二维随机变量(X,Y)的概率密度为

$$f(x,y)=A\mathrm{e}^{-2x^2+2xy-y^2},\quad -\infty<x<+\infty,-\infty<y<+\infty,$$

求常数 A 及条件概率密度 $f_{Y|X}(y|x)$.

解
$$f(x,y)=A\mathrm{e}^{-(y-x)^2}\mathrm{e}^{-x^2}=A\pi\left[\frac{1}{\sqrt{2\pi}\frac{1}{\sqrt{2}}}\mathrm{e}^{-\frac{(y-x)^2}{2\times\left(\frac{1}{\sqrt{2}}\right)^2}}\right]\left[\frac{1}{\sqrt{2\pi}\frac{1}{\sqrt{2}}}\mathrm{e}^{-\frac{x^2}{2\times\left(\frac{1}{\sqrt{2}}\right)^2}}\right],$$

由概率密度函数的规范性$\int_{-\infty}^{+\infty}\frac{1}{\sqrt{2\pi}\sigma}\mathrm{e}^{-\frac{(x-\mu)^2}{2\sigma^2}}\mathrm{d}x=1$,得

$$1=\int_{-\infty}^{+\infty}\int_{-\infty}^{+\infty}f(x,y)\mathrm{d}x\mathrm{d}y=A\pi\int_{-\infty}^{+\infty}\frac{1}{\sqrt{2\pi}\frac{1}{\sqrt{2}}}\mathrm{e}^{-\frac{x^2}{2\times\left(\frac{1}{\sqrt{2}}\right)^2}}\mathrm{d}x\int_{-\infty}^{+\infty}\frac{1}{\sqrt{2\pi}\frac{1}{\sqrt{2}}}\mathrm{e}^{-\frac{(y-x)^2}{2\times\left(\frac{1}{\sqrt{2}}\right)^2}}\mathrm{d}y=A\pi,$$

所以 $A=\frac{1}{\pi}$,即

$$f(x,y)=\left[\frac{1}{\sqrt{2\pi}\frac{1}{\sqrt{2}}}\mathrm{e}^{-\frac{(y-x)^2}{2\times\left(\frac{1}{\sqrt{2}}\right)^2}}\right]\left[\frac{1}{\sqrt{2\pi}\frac{1}{\sqrt{2}}}\mathrm{e}^{-\frac{x^2}{2\times\left(\frac{1}{\sqrt{2}}\right)^2}}\right].$$

X 的边缘概率密度为

$$f_X(x)=\int_{-\infty}^{+\infty}f(x,y)\mathrm{d}y=\frac{1}{\sqrt{\pi}}\mathrm{e}^{-x^2}\int_{-\infty}^{+\infty}\frac{1}{\sqrt{2\pi}\frac{1}{\sqrt{2}}}\mathrm{e}^{-\frac{(y-x)^2}{2\times\left(\frac{1}{\sqrt{2}}\right)^2}}\mathrm{d}y=\frac{1}{\sqrt{\pi}}\mathrm{e}^{-x^2},$$

条件概率密度

$$f_{Y|X}(y|x)=\frac{f(x,y)}{f_X(x)}=\frac{1}{\sqrt{\pi}}\mathrm{e}^{-x^2+2xy-y^2},\quad -\infty<x<+\infty,-\infty<y<+\infty.$$

6. 设随机变量 X,Y 相互独立,$X\sim N(0,1)$,Y 的分布律为

Y	0	1
P	$\frac{1}{2}$	$\frac{1}{2}$

求随机变量 $Z=XY$ 的分布函数 $F_Z(z)$(用标准正态分布的分布函数表示).

解 当 $z\geqslant 0$ 时,

$$\begin{aligned}F_Z(z)&-P\{Z\leqslant z\}\\&=P\{XY\leqslant z\}\\&=P\{Y=0\}+P\{X\leqslant z,Y=1\}\\&=\frac{1}{2}+P\{X\leqslant z\}P\{Y=1\}\\&=\frac{1}{2}+\frac{1}{2}\Phi(z);\end{aligned}$$

当 $z<0$ 时，

$$\begin{aligned}F_Z(z)&=P\{Z\leqslant z\}\\&=P\{XY\leqslant z\}\\&=P\{X\leqslant z,Y=1\}\\&=P\{X\leqslant z\}P\{Y=1\}\\&=\frac{1}{2}\Phi(z).\end{aligned}$$

故 $Z=XY$ 的分布函数为

$$F_Z(z)=\begin{cases}\dfrac{1}{2}+\dfrac{1}{2}\Phi(z), & z\geqslant 0,\\ \dfrac{1}{2}\Phi(z), & z<0.\end{cases}$$

7. 设 X,Y 都是非负的连续型随机变量，且相互独立，证明

$$P\{X<Y\}=\int_0^{+\infty}F_X(x)f_Y(x)\mathrm{d}x.$$

其中 $F_X(x)$ 是 X 的分布函数，$f_Y(y)$ 是 Y 的概率密度.

证明　因为 X,Y 相互独立，所以 (X,Y) 的概率密度为 $f(x,y)=f_X(x)f_Y(y)$. 于是，

第 3 章挑战篇题 7

$$\begin{aligned}P\{X<Y\}&=\iint_{x<y}f_X(x)\,f_Y(y)\mathrm{d}x\mathrm{d}y\\&=\int_0^{+\infty}\mathrm{d}y\int_0^y f_X(x)\,f_Y(y)\mathrm{d}x\\&=\int_0^{+\infty}f_Y(y)\mathrm{d}y\int_0^y f_X(x)\mathrm{d}x\\&=\int_0^{+\infty}F_X(y)\,f_Y(y)\mathrm{d}y\\&=\int_0^{+\infty}F_X(x)\,f_Y(x)\mathrm{d}x.\end{aligned}$$

总 习 题 三

一、选择题

1. 如下 4 个二元函数，(　　)能作为二维随机变量 (X,Y) 的分布函数.

总习题三选择题 1

A. $F_1(x,y)=\begin{cases}(1-\mathrm{e}^{-x})(1-\mathrm{e}^{-y}), & x>0,y>0,\\ 0, & \text{其他}\end{cases}$

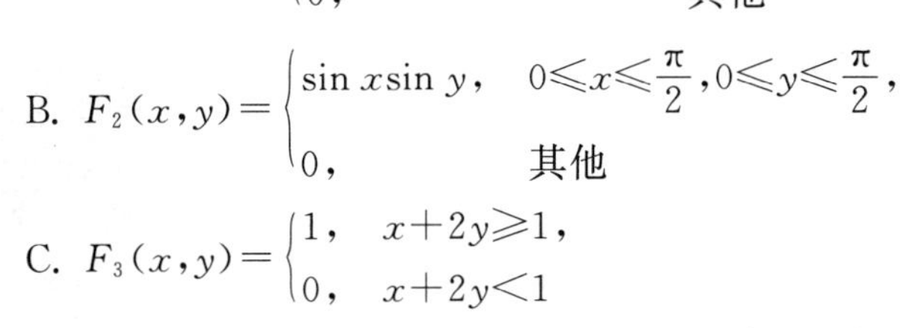

B. $F_2(x,y)=\begin{cases}\sin x\sin y, & 0\leqslant x\leqslant\dfrac{\pi}{2},0\leqslant y\leqslant\dfrac{\pi}{2},\\ 0, & \text{其他}\end{cases}$

C. $F_3(x,y)=\begin{cases}1, & x+2y\geqslant 1,\\ 0, & x+2y<1\end{cases}$

D. $F_4(x,y)=\begin{cases}1+2^{-x}-2^{-y}+2^{-x-y}, & x\geqslant 0,y\geqslant 0,\\ 0, & \text{其他}\end{cases}$

2. 设(X,Y)的分布函数为

$$F(x,y)=\begin{cases}1-e^{-0.01x}-e^{-0.01y}+e^{-0.01(x+y)}, & x>0,y>0,\\ 0, & \text{其他},\end{cases}$$

则$P\{X\geqslant 120,Y\geqslant 120\}=(\quad)$.

A. $1-2e^{-1.2}+e^{-2.4}$ B. $e^{-2.4}$

C. $e^{-1.2}-1$ D. $e^{-1.2}$

3. 已知二维随机变量(X,Y)的联合分布函数为$F(x,y)$,则概率$P\{X>a,Y\leqslant b\}(a,b\in\mathbb{R})$可用$F(x,y)$表示为( ).

A. $F(a,b)$ B. $1-F(a,b)$

C. $F(+\infty,b)-F(a,b)$ D. $F(a,+\infty)-F(a,b)$

4. 已知随机变量X_1,X_2相互独立,且分布律为$P\{X_i=0\}=\dfrac{1}{3}$,$P\{X_i=1\}=\dfrac{2}{3}(i=1,2)$,则下列选项正确的是( ).

A. $X_1=X_2$ B. $P\{X_1=X_2\}=1$

C. $P\{X_1=X_2\}=\dfrac{5}{9}$ D. $P\{X_1=X_2\}=0$

5. 设$X_1\sim N(0,1)$,$X_2\sim N(0,2^2)$,记$p_1=P\{-2\leqslant X_1\leqslant 2\}$,$p_2=P\{-2\leqslant X_2\leqslant 2\}$,则$p_1$与$p_2$的大小关系是( ).

A. $p_1<p_2$ B. $p_1>p_2$ C. $p_1=p_2$ D. 无法判断

6. 设随机变量X,Y相互独立且都服从标准正态分布,则下列选项不正确的是( ).

A. $P\{2X+1\geqslant 1\}=0.5$ B. $P\{X\leqslant 0,Y\leqslant 0\}=0.25$

C. $P\{\max\{X,Y\}\geqslant 0\}=0.25$ D. $P\{\min\{X,Y\}\geqslant 0\}=0.25$

7. 已知连续型随机变量X,Y相互独立,且具有相同的概率密度函数$f(x)$,设随机变量$Z=\min\{X,Y\}$,则Z的概率密度函数为( ).

总习题三
选择题 7

A. $[f(z)]^2$ B. $2\int_{-\infty}^{z}f(u)\mathrm{d}uf(z)$

C. $1-[1-f(z)]^2$ D. $2(1-\int_{-\infty}^{z}f(u)\mathrm{d}u)f(z)$

8. 设随机变量X和Y相互独立,且$X\sim U(0,4)$,$Y\sim b(2,0.5)$,则$P\{X+Y\geqslant 3\}=$( ).

A. 0.5 B. 0.3 C. 0.8 D. 0.2

9. 设随机变量(X,Y)服从二维正态分布,且X与Y相互独立,$f_X(x)$,$f_Y(y)$分别表示X,Y的概率密度,则在$Y=y$条件下,X的条件概率密度$f_{X|Y}(x|y)$为( ).

A. $f_X(x)$ B. $f_Y(y)$ C. $f_X(x)f_Y(y)$ D. $\dfrac{f_X(x)}{f_Y(y)}$

10. 设二维随机变量(X,Y)的概率分布为

总习题三
选择题 10

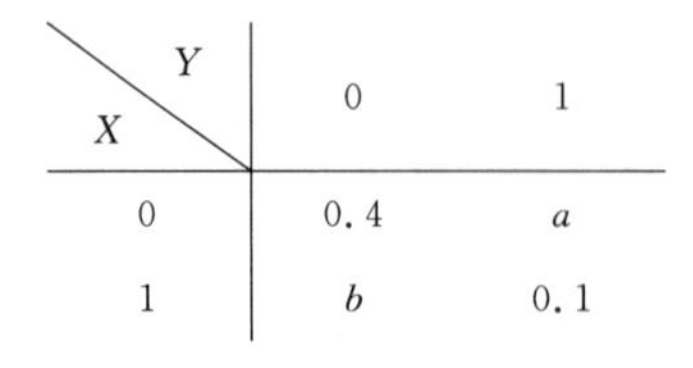

X \ Y	0	1
0	0.4	a
1	b	0.1

已知随机事件$\{X=0\}$与$\{X+Y=1\}$相互独立,则(　　).

A. $a=0.2,b=0.3$　　　　B. $a=0.4,b=0.1$

C. $a=0.3,b=0.2$　　　　D. $a=0.1,b=0.4$

11. 设随机变量X与Y相互独立,且X服从标准正态分布$N(0,1)$,Y的概率分布为$P\{Y=0\}=P\{Y=1\}=\frac{1}{2}$,记$F_Z(z)$为随机变量$Z=XY$的分布函数,则函数$F_Z(z)$的间断点个数为(　　).

A. 0　　B. 1　　C. 2　　D. 3

12. 设随机变量$(X,Y)\sim N(\mu_1,\mu_2,\sigma_1^2,\sigma_2^2,\rho)$,下列说法错误的是(　　).

A. $X\sim N(\mu_1,\sigma_1^2)$

B. $Y\sim N(\mu_2,\sigma_2^2)$

C. X,Y相互独立的充要条件是$\rho=0$

D. 在$Y=y$的条件下,X的条件分布未必是正态分布

二、填空题

1. 设随机变量(X,Y)的分布律为

Y \ X	1	2	3
1	$\frac{1}{18}$	$\frac{1}{18}$	$\frac{1}{3}$
2	β	$\frac{1}{18}$	$\frac{1}{6}$

则$\beta=$________.

2. 设随机变量X,Y相互独立,且分别服从数学期望为1和$\frac{1}{4}$的指数分布,则$P\{X<Y\}=$________.

3. 设随机变量X和Y相互独立,且X和Y的概率分布分别为

X	0	1	2	3
P	$\frac{1}{2}$	$\frac{1}{4}$	$\frac{1}{8}$	$\frac{1}{8}$

Y	−1	0	1
P	$\frac{1}{3}$	$\frac{1}{3}$	$\frac{1}{3}$

则$P\{X+Y=2\}=$________.

4. 设随机变量X_1,X_2独立同分布,概率密度函数为$f(x)=\begin{cases}2e^{-2x}, & x>0,\\0, & x\leqslant 0.\end{cases}$ $Y=\min\{X_1,X_2\}$的分布函数为$F_Y(y)$,则$F_Y(1)=$________.

5. 设条件概率密度函数$f_{Y|X}(y|x)=\begin{cases}\frac{2y}{1-x^4}, & x^2\leqslant y\leqslant 1,\\0, & 其他,\end{cases}$其中$|x|<1$,

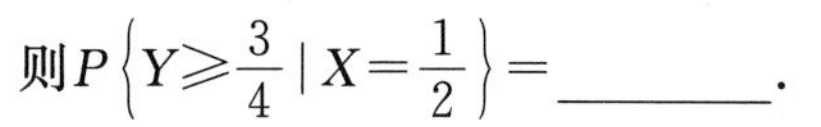
则$P\left\{Y\geqslant\frac{3}{4}\middle|X=\frac{1}{2}\right\}=$________.

总习题三
填空题5

6. 设某种型号的电子元件的寿命(单位:小时)近似地服从 $N(160,20^2)$. 随机选取4只,则没有一只寿命小于180的概率为________〔用标准正态分布的分布函数 $\Phi(x)$ 表示〕.

7. 设 X,Y 相互独立,分别服从参数为1,2的泊松分布,则 $X+Y$ 的分布律为________.

8. 设二维随机变量(X,Y)的概率密度为 $f(x,y)=\begin{cases}6x, & 0\leqslant x\leqslant y\leqslant 1,\\ 0, & \text{其他},\end{cases}$ 则 $P\{X+Y\leqslant 1\}=$________.

9. 设随机变量 X,Y 相互独立,且都服从区间$(0,1)$上的均匀分布,则 $P\{X^2+Y^2\leqslant 1\}=$________.

10. 设二维随机变量(X,Y)服从正态分布 $N(1,0,1,1,0)$,则 $P\{2X-1\leqslant 0\}=$________.

11. 设随机变量 X 与 Y 相互独立,且均服从区间$[0,3]$上的均匀分布,则 $P\{\max\{X,Y\}\leqslant 1\}=$________.

12. 设随机变量 X,Y 独立同分布,分布函数为 $F(x)$,则 $Z=\max\{X,Y\}$ 的分布函数为________.

三、解答题

1. 设随机变量 X 与 Y 独立同分布,X 的概率分布为

X	1	2
P	$\frac{2}{3}$	$\frac{1}{3}$

记 $U=\max\{X,Y\}$,$V=\min\{X,Y\}$,求(U,V)的联合分布律.

2. 设随机变量(X,Y)的概率密度为

$$f(x,y)=\begin{cases}1, & |y|<x,0<x<1,\\ 0, & \text{其他}.\end{cases}$$

(1) 求二维随机变量关于 X 和 Y 的边缘概率密度函数;

(2) 求条件概率密度 $f_{X|Y}(x|y)$,$f_{Y|X}(y|x)$.

3. 设随机变量 X 在区间$(0,1)$上服从均匀分布,在 $X=x(0<x<1)$的条件下,随机变量 Y 在区间$(0,x)$上服从均匀分布,求:

(1) (X,Y)的联合概率密度函数;

(2) $P\{X+Y>1\}$.

4. 设随机变量(X,Y)的概率密度为

$$f(x,y)=\begin{cases}\dfrac{1}{2}(x+y)\mathrm{e}^{-(x+y)}, & x>0,y>0,\\ 0, & \text{其他}.\end{cases}$$

问 X 和 Y 是否相互独立?

5. 设随机变量 X,Y 相互独立,且具有相同的分布,它们的概率密度均为

$$f(x)=\begin{cases}\mathrm{e}^{1-x}, & x>1,\\ 0, & \text{其他}.\end{cases}$$

求 $Z=X+Y$ 的概率密度.

总习题三参考答案

一、选择题

1. A；　2. B；　3. C；　4. C；　5. B；　6. C；　7. D；　8. A；　9. D；　10. B；　11. B；　12. D.

二、填空题

1. $\frac{1}{3}$；　2. $\frac{1}{5}$；　3. $\frac{1}{6}$；　4. $1-e^{-4}$；　5. $\frac{7}{15}$；　6. $[1-\Phi(1)]^4$；　7. $P\{X+Y=k\}=\frac{3^k e^{\ 3}}{k!},k=0,1,\cdots,12$；　8. $\frac{1}{4}$；　9. $\frac{\pi}{4}$；　10. $1-\Phi(0.5)$；　11. $\frac{1}{9}$；　12. $F^2(x)$.

三、解答题

1. **解**　(U,V)有 3 个可能值：$(1,1),(2,1),(2,2)$. 而

$$P\{U=1,V=1\}=P\{X=1,Y=1\}=P\{X=1\}P\{Y=1\}=\frac{4}{9};$$

$$\begin{aligned}P\{U=2,V=1\}&=P\{X=2,Y=1\}+P\{X=1,Y=2\}\\&=P\{X=2\}P\{Y=1\}+P\{X=1\}P\{Y=2\}\\&=\frac{4}{9};\end{aligned}$$

$$P\{U=2,V=2\}=P\{X=2,Y=2\}=P\{X=2\}P\{Y=2\}=\frac{1}{9}.$$

故(U,V)的联合分布律为

U \ V	1	2
1	$\frac{4}{9}$	0
2	$\frac{4}{9}$	$\frac{1}{9}$

2. **解**　(1) 参考图 3-2，

$$f_X(x)=\int_{-\infty}^{+\infty}f(x,y)\mathrm{d}y=\begin{cases}\int_{-x}^{x}1\mathrm{d}y=2x, & 0<x<1,\\ 0, & 其他.\end{cases}$$

$$f_Y(y)=\int_{-\infty}^{+\infty}f(x,y)\mathrm{d}x=\begin{cases}\int_{-y}^{1}1\mathrm{d}x=1+y, & -1<y<0,\\ \int_{y}^{1}1\mathrm{d}x=1-y, & 0\leqslant y<1,\\ 0, & 其他.\end{cases}$$

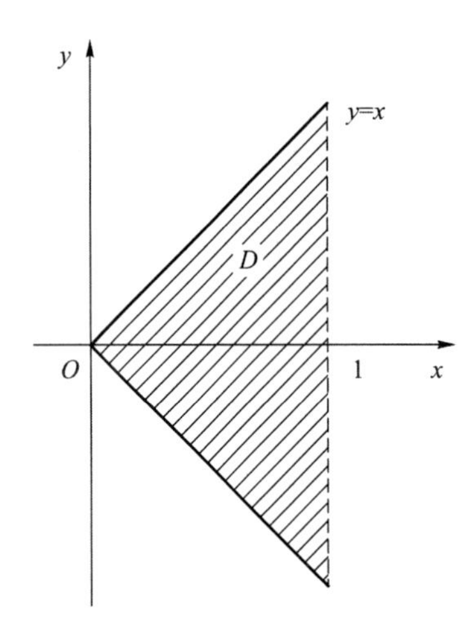

图 3-2

(2)

$$f_{X|Y}(x|y)=\frac{f(x,y)}{f_Y(y)}=\begin{cases}\dfrac{1}{1-y}, & y<x<1,\\ \dfrac{1}{1+y}, & -y<x<1,\\ 0, & \text{其他}.\end{cases}$$

$$f_{Y|X}(y|x)=\frac{f(x,y)}{f_X(x)}=\begin{cases}\dfrac{1}{2x}, & |y|<x<1,\\ 0, & \text{其他}.\end{cases}$$

3. **解** (1) 因为 X 在区间 $(0,1)$ 上服从均匀分布，所以 $f_X(x)=\begin{cases}1, & 0<x<1,\\ 0, & \text{其他}.\end{cases}$ 因为在 $X=x(0<x<1)$ 的条件下，随机变量 Y 在区间 $(0,x)$ 上服从均匀分布，所以

$$f_{Y|X}(y|x)=\begin{cases}\dfrac{1}{x}, & 0<y<x<1,\\ 0, & \text{其他}.\end{cases}$$

又因为 $f(x,y)=f_{Y|X}(y|x)f_X(x)$，所以 (X,Y) 的联合概率密度函数为

$$f(x,y)=\begin{cases}\dfrac{1}{x}, & 0<y<x<1,\\ 0, & \text{其他}.\end{cases}$$

(2) $P\{X+Y>1\}=\iint_{x+y>1}f(x,y)\mathrm{d}x\mathrm{d}y=\int_{\frac{1}{2}}^{1}\int_{1-x}^{x}\dfrac{1}{x}\mathrm{d}y\mathrm{d}x=1-\ln 2.$

4. **解** (X,Y) 关于 X 的边缘概率密度为

$$\begin{aligned}f_X(x)&=\int_{-\infty}^{+\infty}f(x,y)\mathrm{d}y\\&=\begin{cases}\displaystyle\int_0^{+\infty}\frac{1}{2}(x+y)\mathrm{e}^{-(x+y)}\mathrm{d}y, & x>0,\\ 0, & x\leqslant 0\end{cases}\\&=\begin{cases}\dfrac{1}{2}(x+1)\mathrm{e}^{-x}, & x>0,\\ 0, & x\leqslant 0.\end{cases}\end{aligned}$$

(X,Y)关于 Y 的边缘概率密度为

$$f_Y(y)=\int_{-\infty}^{+\infty}f(x,y)\mathrm{d}x$$

$$=\begin{cases}\int_0^{+\infty}\frac{1}{2}(x+y)\mathrm{e}^{-(x+y)}\mathrm{d}x, & y>0,\\ 0, & y\leqslant 0\end{cases}$$

$$=\begin{cases}\frac{1}{2}(y+1)\mathrm{e}^{-y}, & y>0,\\ 0, & y\leqslant 0.\end{cases}$$

而 $f_X(x)f_Y(y)=\begin{cases}\frac{1}{4}(x+1)(y+1)\mathrm{e}^{-(x+y)}, & x>0,y>0,\\ 0, & \text{其他},\end{cases}$ 显然 $f_X(x)f_Y(y)\neq f(x,y)$，故 X 和 Y 不相互独立.

5. **解**　由卷积公式，

$$f_Z(z)=\int_{-\infty}^{+\infty}f_X(x)f_Y(z-x)\mathrm{d}x,$$

其中，$f_X(x)=\begin{cases}\mathrm{e}^{1-x}, & x>1,\\ 0, & \text{其他},\end{cases}$ $f_Y(y)=\begin{cases}\mathrm{e}^{1-y}, & y>1,\\ 0, & \text{其他}.\end{cases}$ 因此，仅当 $\begin{cases}x>1,\\ z-x>1\end{cases}$ 即 $\begin{cases}x>1,\\ x<z-1\end{cases}$ 时，上述积分的被积函数非零，于是

$$f_Z(z)=\begin{cases}\int_1^{z-1}\mathrm{e}^{1-x}\mathrm{e}^{1-(z-x)}\mathrm{d}x, & z>2,\\ 0, & \text{其他}\end{cases}=\begin{cases}\mathrm{e}^{2-z}(z-2), & z>2,\\ 0, & \text{其他}.\end{cases}$$

第 3 章在线测试

第 4 章

随机变量的数字特征

一、知识要点

(一) 数学期望及方差

离散型随机变量：

$$E(X)=\sum_{k=1}^{\infty}x_kp_k,\quad D(X)=E\{[X-E(X)]^2\}=\sum_{k=1}^{\infty}[x_k-E(X)]^2p_k.$$

连续型随机变量：

$$E(X)=\int_{-\infty}^{+\infty}xf(x)\mathrm{d}x,\quad D(X)=E\{[X-E(X)]^2\}=\int_{-\infty}^{+\infty}[x-E(X)]^2f(x)\mathrm{d}x.$$

常见分布的数学期望及方差如下：

(1) X 服从参数为 p 的**(0-1)分布**：$E(X)=p,D(X)=pq.$

(2) **二项分布** $X\sim b(n,p)$：$E(X)=np,D(X)=npq.$

(3) **泊松分布** $X\sim\pi(\lambda)$：$E(X)=\lambda,D(X)=\lambda.$

(4) **均匀分布** $X\sim U(a,b)$：$E(X)=\dfrac{a+b}{2},D(X)=\dfrac{(b-a)^2}{12}.$

(5) **指数分布** $X\sim \mathrm{Ex}(\lambda)$：$E(X)=\dfrac{1}{\lambda},D(X)=\dfrac{1}{\lambda^2}.$

(6) **正态分布** $X\sim N(\mu,\sigma^2)$：$E(X)=\mu,D(X)=\sigma^2.$

(二) 随机变量函数的数学期望

离散型随机变量函数：$E(Z)=E[g(X,Y)]=\sum\limits_{j=1}^{\infty}\sum\limits_{i=1}^{\infty}g(x_i,y_j)p_{ij}.$

连续型随机变量函数：$E(Z)=E[g(X,Y)]=\int_{-\infty}^{+\infty}\int_{-\infty}^{+\infty}g(x,y)f(x,y)\mathrm{d}x\mathrm{d}y.$

(三) 切比雪夫不等式

设 X 为一随机变量，$E(X)=\mu,D(X)=\sigma^2$，则对任意的 $\varepsilon>0$，有

$$P\{|X-\mu|\geqslant\varepsilon\}\leqslant\frac{\sigma^2}{\varepsilon^2}.$$

(四) 协方差和相关系数

协方差：$\mathrm{Cov}(X,Y)=E\{[X-E(X)][Y-E(Y)]\}.$

相关系数：当 $D(X)>0,D(Y)>0$ 时，$\rho_{XY}=\dfrac{\mathrm{Cov}(X,Y)}{\sqrt{D(X)}\sqrt{D(Y)}}$ 为随机变量 X 与 Y 的**相关**

系数.

二、分级习题

(一) 基础篇

- **离散型随机变量(函数)的数字特征**

1. 设随机变量 X 的分布律为

X	-2	0	2
P	0.4	0.3	0.3

求 $E(X),E(X^2),E(3X^2+5)$.

解
$$E(X)=-2\times0.4+0\times0.3+2\times0.3=-0.2,$$
$$E(X^2)=(-2)^2\times0.4+0^2\times0.3+2^2\times0.3=2.8,$$
$$E(3X^2+5)=3E(X^2)+5=13.4.$$

2. 设 $X\sim\pi(\lambda)$,求 $E[1/(X+1)]$.

解　$X\sim\pi(\lambda)$,则 $P\{X=k\}=\dfrac{\lambda^k e^{-\lambda}}{k!}(k=0,1,\cdots)$.

$$E\left[\frac{1}{X+1}\right]=\sum_{k=0}^{\infty}\frac{1}{k+1}\cdot\frac{\lambda^k e^{-\lambda}}{k!}=\frac{1}{\lambda}\cdot\sum_{k=0}^{\infty}\frac{\lambda^{k+1}e^{-\lambda}}{(k+1)!}=\frac{1}{\lambda}\cdot\left[\sum_{k=0}^{\infty}\frac{\lambda^k e^{-\lambda}}{k!}-e^{-\lambda}\right]=\frac{1}{\lambda}\cdot(1-e^{-\lambda}).$$

3. 设随机变量 (X,Y) 的分布律为

Y \ X	1	2	3
-1	0.2	0.1	0
0	0.1	0	0.3
1	0.1	0.1	0.1

(1) 求 $E(X),E(Y)$;

(2) 设 $Z=Y/X$,求 $E(Z)$;

(3) 设 $Z=(X-Y)^2$,求 $E(Z)$.

解　(1) 首先给出 X 和 Y 的分布律,也就是二维随机变量 (X,Y) 关于 X 和关于 Y 的边缘分布律:

X	1	2	3
P	0.4	0.2	0.4

Y	-1	0	1
P	0.3	0.4	0.3

因此 $E(X)=1\times0.4+2\times0.2+3\times0.4=2$,$E(Y)=-1\times0.3+0\times0.4+1\times0.3=0$.

(2) 首先给出 $Z=Y/X$ 的分布律:

(X,Y)	$(1,-1)$	$(1,0)$	$(1,1)$	$(2,-1)$	$(2,0)$	$(2,1)$	$(3,-1)$	$(3,0)$	$(3,1)$
$Z=Y/X$	-1	0	1	$-1/2$	0	$1/2$	$-1/3$	0	$1/3$
P	0.2	0.1	0.1	0.1	0	0.1	0	0.3	0.1

故 $Z=Y/X$ 的数学期望为

$$\begin{aligned}E(Z)&=-1\times0.2+0\times0.1+1\times0.1-1/2\times0.1+0\times0+1/2\times0.1-1/3\times0+\\&\quad 0\times0.3+1/3\times0.1\\&=-1/15.\end{aligned}$$

(3) 首先给出 $Z=(X-Y)^2$ 的分布律:

(X,Y)	(1,−1)	(1,0)	(1,1)	(2,−1)	(2,0)	(2,1)	(3,−1)	(3,0)	(3,1)
$Z=(X-Y)^2$	4	1	0	9	4	1	16	9	4
P	0.2	0.1	0.1	0.1	0	0.1	0	0.3	0.1

故 $Z=(X-Y)^2$ 的数学期望为

$E(Z)=4\times0.2+1\times0.1+0\times0.1+9\times0.1+4\times0+1\times0.1+16\times0+9\times0.3+4\times0.1=5.$

4. 设 A,B 为随机事件,且 $P(A)=\frac{1}{4},P(B|A)=\frac{1}{3},P(A|B)=\frac{1}{2}$,令

$$X=\begin{cases}1, & A\text{ 发生},\\0, & A\text{ 不发生},\end{cases}\qquad Y=\begin{cases}1, & B\text{ 发生},\\0, & B\text{ 不发生},\end{cases}$$

求:(1) (X,Y)的分布律;(2) X 与 Y 的协方差;(3) $Z=X^2+Y^2$ 的分布律.

解 (1) 由题意知 $P(AB)=P(A)P(B|A)=\frac{1}{12}$,且 $P(B)=\frac{P(AB)}{P(A|B)}=\frac{P(A)P(B|A)}{P(A|B)}=\frac{1}{12}/\frac{1}{2}=\frac{1}{6}$. 故$(X,Y)$的分布律如下:

$$P\{X=1,Y=1\}=P(AB)=\frac{1}{12},$$

$$P\{X=1,Y=0\}=P(A\overline{B})=P(A)-P(AB)=\frac{1}{6},$$

$$P\{X=0,Y=1\}=P(\overline{A}B)=P(B)-P(AB)=\frac{1}{12},$$

$$P\{X=0,Y=0\}=1-\frac{1}{12}-\frac{1}{6}-\frac{1}{12}=\frac{2}{3},$$

即有

$X \backslash Y$	0	1
0	$\frac{2}{3}$	$\frac{1}{12}$
1	$\frac{1}{6}$	$\frac{1}{12}$

(2) 要计算 X 与 Y 的协方差,先给出二维随机变量(X,Y)关于 X 和关于 Y 的边缘分布:

$X \backslash Y$	0	1	
0	$\frac{2}{3}$	$\frac{1}{12}$	$\frac{3}{4}$
1	$\frac{1}{6}$	$\frac{1}{12}$	$\frac{1}{4}$
	$\frac{5}{6}$	$\frac{1}{6}$	

因此 $E(X)=\frac{1}{4}$,$E(Y)=\frac{1}{6}$,$E(XY)=\frac{1}{12}$. 故 $\mathrm{Cov}(X,Y)=E(XY)-E(X)E(Y)=\frac{1}{24}$.

(3)
$$P\{Z=0\}=P\{X^2+Y^2=0\}=P\{X=0,Y=0\}=\frac{2}{3},$$
$$P\{Z=1\}=P\{X^2+Y^2=1\}=P\{X=1,Y=0\}+P\{X=0,Y=1\}=\frac{1}{4},$$
$$P\{Z=2\}=P\{X^2+Y^2=2\}=P\{X=1,Y=1\}=\frac{1}{12}.$$

故 $Z=X^2+Y^2$ 的分布律为

Z	0	1	2
P	$\frac{2}{3}$	$\frac{1}{4}$	$\frac{1}{12}$

5. 设(X,Y)的分布律为

$Y \backslash X$	-1	0	1
-1	$\frac{1}{8}$	$\frac{1}{8}$	$\frac{1}{8}$
0	$\frac{1}{8}$	0	$\frac{1}{8}$
1	$\frac{1}{8}$	$\frac{1}{8}$	$\frac{1}{8}$

求 X,Y 的相关系数,并讨论 X,Y 的独立性.

解　首先给出 X 和 Y 的分布律,也就是二维随机变量(X,Y)关于 X 和关于 Y 的边缘分布律:

$Y \backslash X$	-1	0	1	
-1	$\frac{1}{8}$	$\frac{1}{8}$	$\frac{1}{8}$	$\frac{3}{8}$
0	$\frac{1}{8}$	0	$\frac{1}{8}$	$\frac{2}{8}$
1	$\frac{1}{8}$	$\frac{1}{8}$	$\frac{1}{8}$	$\frac{3}{8}$
	$\frac{3}{8}$	$\frac{2}{8}$	$\frac{3}{8}$	

$$E(X)=E(Y)=-1\times\frac{3}{8}+0\times\frac{2}{8}+1\times\frac{3}{8}=0,E(XY)=-1\times\frac{1}{4}+0\times\frac{1}{2}+1\times\frac{1}{4}=0,$$ 因此 $\mathrm{Cov}(X,Y)=E(XY)-E(X)E(Y)=0$,故 X 与 Y 的相关系数为 $\rho_{XY}=\frac{\mathrm{Cov}(X,Y)}{\sqrt{D(X)}\sqrt{D(Y)}}=0$.

由于 $P\{X=0,Y=0\}=0\neq P\{X=0\}P\{Y=0\}=\frac{1}{16}$,故 X 与 Y 不独立.

- **连续型随机变量(函数)的数字特征**

6. 设随机变量(X,Y)的概率密度为

$$f(x,y)=\begin{cases}12y^2, & 0\leqslant y\leqslant x\leqslant 1,\\ 0, & \text{其他},\end{cases}$$

第4章基础篇题6

求 $E(X),E(Y),E(XY),E(X^2+Y^2)$.

解 使用随机变量函数的期望公式:

$$E[g(X,Y)]=\int_{x=0}^{1}\int_{y=0}^{x}g(x,y)\cdot f(x,y)\mathrm{d}y\mathrm{d}x=\int_{x=0}^{1}\int_{y=0}^{x}g(x,y)\cdot 12y^2\mathrm{d}y\mathrm{d}x.$$

$$E(X)=\int_{x=0}^{1}\int_{y=0}^{x}x\cdot 12y^2\mathrm{d}y\mathrm{d}x=4\int_{x=0}^{1}x^4\mathrm{d}x=\frac{4}{5},$$

$$E(Y)=\int_{x=0}^{1}\int_{y=0}^{x}y\cdot 12y^2\mathrm{d}y\mathrm{d}x=3\int_{x=0}^{1}x^4\mathrm{d}x=\frac{3}{5},$$

$$E(XY)=\int_{x=0}^{1}\int_{y=0}^{x}xy\cdot 12y^2\mathrm{d}y\mathrm{d}x=3\int_{x=0}^{1}x^5\mathrm{d}x=\frac{1}{2},$$

$$\begin{aligned}E(X^2+Y^2)&=E(X^2)+E(Y^2)\\&=\int_{x=0}^{1}\int_{y=0}^{x}x^2\cdot 12y^2\mathrm{d}y\mathrm{d}x+\int_{x=0}^{1}\int_{y=0}^{x}y^2\cdot 12y^2\mathrm{d}y\mathrm{d}x\\&=4\int_{x=0}^{1}x^5\mathrm{d}x+\frac{12}{5}\int_{x=0}^{1}x^5\mathrm{d}x\\&=\frac{16}{15}.\end{aligned}$$

7. 设连续型随机变量 X 的分布函数为

$$F(x)=\begin{cases}1-\dfrac{a^3}{x^3}, & x\geqslant a,\\ 0, & x<a,\end{cases}$$

其中 $a>0$ 为常数,求 $E(X),D(X)$.

解 随机变量 X 的概率密度函数为

$$f(x)=\begin{cases}\dfrac{3a^3}{x^4}, & x\geqslant a,\\ 0, & x<a,\end{cases}$$

则 $E(X)=\int_a^{+\infty}x\cdot\frac{3a^3}{x^4}\mathrm{d}x=\frac{3}{2}a$. 进一步地, $E(X^2)=\int_a^{+\infty}x^2\cdot\frac{3a^3}{x^4}\mathrm{d}x=3a^2$, 故 $D(X)=E(X^2)-[E(X)]^2=3a^2-\frac{9}{4}a^2=\frac{3}{4}a^2$.

8. 设随机变量 X 的概率密度为

$$f(x)=\begin{cases}2x, & 0<x<1,\\ 0, & \text{其他}.\end{cases}$$

(1) 计算 $P\{|X-E(X)|\geqslant 2\sqrt{D(X)}\}$;

(2) 计算 $E\left(\frac{1}{X}\right)$.

解 (1) 期望为 $E(X)=\int_0^1 x\cdot 2x\mathrm{d}x=\frac{2}{3}$. 进一步地, $E(X^2)=\int_0^1 x^2\cdot 2x\mathrm{d}x=\frac{1}{2}$, 故方差为 $D(X)=E(X^2)-[E(X)]^2=\frac{1}{18}$.

$$\begin{aligned}P\{|X-E(X)|\geqslant 2\sqrt{D(X)}\}&=P\{X\geqslant E(X)+2\sqrt{D(X)}\}+P\{X\leqslant E(X)-2\sqrt{D(X)}\}\\&=P\left\{X\geqslant\frac{2+\sqrt{2}}{3}\right\}+P\left\{X\leqslant\frac{2-\sqrt{2}}{3}\right\}\\&=0+\int_0^{\frac{2-\sqrt{2}}{3}}2x\mathrm{d}x\\&=\frac{6-4\sqrt{2}}{9}.\end{aligned}$$

（2）$E\left(\frac{1}{X}\right)=\int_0^1\frac{1}{x}\cdot 2x\mathrm{d}x=2.$

9. 设二维随机变量(X,Y)在区域$D=\{(x,y)\mid 0<x<1,0<y<1\}$上服从均匀分布，求$X$与$Y$的相关系数.

解　二维随机变量(X,Y)的概率密度函数为$f(x,y)=\begin{cases}1, & 0<x<1,0<y<1,\\0, & 其他,\end{cases}$一维随机变量$X$的概率密度函数为$f_X(x)=\begin{cases}1, & 0<x<1,\\0, & 其他,\end{cases}$一维随机变量$Y$的概率密度函数为$f_Y(y)=\begin{cases}1, & 0<y<1,\\0, & 其他.\end{cases}$由此，$E(X)=E(Y)=\frac{1}{2}$，$E(XY)=\frac{1}{4}$，$\mathrm{Cov}(X,Y)=E(XY)-E(X)E(Y)=0$. 故$X$与$Y$的相关系数为$\rho_{XY}=\frac{\mathrm{Cov}(X,Y)}{\sqrt{D(X)}\sqrt{D(Y)}}=0$.

第 4 章基础篇题 10

10. 设二维随机变量(X,Y)的概率密度为

$$f(x,y)=\begin{cases}\frac{1}{8}(x+y), & 0<x<2,0<y<2,\\0, & 其他,\end{cases}$$

求X与Y的相关系数.

解

$$E(X)=\int_{y=0}^2\int_{x=0}^2 x\cdot\frac{1}{8}(x+y)\mathrm{d}x\mathrm{d}y=\frac{7}{6},$$

$$E(X^2)=\int_{y=0}^2\int_{x=0}^2 x^2\cdot\frac{1}{8}(x+y)\mathrm{d}x\mathrm{d}y=\frac{5}{3},$$

$$D(X)=E(X^2)-[E(X)]^2=\frac{11}{36}.$$

由对称性，$E(Y)=\frac{7}{6}$，$D(Y)=\frac{11}{36}$. 又有$E(XY)=\int_{y=0}^2\int_{x=0}^2 xy\cdot\frac{1}{8}(x+y)\mathrm{d}x\mathrm{d}y=\frac{4}{3}$，故$\mathrm{Cov}(X,Y)=E(XY)-E(X)E(Y)=\frac{4}{3}-\frac{7}{6}\times\frac{7}{6}=-\frac{1}{36}$. 因此$X$与$Y$的相关系数为$\rho_{XY}=\frac{\mathrm{Cov}(X,Y)}{\sqrt{D(X)}\sqrt{D(Y)}}=-\frac{1}{11}$.

11. 设三维随机变量(X,Y,Z)的概率密度为

$$f(x,y,z)=\begin{cases}(x+y)z\mathrm{e}^{-z}, & 0<x<1,0<y<1,z>0,\\0, & 其他,\end{cases}$$

求(X,Y,Z)的协方差矩阵.

解 由题意可知

$$E(X)=\int_0^{+\infty}\int_0^1\int_0^1 x\cdot(x+y)z\mathrm{e}^{-z}\mathrm{d}x\mathrm{d}y\mathrm{d}z=\frac{7}{12},$$

$$E(Y)=E(X)=\frac{7}{12},$$

$$E(Z)=\int_0^{+\infty}\int_0^1\int_0^1 z\cdot(x+y)z\mathrm{e}^{-z}\mathrm{d}x\mathrm{d}y\mathrm{d}z=2,$$

$$E(XY)=\int_0^{+\infty}\int_0^1\int_0^1 xy\cdot(x+y)z\mathrm{e}^{-z}\mathrm{d}x\mathrm{d}y\mathrm{d}z=\frac{1}{3},$$

$$E(XZ)=\int_0^{+\infty}\int_0^1\int_0^1 xz\cdot(x+y)z\mathrm{e}^{-z}\mathrm{d}x\mathrm{d}y\mathrm{d}z=\frac{7}{6},$$

$$E(YZ)=E(XZ)=\frac{7}{6}.$$

因此,$\mathrm{Cov}(X,Y)=-\frac{1}{144}$,$\mathrm{Cov}(X,Z)=0$,$\mathrm{Cov}(Y,Z)=0$.

$$E(X^2)=\int_0^{+\infty}\int_0^1\int_0^1 x^2\cdot(x+y)z\mathrm{e}^{-z}\mathrm{d}x\mathrm{d}y\mathrm{d}z=\frac{5}{12},$$

$$E(Y^2)=E(X^2)=\frac{5}{12},$$

$$E(Z^2)=\int_0^{+\infty}\int_0^1\int_0^1 z^2\cdot(x+y)z\mathrm{e}^{-z}\mathrm{d}x\mathrm{d}y\mathrm{d}z=6,$$

$$D(X)=E(X^2)-[E(X)]^2=\frac{11}{144},$$

$$D(Y)=D(X)=\frac{11}{144},$$

$$D(Z)=E(Z^2)-[E(Z)]^2=2,$$

得(X,Y,Z)的协方差矩阵为$\begin{pmatrix}\frac{11}{144} & -\frac{1}{144} & 0\\ -\frac{1}{144} & \frac{11}{144} & 0\\ 0 & 0 & 2\end{pmatrix}$.

12. 设随机变量 X 的分布函数为

$$F(x)=\begin{cases}0, & x<0,\\ \frac{3}{2}\left(x-\frac{x^3}{3}\right), & 0\leqslant x<1,\\ 1, & x\geqslant 1.\end{cases}$$

(1) 求 X 的数学期望与方差;

(2) 求 X 的 3 阶矩与 3 阶中心矩.

解 由题意,随机变量 X 的概率密度函数为

$$f(x)=\begin{cases}\frac{3}{2}(1-x^2), & 0\leqslant x<1,\\ 0, & \text{其他}.\end{cases}$$

(1) X 的数学期望为 $E(X)=\int_0^1 x\cdot\frac{3}{2}(1-x^2)\mathrm{d}x=\frac{3}{8}$，进一步地，$E(X^2)=\int_0^1 x^2\cdot\frac{3}{2}(1-x^2)\mathrm{d}x=\frac{1}{5}$，故 $D(X)=E(X^2)-[E(X)]^2=\frac{19}{320}$.

(2) X 的 3 阶矩为 $E(X^3)=\int_0^1 x^3\cdot\frac{3}{2}(1-x^2)\mathrm{d}x=\frac{1}{8}$. X 的 3 阶中心矩为

$$
\begin{aligned}
E\left[\left(X-\frac{3}{8}\right)^3\right]&=\int_0^1\left(x-\frac{3}{8}\right)^3\cdot\frac{3}{2}(1-x^2)\mathrm{d}x\\
&=\frac{3}{2}\int_0^1\left(x^3-\frac{9}{8}x^2+\frac{27}{64}x-\frac{27}{512}\right)(1-x^2)\mathrm{d}x\\
&=\frac{3}{2}\int_0^1\left(-x^5+\frac{9}{8}x^4+\frac{37}{64}x^3-\frac{549}{512}x^2+\frac{27}{64}x-\frac{27}{512}\right)\mathrm{d}x\\
&=\frac{3}{2}\left(-\frac{1}{6}+\frac{9}{40}+\frac{37}{256}-\frac{549}{1536}+\frac{27}{128}-\frac{27}{512}\right)\\
&=\frac{7}{1280}.
\end{aligned}
$$

- **伽马函数的应用**

题型总结： 根据伽马函数(Gamma 函数)求积分，也叫第二类欧拉积分. 实数域上伽马函数的定义有两种常用形式：

$$\Gamma(x)\overset{\text{模板1}}{=}\int_0^{+\infty}t^{x-1}\mathrm{e}^{-t}\mathrm{d}t\overset{\text{模板2}}{=}2\int_0^{+\infty}t^{2x-1}\mathrm{e}^{-t^2}\mathrm{d}t,\quad x>0.$$

伽马函数是阶乘函数在实数域和复数域上的拓展，有递归公式：$\Gamma(x+1)=x\cdot\Gamma(x)$ $(x>0)$，初始值：$\Gamma(1)=1\Rightarrow\Gamma(n)=(n-1)!$，$\Gamma\left(\frac{1}{2}\right)=\sqrt{\pi}$.

由此我们可以得到 x 为任意整数或半整数时的 $\Gamma(x)$ 值，这对于解决现阶段的积分问题已经足够了.

当被积函数是"**幂函数×指数函数**"时，运用伽马函数计算积分的步骤如下.

第 1 步：根据 e 的指数部分形式选择模板. 它是 t 的 1 次项时，选模板 1；它是 t 的 2 次项时，选模板 2.

第 2 步：将被积函数变形成模板的形式，确定参数 x.

第 3 步：利用递归公式和初始值计算 $\Gamma(x)$.

13. 设随机变量 X 的概率密度为

$$f(x)=\begin{cases}\mathrm{e}^{-x}, & x>0,\\ 0, & x\leqslant 0,\end{cases}$$

求：(1)$Y=2X$ 的数学期望；(2)$Y=\mathrm{e}^{-2X}$ 的数学期望.

解　(1)　$$E(2X)=\int_0^{+\infty}2x\mathrm{e}^{-x}\mathrm{d}x=2\int_0^{+\infty}x\mathrm{e}^{-x}\mathrm{d}x=2\Gamma(2)=2,$$

其中 $\Gamma(x)$ 表示参数为 x 的伽马函数.

(2)　$$E(\mathrm{e}^{-2X})=\int_0^{+\infty}\mathrm{e}^{-2x}\mathrm{e}^{-x}\mathrm{d}x=\int_0^{+\infty}\mathrm{e}^{-3x}\mathrm{d}x=\frac{1}{3}\int_0^{+\infty}\mathrm{e}^{-y}\mathrm{d}y=\frac{1}{3}\Gamma(1)=\frac{1}{3}.$$

14. 设随机变量 X_1,X_2 的概率密度分别为

$$f_1(x)=\begin{cases}2e^{-2x}, & x>0,\\0, & x\leqslant 0,\end{cases}\quad f_2(x)=\begin{cases}4e^{-4x}, & x>0,\\0, & x\leqslant 0.\end{cases}$$

(1) 求 $E(X_1+X_2)$,$E(2X_1-3X_2^2)$;

(2) 设 X_1,X_2 相互独立,求 $E(X_1X_2)$.

解

$$E(X_1)=\int_0^{+\infty}x\cdot 2e^{-2x}dx=\frac{1}{2}\int_0^{+\infty}y\cdot e^{-y}dy=\frac{1}{2}\Gamma(2)=\frac{1}{2},$$

$$E(X_2)=\int_0^{+\infty}x\cdot 4e^{-4x}dx=\frac{1}{4}\int_0^{+\infty}y\cdot e^{-y}dy=\frac{1}{4}\Gamma(2)=\frac{1}{4},$$

$$E(X_2^2)=\int_0^{+\infty}x^2\cdot 4e^{-4x}dx=\frac{1}{16}\int_0^{+\infty}y^2\cdot e^{-y}dy=\frac{1}{16}\Gamma(3)=\frac{1}{8}.$$

(1)

$$E(X_1+X_2)=E(X_1)+E(X_2)=\frac{1}{2}+\frac{1}{4}=\frac{3}{4},$$

$$E(2X_1-3X_2^2)=2E(X_1)-3E(X_2^2)=1-\frac{3}{8}=\frac{5}{8}.$$

(2)

$$E(X_1X_2)=E(X_1)E(X_2)=\frac{1}{2}\times\frac{1}{4}=\frac{1}{8}.$$

15. 设随机变量 X 服从 Γ 分布,其概率密度为

$$f(x)=\begin{cases}\dfrac{\beta^\alpha}{\Gamma(\alpha)}x^{\alpha-1}e^{-\beta x}, & x>0,\\0, & x\leqslant 0,\end{cases}$$

其中 $\alpha>0,\beta>0$ 是常数,求 $E(X),D(X)$.

解 利用伽马函数可知

$$\begin{aligned}E(X)&=\int_0^{+\infty}x\cdot\frac{\beta^\alpha}{\Gamma(\alpha)}x^{\alpha-1}e^{-\beta x}dx\\&=\frac{1}{\beta\cdot\Gamma(\alpha)}\int_0^{+\infty}(\beta x)^\alpha e^{-\beta x}d(\beta x)\\&=\frac{1}{\beta\cdot\Gamma(\alpha)}\int_0^{+\infty}y^\alpha e^{-y}dy\\&=\frac{\Gamma(\alpha+1)}{\beta\cdot\Gamma(\alpha)}=\frac{\alpha}{\beta},\end{aligned}$$

$$\begin{aligned}E(X^2)&=\int_0^{+\infty}x^2\cdot\frac{\beta^\alpha}{\Gamma(\alpha)}x^{\alpha-1}e^{-\beta x}dx\\&=\frac{1}{\beta^2\cdot\Gamma(\alpha)}\int_0^{+\infty}(\beta x)^{\alpha+1}e^{-\beta x}d(\beta x)\\&=\frac{1}{\beta^2\cdot\Gamma(\alpha)}\int_0^{+\infty}y^{\alpha+1}e^{-y}dy\\&=\frac{\Gamma(\alpha+2)}{\beta^2\cdot\Gamma(\alpha)}\\&=\frac{\alpha(\alpha+1)}{\beta^2},\end{aligned}$$

因此 $D(X)=E(X^2)-[E(X)]^2=\dfrac{\alpha(\alpha+1)}{\beta^2}-\dfrac{\alpha^2}{\beta^2}=\dfrac{\alpha}{\beta^2}.$

16. 某寻呼台的来电呼唤时间 T(单位:小时)是一个随机变量,满足

$$P\{T>t\}=\begin{cases}\alpha e^{-\lambda t}+(1-\alpha)e^{-\mu t}, & t\geqslant 0,\\ 1, & t<0,\end{cases}$$

其中 $0\leqslant\alpha\leqslant 1,\lambda>0,\mu>0$ 为常数,求 $E(T),D(T)$.

解　来电呼唤时间 T 的概率密度函数为 $f_T(t)=\begin{cases}\alpha\lambda e^{-\lambda t}+(1-\alpha)\mu e^{-\mu t}, & t\geqslant 0,\\ 0, & t<0.\end{cases}$

$$\begin{aligned}E(T)&=\int_0^{+\infty}t\cdot[\alpha\lambda e^{-\lambda t}+(1-\alpha)\mu e^{-\mu t}]dt\\&=\int_0^{+\infty}t\cdot\alpha\lambda e^{-\lambda t}dt+\int_0^{+\infty}t\cdot(1-\alpha)\mu e^{-\mu t}dt\\&=\frac{\alpha}{\lambda}\int_0^{+\infty}\lambda t e^{-\lambda t}d(\lambda t)+\frac{1-\alpha}{\mu}\int_0^{+\infty}\mu t e^{-\mu t}d(\mu t)\\&=\frac{\alpha}{\lambda}\int_0^{+\infty}ye^{-y}dy+\frac{1-\alpha}{\mu}\int_0^{+\infty}ye^{-y}dy\\&=\frac{\alpha}{\lambda}\Gamma(2)+\frac{1-\alpha}{\mu}\Gamma(2)\\&=\frac{\alpha}{\lambda}+\frac{1-\alpha}{\mu},\end{aligned}$$

$$\begin{aligned}E(T^2)&=\int_0^{+\infty}t^2\cdot[\alpha\lambda e^{-\lambda t}+(1-\alpha)\mu e^{-\mu t}]dt\\&=\int_0^{+\infty}t^2\cdot\alpha\lambda e^{-\lambda t}dt+\int_0^{+\infty}t^2\cdot(1-\alpha)\mu e^{-\mu t}dt\\&=\frac{\alpha}{\lambda^2}\int_0^{+\infty}(\lambda t)^2e^{-\lambda t}d(\lambda t)+\frac{1-\alpha}{\mu^2}\int_0^{+\infty}(\mu t)^2e^{-\mu t}d(\mu t)\\&=\frac{\alpha}{\lambda^2}\int_0^{+\infty}y^2e^{-y}dy+\frac{1-\alpha}{\mu^2}\int_0^{+\infty}y^2e^{-y}dy\\&=\frac{\alpha}{\lambda^2}\Gamma(3)+\frac{1-\alpha}{\mu^2}\Gamma(3)\\&=\frac{2\alpha}{\lambda^2}+\frac{2(1-\alpha)}{\mu^2},\end{aligned}$$

$$D(T)=E(T^2)-[E(T)]^2=\frac{2\alpha}{\lambda^2}+\frac{2(1-\alpha)}{\mu^2}-\left(\frac{\alpha}{\lambda}+\frac{1-\alpha}{\mu}\right)^2.$$

17. 设随机变量 X 的概率密度为 $f(x)=\frac{1}{2}e^{-|x|}$.

(1) 求 $E(X),D(X)$;

(2) 求 X 与 $|X|$ 的协方差,并说明 X 与 $|X|$ 是否不相关;

(3) X 与 $|X|$ 是否独立? 并说明原因.

解　(1)

$$E(X)=\int_{-\infty}^{+\infty}x\cdot\frac{1}{2}e^{-|x|}dx=0,$$

$$\begin{aligned}E(X^2)&=\int_{-\infty}^{+\infty}x^2\cdot\frac{1}{2}e^{-|x|}dx\\&=\int_{-\infty}^{0}x^2\cdot\frac{1}{2}e^{x}dx+\int_0^{+\infty}x^2\cdot\frac{1}{2}e^{-x}dx\\&=\int_0^{+\infty}x^2\cdot e^{-x}dx=\Gamma(3)=2,\end{aligned}$$

$$D(X)=E(X^2)-[E(X)]^2=2.$$

(2) $$E(|X|)=\int_{-\infty}^{+\infty}|x|\cdot\frac{1}{2}e^{-|x|}dx=\int_0^{+\infty}x\cdot e^{-x}dx=\Gamma(2)=1,$$

$$E(X|X|)=\int_{-\infty}^{+\infty}x|x|\cdot\frac{1}{2}e^{-|x|}dx=0,$$

$$\mathrm{Cov}(X,|X|)=E(X|X|)-E(X)E(|X|)=0.$$

因此 $\rho_{X|X|}=0$,故 X 与 $|X|$ 不相关.

(3) $$F_X(1)=P\{X\leqslant 0\}+P\{0<X\leqslant 1\}=\frac{1}{2}+\int_0^1\frac{1}{2}e^{-x}dx=1-\frac{1}{2}e^{-1},$$

由题意,$|X|$ 的概率密度为 $f_{|X|}(x)=\begin{cases}e^{-|x|}, & x\geqslant 0,\\ 0, & x<0,\end{cases}$

$$F_{|X|}(1)=\int_0^1 e^{-x}dx=1-e^{-1},$$

$$F_{(X,|X|)}(1,1)=P\{X\leqslant 1,|X|\leqslant 1\}=P\{-1\leqslant X\leqslant 1\}=2\int_0^1\frac{1}{2}e^{-x}dx=1-e^{-1},$$

显然 $F_{(X,|X|)}(1,1)\neq F_X(1)F_{|X|}(1)$,故 X 与 $|X|$ 不独立.

- **最值函数 max 和 min 的数字特征**

18. 设随机变量 $X_1,X_2,\cdots,X_n$ 相互独立,且均服从(0,1)上的均匀分布,求:

(1) $U=\max\{X_1,X_2,\cdots,X_n\}$ 的数学期望;

(2) $V=\min\{X_1,X_2,\cdots,X_n\}$ 的数学期望.

解 (1) 先计算 U 的概率密度函数:

$$F_U(x)=P\{\max\{X_1,X_2,\cdots,X_n\}\leqslant x\}=\prod_{i=1}^{n}P\{X_i\leqslant x\}=\begin{cases}0, & x<0,\\ x^n, & 0\leqslant x\leqslant 1,\\ 1, & x>1,\end{cases}$$

故 U 的概率密度函数为

$$f_U(x)=\begin{cases}nx^{n-1}, & 0\leqslant x\leqslant 1,\\ 0, & \text{其他}.\end{cases}$$

因此 $U=\max\{X_1,X_2,\cdots,X_n\}$ 的数学期望为

$$E(U)=\int_0^1 x\cdot nx^{n-1}dx=\frac{n}{n+1}.$$

(2) 先计算 V 的概率密度函数:

$$\begin{aligned}F_V(x)&=P\{\min\{X_1,X_2,\cdots,X_n\}\leqslant x\}\\&=1-P\{\min\{X_1,X_2,\cdots,X_n\}>x\}\\&=1-\prod_{i=1}^{n}P\{X_i>x\}\\&=\begin{cases}0, & x<0,\\ 1-(1-x)^n, & 0\leqslant x\leqslant 1,\\ 1, & x>1,\end{cases}\end{aligned}$$

故 V 的概率密度函数为

$$f_V(x)=\begin{cases}n(1-x)^{n-1}, & 0\leqslant x\leqslant 1,\\ 0, & \text{其他}.\end{cases}$$

因此 $V=\min\{X_1,X_2,\cdots,X_n\}$ 的数学期望为

$$E(V)=\int_0^1 x\cdot n(1-x)^{n-1}\mathrm{d}x=\frac{1}{n+1}.$$

19. 设随机变量 X 和 Y 相互独立，且 $E(X)$ 和 $E(Y)$ 存在，记 $U=\max\{X,Y\}$，$V=\min\{X,Y\}$，则 $E(UV)=$（　　）.

A. $E(U)E(V)$　　B. $E(X)E(Y)$　　C. $E(U)E(Y)$　　D. $E(X)E(V)$

解　由于 $UV=XY$，且 X 和 Y 相互独立，故 $E(UV)=E(XY)=E(X)E(Y)$. 故选项 B 正确.

> **点评**：本题是 2011 年考研真题，涉及数学期望，但考查的知识点却是最值函数的如下性质.
>
> (1) $\max\{X,Y\}+\min\{X,Y\}=X+Y$，故 $E(\max\{X,Y\}+\min\{X,Y\})=E(X+Y)=E(X)+E(Y)$.
>
> (2) $\max\{X,Y\}\min\{X,Y\}=XY$，故 $E(\max\{X,Y\}\min\{X,Y\})=E(XY)$.

- **数字特征的性质**

20. 设随机变量 X_1,X_2,X_3,X_4 相互独立，且有 $E(X_i)=i$，$D(X_i)=5-i(i=1,2,3,4)$. 若 $Y=2X_1-X_2+3X_3-\frac{1}{2}X_4$，求 $E(Y)$，$D(Y)$.

解

$$\begin{aligned}E(Y)&=E\left(2X_1-X_2+3X_3-\frac{1}{2}X_4\right)\\&=2E(X_1)-E(X_2)+3E(X_3)-\frac{1}{2}E(X_4)\\&=2-2+9-2\\&=7.\end{aligned}$$

$$\begin{aligned}D(Y)&=D\left(2X_1-X_2+3X_3-\frac{1}{2}X_4\right)\\&=4D(X_1)+D(X_2)+9D(X_3)+\frac{1}{4}D(X_4)\\&=16+3+18+0.25\\&=37.25.\end{aligned}$$

21. 设三维随机变量 (X,Y,Z) 的协方差矩阵为

$$\begin{pmatrix}9&1&-2\\1&20&3\\-2&3&12\end{pmatrix},$$

而 $U=2X+3Y+Z$，$V=X-2Y+5Z$，$W=Y-Z$，求 (U,V,W) 的协方差矩阵.

解　由协方差矩阵的对称性，需要计算以下 6 个量.

$$\begin{aligned}D(U)&=\mathrm{Cov}(2X+3Y+Z,2X+3Y+Z)\\&=4D(X)+6\mathrm{Cov}(X,Y)+2\mathrm{Cov}(X,Z)+6\mathrm{Cov}(Y,X)+9D(Y)+3\mathrm{Cov}(Y,Z)+\\&\quad 2\mathrm{Cov}(Z,X)+3\mathrm{Cov}(Z,Y)+D(Z)\\&=4\times9+6\times1+2\times(-2)+6\times1+9\times20+3\times3+2\times(-2)+3\times3+12=250,\end{aligned}$$

$$\begin{aligned}\mathrm{Cov}(U,V)&=\mathrm{Cov}(2X+3Y+Z,X-2Y+5Z)\\&=2D(X)-4\mathrm{Cov}(X,Y)+10\mathrm{Cov}(X,Z)+3\mathrm{Cov}(Y,X)-6D(Y)+\\&\quad 15\mathrm{Cov}(Y,Z)+\mathrm{Cov}(Z,X)-2\mathrm{Cov}(Z,Y)+5D(Z)\\&=2\times9-4\times1-10\times2+3\times1-6\times20+15\times3-2-2\times3+5\times12=-26,\end{aligned}$$

$$\begin{aligned}\mathrm{Cov}(U,W)&=\mathrm{Cov}(2X+3Y+Z,Y-Z)\\&=2\mathrm{Cov}(X,Y)-2\mathrm{Cov}(X,Z)+3D(Y)-3\mathrm{Cov}(Y,Z)+\mathrm{Cov}(Z,Y)-D(Z)\\&=2\times1+2\times2+3\times20-3\times3+3-12=48,\end{aligned}$$

$$\begin{aligned}D(V)&=\mathrm{Cov}(X-2Y+5Z,X-2Y+5Z)\\&=D(X)-2\mathrm{Cov}(X,Y)+5\mathrm{Cov}(X,Z)-2\mathrm{Cov}(Y,X)+4D(Y)-10\mathrm{Cov}(Y,Z)+\\&\quad 5\mathrm{Cov}(Z,X)-10\mathrm{Cov}(Z,Y)+25D(Z)\\&=9-2\times1-5\times2-2\times1+4\times20-10\times3-5\times2-10\times3+25\times12=305,\end{aligned}$$

$$\begin{aligned}\mathrm{Cov}(V,W)&=\mathrm{Cov}(X-2Y+5Z,Y-Z)\\&=\mathrm{Cov}(X,Y)-\mathrm{Cov}(X,Z)-2D(Y)+2\mathrm{Cov}(Y,Z)+5\mathrm{Cov}(Z,Y)-5D(Z)\\&=1+2-2\times20+2\times3+5\times3-5\times12=-76,\end{aligned}$$

$$\begin{aligned}D(W)&=\mathrm{Cov}(Y-Z,Y-Z)\\&=D(Y)-\mathrm{Cov}(Y,Z)-\mathrm{Cov}(Z,Y)+D(Z)\\&=20-3-3+12=26,\end{aligned}$$

因此，(U,V,W)的协方差矩阵为$\begin{pmatrix}250&-26&48\\-26&305&-76\\48&-76&26\end{pmatrix}$.

22. 设X,Y相互独立，且都服从$N(\mu,\sigma^2)$，已知$\xi=\alpha X+\beta Y$，$\eta=\alpha X-\beta Y$，α,β为常数，求ξ与η的相关系数.

解

$$\mathrm{Cov}(\xi,\eta)=\mathrm{Cov}(\alpha X+\beta Y,\alpha X-\beta Y)=\alpha^2D(X)-\beta^2D(Y)=(\alpha^2-\beta^2)\sigma^2,$$

$$D(\xi)=D(\alpha X+\beta Y)=\alpha^2D(X)+\beta^2D(Y)=(\alpha^2+\beta^2)\sigma^2,$$

$$D(\eta)=D(\alpha X-\beta Y)=\alpha^2D(X)+\beta^2D(Y)=(\alpha^2+\beta^2)\sigma^2.$$

因此 $\rho_{\xi\eta}=\dfrac{\mathrm{Cov}(\xi,\eta)}{\sqrt{D(\xi)}\sqrt{D(\eta)}}=\dfrac{\alpha^2-\beta^2}{\alpha^2+\beta^2}$.

- **正态分布**

题型总结：相互独立正态分布随机变量的线性组合仍然服从正态分布.

取$X_i\sim N(\mu_i,\sigma_i^2)$，相互独立，且$C_0$和$C_i$为常数$(i=1,2,\cdots,n)$，则

$$C_0+\sum_{i=1}^{n}C_iX_i\sim N\left(C_0+\sum_{i=1}^{n}C_i\mu_i,\sum_{i=1}^{n}C_i^2\sigma_i^2\right).$$

23. 设随机变量X,Y相互独立，且$X\sim N(720,30^2)$，$Y\sim N(640,25^2)$，求$Z_1=2X+Y$，$Z_2=X-Y$的分布，并求$P\{X>Y\}$，$P\{2X+Y>2100\}$.

解 由题意可知$Z_1=2X+Y\sim N(\mu_1,\sigma_1^2)$且$Z_2=X-Y\sim N(\mu_2,\sigma_2^2)$，其中

$$\mu_1=E(2X+Y)=2E(X)+E(Y)=2\times720+640=2080,$$

$$\sigma_1^2=D(2X+Y)=4D(X)+D(Y)=4\times900+625=4225=65^2,$$

$$\mu_2=E(X-Y)=E(X)-E(Y)=720-640=80,$$

$$\sigma_2^2=D(X-Y)=D(X)+D(Y)=900+625=1525,$$

即 $Z_1=2X+Y\sim N(2080,65^2)$ 且 $Z_2=X-Y\sim N(80,1525)$.

下面根据 Z_1 和 Z_2 的分布计算两个概率值：

$$\begin{aligned}P\{X>Y\}&=P\{X-Y>0\}\\&=P\left\{\frac{(X-Y)-80}{\sqrt{1525}}>\frac{-80}{\sqrt{1525}}\right\}\\&=1-\Phi(-2.05)\\&=\Phi(2.05)\\&=0.9798,\end{aligned}$$

$$\begin{aligned}P\{2X+Y>2100\}&=P\left\{\frac{(2X+Y)-2080}{65}>\frac{2100-2080}{65}\right\}\\&=1-\Phi(0.31)\\&=1-0.6217\\&=0.3783.\end{aligned}$$

- **切比雪夫不等式**

> **题型总结**：考查切比雪夫不等式的题目，一般只需熟记切比雪夫不等式的两个形式即可. 如果随机变量 X 的方差 $D(X)$ 存在，则对任意 $\varepsilon>0$，有
>
> $$P\{|X-E(X)|\geqslant\varepsilon\}\leqslant\frac{D(X)}{\varepsilon^2}\quad 或\quad P\{|X-E(X)|<\varepsilon\}\geqslant1-\frac{D(X)}{\varepsilon^2}$$
>
> 两种形式等价. 以左边为例，粗略地讲，随机变量 X 的取值距离它的期望 $E(X)$ 不会太远(取值远离期望的概率存在上限).

24. 设随机变量 X,Y 的数学期望分别为 $-2,2$，方差分别为 $1,4$，而相关系数为 -0.5，利用切比雪夫不等式，估计概率 $P\{|X+Y|\geqslant6\}$.

解　由题意，$E(X+Y)=0$ 且 $D(X+Y)=D(X)+D(Y)+2\rho_{XY}\sqrt{D(X)}\sqrt{D(Y)}=3$. 利用切比雪夫不等式，取 $\varepsilon=6$ 可知 $P\{|X+Y|\geqslant6\}\leqslant\frac{3}{6^2}=\frac{1}{12}$，即概率 $P\{|X+Y|\geqslant6\}$ 不大于 $\frac{1}{12}$.

(二) 提高篇

- **球盒问题**

1. 将 4 个不同的小球任意地放入 4 个不同的盒子中，设 X 表示空盒子的个数，求 $E(X)$.

解　假设本题的 4 个球是不同的，4 个盒子也是不同的. 先使用古典概型计算随机变量 X 的分布律.

将 4 个不同的球放入 4 个不同的盒子，放法总数为 $4^4=256$.

满足 $X=0$ 的放法数为 $4!=24$；满足 $X=1$ 的放法数为 $C_4^1\times C_3^1\times C_4^2\times A_2^2=144$；满足 $X=2$ 的放法数为 $C_4^2\times(2^4-2)=84$；满足 $X=3$ 的放法数为 $C_4^1=4$. 因此，随机变量 X 的分布律为

$$P\{X=0\}=\frac{24}{256}=\frac{6}{64},\quad P\{X=1\}=\frac{144}{256}=\frac{36}{64},$$

$$P\{X=2\}=\frac{84}{256}=\frac{21}{64},\quad P\{X=3\}=\frac{4}{256}=\frac{1}{64},$$

即

X	0	1	2	3
P	$\frac{6}{64}$	$\frac{36}{64}$	$\frac{21}{64}$	$\frac{1}{64}$

因此 $E(X)=0\times\frac{6}{64}+1\times\frac{36}{64}+2\times\frac{21}{64}+3\times\frac{1}{64}=\frac{81}{64}$.

2. 一袋中有编号为1,2,3,4,5的5个乒乓球,从其中任取3个,以 X 表示取出的3个球中的最大编号,求 $E(X)$,$D(X)$.

解 首先使用古典概型计算随机变量 X 的分布律.

从5个乒乓球中任取3个的取法总数为 $C_5^3=\frac{5!}{3!\times2!}=10$;3个球中的最大编号为 $X=3$ 的取法数为1;3个球中的最大编号为 $X=4$ 的取法数为 $C_3^2=3$;3个球中的最大编号为 $X=5$ 的取法数为 $C_4^2=6$. 因此,随机变量 X 的分布律为

X	3	4	5
P	0.1	0.3	0.6

因此,$E(X)=3\times0.1+4\times0.3+5\times0.6=4.5$,$E(X^2)=3^2\times0.1+4^2\times0.3+5^2\times0.6=20.7$,$D(X)=E(X^2)-E^2(X)=0.45$.

- **工程应用问题**

3. 设风速 V 在 $(0,a)$ 上服从均匀分布,即具有概率密度

$$f(v)=\begin{cases}\frac{1}{a}, & 0<v<a,\\ 0, & \text{其他},\end{cases}$$

又设飞机翼受到的正压力 W 是 V 的函数:$W=kV^2$($k>0$,是常数),求 W 的数学期望.

解 W 的数学期望为 $E(W)=\int_0^a kv^2\cdot\frac{1}{a}\mathrm{d}v=\frac{1}{3}ka^2$.

4. 某产品的次品率为0.1,检验员每天检验4次. 每次随机地取10件产品进行检验,如发现其中的次品数多于1,就去调整设备. 以 X 表示一天中调整设备的次数,并设各产品是否为次品相互独立,试求 $E(X)$.

解 首先定义随机变量 $X_i=\begin{cases}1, & \text{第 } i \text{ 次检验需要调整设备},\\ 0, & \text{其他},\end{cases}$ 随机变量 Y 为第1次检验抽中的次品数,则 $Y\sim b(10,0.1)$. 因此,

$$P\{X_1=0\}=P\{Y=0\}+P\{Y=1\}=0.9^{10}+C_{10}^1\times0.1\times0.9^9=0.7361.$$

故 $P\{X_1=1\}=0.2639$,且 $E(X)=\sum_{i=1}^4E(X_i)=4E(X_1)=4\times0.2639=1.0556$.

5. 一工厂生产的某种设备的寿命 X(单位:年)服从指数分布,其概率密度为

$$f(x)=\begin{cases}\frac{1}{4}e^{-x/4}, & x>0,\\ 0, & x\leqslant 0,\end{cases}$$

厂方规定,出售的设备若在售出一年内损坏可予以调换.若厂方售出一台设备盈利 100 元,调换一台设备需花费 300 元,试求厂方售出一台设备净盈利的数学期望.

解　记厂方售出一台设备净盈利为随机变量 Q,则

$$E(Q)=100-300\times P\{X\leqslant 1\}=100-300\times\left(1-e^{-\frac{1}{4}}\right)=33.64.$$

6. 设市场对某种商品的需求量 $X\sim U(2000,4000)$.若售出 1 吨该商品可获利 3 万元,积压 1 吨该商品要花保养费 1 万元,问应组织多少货源才能使收益最大?

解　记组织货源量为 y 吨,显然最优的 y 应满足 $2000\leqslant y\leqslant 4000$.则收益 Q 为需求量 X 的函数:

$$Q=\begin{cases}3X-(y-X), & X\leqslant y,\\ 3y, & X>y.\end{cases}$$

$$\begin{aligned}E(Q)&=\int_{x=2000}^{y}\frac{4x-y}{2000}dx+\int_{x=y}^{4000}\frac{3y}{2000}dx\\&=\left(\frac{y^2}{2000}+y-4000\right)+\left(6y-\frac{3y^2}{2000}\right)\\&=-\frac{y^2}{1000}+7y-4000,\end{aligned}$$

要求最优的 y,令 $E'(Q)=-\frac{2y}{1000}+7=0$,得 $y=3500$.

- **生活应用问题**

7. 某地铁站从早晨 6 点到晚上 12 点于每个整数点的第 10、30、50 分钟均有一列车到达.假设乘客在早晨 7 点到 8 点之间到达是等可能的,求该乘客的平均等车时间.

解　假设乘客在早晨 7 点到 8 点之间到达是等可能的.记该乘客的等车时间为 X(单位:分钟),则

$$E(X)=\frac{1}{6}\times 5+\frac{2}{6}\times 10+\frac{2}{6}\times 10+\frac{1}{6}\times 15=10.$$

- **相关系数的性质与独立性**

8. 设随机变量 ξ,η 分别是随机变量 X,Y 的线性函数,$\xi=aX+b,\eta=cY+d$(a,c 同号,均不为零),证明 $\rho_{\xi\eta}=\rho_{XY}$.

证明　由 a,c 同号且均不为零可知:

$$\rho_{\xi\eta}=\frac{\mathrm{Cov}(\xi,\eta)}{\sqrt{D(\xi)}\sqrt{D(\eta)}}=\frac{ac\mathrm{Cov}(X,Y)}{\sqrt{a^2D(X)}\sqrt{c^2D(Y)}}=\frac{\mathrm{Cov}(X,Y)}{\sqrt{D(X)}\sqrt{D(Y)}}=\rho_{XY}.$$

9. 证明:若 $Y=aX+b$,a,b 为常数,$a\neq 0$,则

$$\rho_{XY}=\begin{cases}1, & a>0,\\ -1, & a<0.\end{cases}$$

证明　由于 $\rho_{XY}=\frac{\mathrm{Cov}(X,aX+b)}{\sqrt{D(X)}\sqrt{D(aX+b)}}=\frac{aD(X)}{\sqrt{D(X)}\sqrt{a^2D(X)}}$,命题得证.

10. 设 A 和 B 是某随机试验的两个事件,且 $P(A)>0,P(B)>0$,并定义随机变量 X,Y 如下:

$$X=\begin{cases}1, & \text{当 } A \text{ 发生},\\ 0, & \text{当 } A \text{ 不发生},\end{cases}\quad Y=\begin{cases}1, & \text{当 } B \text{ 发生},\\ 0, & \text{当 } B \text{ 不发生}.\end{cases}$$

证明:若 $\rho_{XY}=0$,则 X,Y 相互独立.

证明 若 $\rho_{XY}=0$,则 $\mathrm{Cov}(X,Y)=E(XY)-E(X)E(Y)=0$,即 $E(XY)=E(X)E(Y)$. 由题意 $E(XY)=P\{X=1,Y=1\}=P(AB)$,$E(X)E(Y)=P\{X=1\}P\{Y=1\}=P(A)P(B)$,因此,若 $\rho_{XY}=0$,则 $P(A)P(B)=P(AB)$. 由此可见 A 与 B 独立、A 与 $\overline{B}$ 独立、$\overline{A}$ 与 B 独立、$\overline{A}$ 与 $\overline{B}$ 独立.

$$P(AB)=P(A)P(B)\Rightarrow P\{X=1,Y=1\}=P\{X=1\}P\{Y=1\},$$
$$P(A\overline{B})=P(A)P(\overline{B})\Rightarrow P\{X=1,Y=0\}=P\{X=1\}P\{Y=0\},$$
$$P(\overline{A}B)=P(\overline{A})P(B)\Rightarrow P\{X=0,Y=1\}=P\{X=0\}P\{Y=1\},$$
$$P(\overline{A}\,\overline{B})=P(\overline{A})P(\overline{B})\Rightarrow P\{X=0,Y=0\}=P\{X=0\}P\{Y=0\},$$

因此 X,Y 相互独立,命题得证.

(三) 挑战篇

- **标准正态分布函数 $\Phi(x)$ 的特殊性质**

第 4 章挑战篇题 1

1.【2017 数学一】设随机变量 X 的分布函数 $F(x)=0.5\Phi(x)+0.5\Phi\left(\frac{x-4}{2}\right)$,其中 $\Phi(x)$ 为标准正态分布函数,则 $E(X)=$________.

解 由 $F(x)=0.5\Phi(x)+0.5\Phi\left(\frac{x-4}{2}\right)$,得 X 的概率密度 $f(x)=F'(x)=\frac{1}{2}\varphi(x)+\frac{1}{4}\varphi\left(\frac{x-4}{2}\right)$,其中 $\varphi(x)$ 为标准正态分布的概率密度. 从而

$$E(X)=\int_{-\infty}^{+\infty}xf(x)\mathrm{d}x=\frac{1}{2}\int_{-\infty}^{+\infty}x\varphi(x)\mathrm{d}x+\frac{1}{4}\int_{-\infty}^{+\infty}x\varphi\left(\frac{x-4}{2}\right)\mathrm{d}x,$$

其中,$x\varphi(x)$ 是奇函数,故 $\int_{-\infty}^{+\infty}x\varphi(x)\mathrm{d}x=0$,又有

$$\int_{-\infty}^{+\infty}x\varphi\left(\frac{x-4}{2}\right)\mathrm{d}x=2\int_{-\infty}^{+\infty}x\frac{1}{\sqrt{2\pi}\cdot 2}\mathrm{e}^{-\frac{(x-4)^2}{2\times 2^2}}\mathrm{d}x=2E(Y)=8,$$

其中 $Y\sim N(4,2^2)$,可见,$E(X)=2$.

> **点评:** 这个结论具有普遍性:若 $F(x)=C_1\Phi\left(\frac{x-\mu_1}{\sigma_1}\right)+C_2\Phi\left(\frac{x-\mu_2}{\sigma_2}\right)$,$C_1+C_2=1$,则必有 $E(X)=C_1\mu_1+C_2\mu_2$. 在 2009 年考研数学一卷中也有一道涉及该结论的选择题.

2.【2009 数学一】设随机变量 X 的分布函数为 $F(x)=0.3\Phi(x)+0.7\Phi\left(\frac{x-1}{2}\right)$,其中 $\Phi(x)$ 为标准正态分布函数,则 $E(X)=$( ).

A. 0 B. 0.3 C. 0.7 D. 1

解 根据上述结论,$E(X)=0.3\times 0+0.7\times 1=0.7$. 选项 C 正确.

3. 讨论下列随机变量的数学期望和方差是否存在.

(1) 设随机变量 X 的分布律为

$$P\{X=(-1)^{n+1}n\}=\frac{1}{n(n+1)},\quad n=1,2,\cdots.$$

(2) 设随机变量 X 的概率密度为

$$f(x)=\begin{cases}\dfrac{2}{(1+x)^3}, & x>0,\\ 0, & x\leqslant 0.\end{cases}$$

解　(1) 因为 $\sum\limits_{n=1}^{\infty}|(-1)^{n+1}\cdot n\cdot P\{X=(-1)^{n+1}n\}|=\sum\limits_{n=1}^{\infty}\dfrac{1}{n+1}=+\infty$,所以期望 $E(X)$ 不存在,故方差 $D(X)$ 也不存在.

(2) 因为 $E(X)=\int_0^{+\infty}x\cdot\dfrac{2}{(1+x)^3}\mathrm{d}x<+\infty$,故期望 $E(X)$ 存在,但 $E(X^2)=\int_0^{+\infty}x^2\cdot\dfrac{2}{(1+x)^3}\mathrm{d}x=+\infty$,故方差 $D(X)$ 不存在.

4. 设随机变量 X 服从泊松分布,即 $X\sim\pi(\lambda)$,证明 $E(X^n)=\lambda E[(X+1)^{n-1}]$,并计算 $E(X^3)$.

解　随机变量 $X\sim\pi(\lambda)$,则 X 的分布律为 $P\{X=k\}=\dfrac{\lambda^k\mathrm{e}^{-\lambda}}{k!}(k=0,1,\cdots)$.

$$\begin{aligned}\lambda E[(X+1)^{n-1}]&=\lambda\sum_{k=0}(k+1)^{n-1}\cdot\frac{\lambda^k\mathrm{e}^{-\lambda}}{k!}\\&=\sum_{k=0}(k+1)^n\cdot\frac{\lambda^{k+1}\mathrm{e}^{-\lambda}}{(k+1)!}\\&=\sum_{k=1}k^n\cdot\frac{\lambda^k\mathrm{e}^{-\lambda}}{k!}\\&=\sum_{k=0}k^n\cdot\frac{\lambda^k\mathrm{e}^{-\lambda}}{k!}\\&=E(X^n).\end{aligned}$$

由 $E(X^n)=\lambda E[(X+1)^{n-1}]$及 $E(X)=\lambda$ 可得,

$$\begin{aligned}E(X^3)&=\lambda E[(X+1)^2]=\lambda[E(X^2)+2E(X)+1]=\lambda[\lambda E(X+1)+2\lambda+1]\\&=\lambda(\lambda^2+3\lambda+1)=\lambda^3+3\lambda^2+\lambda.\end{aligned}$$

5. 设 X 是取值于$[a,b]$的连续型随机变量,证明:

$$a\leqslant E(X)\leqslant b,\quad D(X)\leqslant\left(\frac{b-a}{2}\right)^2.$$

证明　记 X 的概率密度函数为 $f(x)$,则$\int_{-\infty}^{+\infty}f(x)\mathrm{d}x=1$.

$$E(X)=\int_{-\infty}^{+\infty}x\cdot f(x)\mathrm{d}x\geqslant\min(X)\cdot\int_{-\infty}^{+\infty}f(x)\mathrm{d}x=a,$$

$$E(X)=\int_{-\infty}^{+\infty}x\cdot f(x)\mathrm{d}x\leqslant\max(X)\cdot\int_{-\infty}^{+\infty}f(x)\mathrm{d}x=b.$$

因此 $a\leqslant E(X)\leqslant b$.

令 $Y=\dfrac{X-a}{b-a}$,则 $Y\in[0,1]$,显然有 $D(X)=(b-a)^2\cdot D(Y)$,因此只需证明 $D(Y)\leqslant\dfrac{1}{4}$.

因为 $Y\in[0,1]$,所以 $Y^2\leqslant Y$,故 $E(Y^2)\leqslant E(Y)$,

$$D(Y)=E(Y^2)-[E(Y)]^2\leqslant E(Y)-[E(Y)]^2=\frac{1}{4}-\left[E(Y)-\frac{1}{2}\right]^2\leqslant\frac{1}{4},$$

由此可知 $D(X)\leqslant\left(\frac{b-a}{2}\right)^2$.

点评: 本题方差的上限可以运用方差 $D(X)$ 的概率意义帮助理解,但从数学证明的角度看,这个“证明”是不严格的.

由方差的概率意义可知,随机变量 X 的取值越分散,方差越大.

记离散型随机变量 Y 具有分布律

Y	a	b
P	$\frac{1}{2}$	$\frac{1}{2}$

可见,当满足题目要求的连续型随机变量趋近于 Y 时,方差最大. 由于 $E(Y)=\frac{a+b}{2}$,$E(Y^2)=\frac{a^2+b^2}{2}$,故

$$D(X)\leqslant D(Y)=E(Y^2)-[E(Y)]^2=\frac{a^2+b^2}{2}-\left(\frac{a+b}{2}\right)^2=\left(\frac{b-a}{2}\right)^2.$$

- **匹配成对问题**

6. 把数字 $1,2,\cdots,n$ 任意地排成一列,如果数字 k 恰好出现在第 k 个位置上,则称为一个巧合,求巧合个数的数学期望.

解 定义随机变量 X 为巧合的个数,随机变量

$$X_k=\begin{cases}1, & \text{数字 } k \text{ 恰好出现在第 } k \text{ 个位置上(巧合)},\\ 0, & \text{其他},\end{cases}$$

则 $X=X_1+X_2+\cdots+X_n$,由 $E(X_k)=\frac{1}{n}$,$k=1,2,\cdots,n$,可得 $E(X)=\sum_{k=1}^{n}E(X_k)=1$.

7. 将 n 封不同的信的 n 张信笺与 n 个信封随机配对,求匹配成对的信数 X 的数学期望和方差.

解 (1) 定义随机变量 $X_i=\begin{cases}1, & \text{第 } i \text{ 张信笺与第 } i \text{ 个信封匹配成对},\\ 0, & \text{其他},\end{cases}$ $1\leqslant i\leqslant n$. 显然 $X=X_1+X_2+\cdots+X_n$,但它们不相互独立. 又 $E(X_i)=\frac{1}{n}$,因此 $E(X)=\sum_{i=1}^{n}E(X_i)=1$.

(2) 显然 X_i^2 与 X_i 同分布,故 $E(X_i^2)=\frac{1}{n}$. 另外,

$$X_iX_j=\begin{cases}1, & \text{第 } i,j \text{ 张信笺与第 } i,j \text{ 个信封均匹配成对},\\ 0, & \text{其他},\end{cases}$$

则 $P\{X_iX_j=1\}=\frac{\mathrm{A}_{n-2}^{n-2}}{\mathrm{A}_n^n}=\frac{1}{n(n-1)}$,因此 $E(X_iX_j)=\frac{1}{n(n-1)}$.

$$\begin{aligned}E(X^2) &= E((X_1+X_2+\cdots+X_n)^2)\\&=\sum_{i=1}^{n}E(X_i^2)+2\sum_{i<j}E(X_iX_j)\\&=n\cdot E(X_1^2)+2\cdot C_n^2\cdot E(X_1X_2)\\&=n\cdot\frac{1}{n}+2\cdot\frac{n(n-1)}{2}\cdot\frac{1}{n(n-1)}\\&=2,\end{aligned}$$

因此 $D(X)=E(X^2)-[E(X)]^2=1$.

> **点评：**上述两个题目在数学期望的计算上是完全一致的，只是采用了不同的应用背景和表述方式. 数学期望的计算比较简单，因为“和的期望等于期望的和”不需要随机变量相互独立. 但方差的计算就比较繁琐复杂了，因为“和的方差等于方差的和”需要随机变量相互独立. 这两个性质的成立条件一定要分清楚.

- **切比雪夫不等式**

8. 设随机变量 X 的概率密度为(m 为正整数)

$$f(x)=\begin{cases}\dfrac{x^m}{m!}e^{-x}, & x\geqslant 0,\\ 0, & x<0,\end{cases}$$

求 $E(X)$,$D(X)$.

解　$E(X)=\int_0^{+\infty}x\cdot\frac{x^m}{m!}e^{-x}dx=\frac{1}{m!}\int_0^{+\infty}x^{m+1}\cdot e^{-x}dx=\frac{1}{m!}\Gamma(m+2)=m+1$,

进一步地，

$$E(X^2)=\int_0^{+\infty}x^2\cdot\frac{x^m}{m!}e^{-x}dx=\frac{1}{m!}\int_0^{+\infty}x^{m+2}\cdot e^{-x}dx=\frac{1}{m!}\Gamma(m+3)=(m+1)(m+2),$$

故 $D(X)=E(X^2)-[E(X)]^2=m+1$.

9. 在第 8 题的条件下，利用切比雪夫不等式，证明

$$P\{0<X<2(m+1)\}\geqslant\frac{m}{m+1}.$$

解　根据第 8 题的结论，$E(X)=D(X)=m+1$. 由此，题目中的不等式左边可以改写成

$$P\{0<X<2(m+1)\}=P\{|X-E(X)|<m+1\}.$$

根据切比雪夫不等式 $P\{|X-E(X)|<\varepsilon\}\geqslant 1-\frac{D(X)}{\varepsilon^2}$，取 $\varepsilon=m+1$，可知不等式应为

$$P\{|X-E(X)|<m+1\}\geqslant 1-\frac{D(X)}{(m+1)^2}=\frac{m}{m+1},$$

命题得证.

- **正态分布与最值函数**

10. 设 X,Y 相互独立，且都服从 $N(a,\sigma^2)$，证明

$$E[\max(X,Y)]=a+\frac{\sigma}{\sqrt{\pi}},\quad E[\min(X,Y)]=a-\frac{\sigma}{\sqrt{\pi}}.$$

证明 (1) 记 $U=\dfrac{X-a}{\sigma}$，$V=\dfrac{Y-a}{\sigma}$，则 $U\sim N(0,1)$，$V\sim N(0,1)$. 记 $Z=\max(X,Y)$，$W=\max(U,V)$，则 $W=\dfrac{Z-a}{\sigma}$，$Z=\sigma W+a$. 因此只需要证明 $E(W)=\dfrac{1}{\sqrt{\pi}}$.

(2) W 的分布函数为 $F(w)=[\Phi(w)]^2$，故 W 的概率密度为 $f(w)=2\Phi(w)\varphi(w)$.

$$\begin{aligned}E(W)&=\int_{-\infty}^{+\infty}w\cdot 2\Phi(w)\varphi(w)\mathrm{d}w\\&=\int_{-\infty}^{+\infty}2w\varphi(w)\left(\int_{-\infty}^{w}\varphi(t)\mathrm{d}t\right)\mathrm{d}w\\&=\int_{-\infty}^{+\infty}2\varphi(t)\left(\int_{t}^{+\infty}w\varphi(w)\mathrm{d}w\right)\mathrm{d}t,\end{aligned}$$

其中，

$$\begin{aligned}\int_{t}^{+\infty}w\varphi(w)\mathrm{d}w&=\int_{t}^{+\infty}w\,\frac{\mathrm{e}^{-\frac{w^2}{2}}}{\sqrt{2\pi}}\mathrm{d}w\\&=\int_{t}^{+\infty}\frac{\mathrm{e}^{-\frac{w^2}{2}}}{\sqrt{2\pi}}\mathrm{d}\left(\frac{w^2}{2}\right)\\&=\frac{1}{\sqrt{2\pi}}\left(-\mathrm{e}^{-\frac{w^2}{2}}\right)\Big|_{t}^{+\infty}\\&=\frac{1}{\sqrt{2\pi}}\mathrm{e}^{-\frac{t^2}{2}}=\varphi(t),\end{aligned}$$

因此 $E(W)=\displaystyle\int_{-\infty}^{+\infty}2\varphi^2(t)\mathrm{d}t=\frac{1}{\pi}\int_{-\infty}^{+\infty}\mathrm{e}^{-t^2}\,\mathrm{d}t=\frac{\sqrt{\pi}}{\pi}=\frac{1}{\sqrt{\pi}}$，得证.

(3) 因为 $\max(X,Y)+\min(X,Y)=X+Y$，所以 $E[\min(X,Y)]=E(X)+E(Y)-E[\max(X,Y)]=2a-a-\dfrac{\sigma}{\sqrt{\pi}}=a-\dfrac{\sigma}{\sqrt{\pi}}$，得证.

11.【2012 数学三】设随机变量 X 与 Y 相互独立，且均服从参数为 1 的指数分布. 记 $U=\max(X,Y)$，$V=\min(X,Y)$.

(1) 求 V 的概率密度 $f_V(v)$；

(2) 求 $E(U+V)$.

第 4 章挑战篇题 11

解 (1) 当 $v\leqslant 0$ 时，$F_V(v)=0$，当 $v>0$ 时，

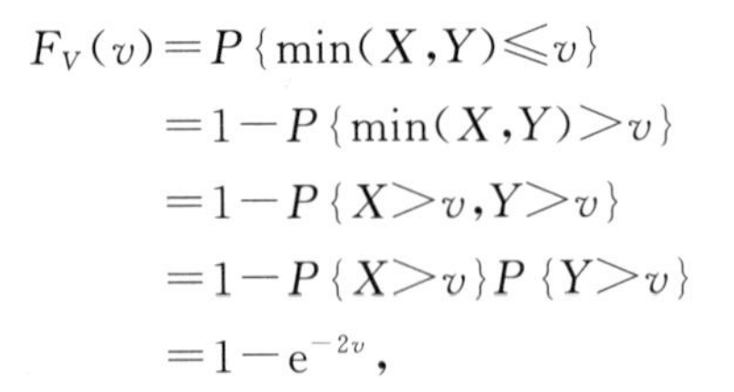

$$\begin{aligned}F_V(v)&=P\{\min(X,Y)\leqslant v\}\\&=1-P\{\min(X,Y)>v\}\\&=1-P\{X>v,Y>v\}\\&=1-P\{X>v\}P\{Y>v\}\\&=1-\mathrm{e}^{-2v},\end{aligned}$$

从而得 $f_V(v)=\begin{cases}2\mathrm{e}^{-2v}, & v>0,\\ 0, & v\leqslant 0.\end{cases}$

(2) 方法一：$E(U+V)=E(X+Y)=2$.

方法二：易知 $E(V)=\dfrac{1}{2}$. 当 $u\leqslant 0$ 时，$F_U(u)=0$，当 $u>0$ 时，

$$
\begin{aligned}
F_U(u) &= P\{\max(X,Y)\leqslant u\} \\
&= P\{X\leqslant u, Y\leqslant u\} \\
&= P\{X\leqslant u\}P\{Y\leqslant u\} \\
&= (1-\mathrm{e}^{-u})^2,
\end{aligned}
$$

从而得 $f_U(u)=\begin{cases}2\mathrm{e}^{-u}(1-\mathrm{e}^{-u}), & u>0,\\ 0, & u\leqslant 0.\end{cases}$

$$E(U)=\int_0^{+\infty} u\cdot 2\mathrm{e}^{-u}(1-\mathrm{e}^{-u})\mathrm{d}u=\int_0^{+\infty}(2u\mathrm{e}^{-u}-2u\mathrm{e}^{-2u})\mathrm{d}u=2-\frac{1}{2}=\frac{3}{2}.$$

$$E(U+V)=\frac{3}{2}+\frac{1}{2}=2.$$

12.【2012 数学一、三】设二维离散型随机变量 X,Y 的概率分布为

X \ Y	0	1	2
0	$\frac{1}{4}$	0	$\frac{1}{4}$
1	0	$\frac{1}{3}$	0
2	$\frac{1}{12}$	0	$\frac{1}{12}$

第 4 章挑战篇
题 12

(1) 求 $P\{X=2Y\}$；

(2) 求 $\mathrm{Cov}(X-Y,Y)$.

解 (1) $P\{X=2Y\}=P\{X=0,Y=0\}+P\{X=2,Y=1\}=\frac{1}{4}$.

(2) $\mathrm{Cov}(X-Y,Y)=\mathrm{Cov}(X,Y)-\mathrm{Cov}(Y,Y)=E(XY)-E(X)E(Y)-D(Y)$.

Y	0	1	2
P	$\frac{1}{3}$	$\frac{1}{3}$	$\frac{1}{3}$

X	0	1	2
P	$\frac{1}{3}$	$\frac{1}{3}$	$\frac{1}{3}$

XY	0	1	4
P	$\frac{7}{12}$	$\frac{1}{3}$	$\frac{1}{12}$

从而得 $\mathrm{Cov}(X-Y,Y)=E(XY)-E(X)E(Y)-D(Y)=\frac{2}{3}-\frac{2}{3}\times 1-\frac{2}{3}=-\frac{2}{3}$.

13.【2018 数学一】设随机变量 X,Y 相互独立，且 X 的概率分布为 $P\{X=1\}=P\{X=-1\}=\frac{1}{2}$，$Y$ 服从参数为 λ 的泊松分布，令 $Z=XY$.

(1) 求 $\mathrm{Cov}(X,Z)$；

(2) 求 Z 的概率分布.

第 4 章挑战篇
题 13

解 (1) 易知，$E(X)=0$，$E(Y)=\lambda$，$E(X^2)=1$，从而得

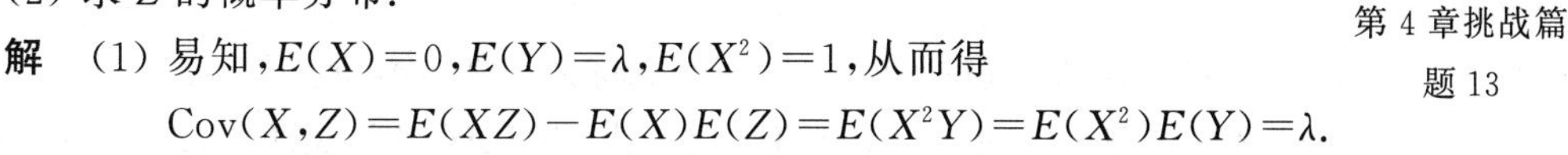

$$\mathrm{Cov}(X,Z)=E(XZ)-E(X)E(Z)=E(X^2Y)=E(X^2)E(Y)=\lambda.$$

(2) Z 的可能取值有 $\{-\infty,\cdots,-2,-1,0,1,2,\cdots,+\infty\}$. 当 $k>0$ 时，

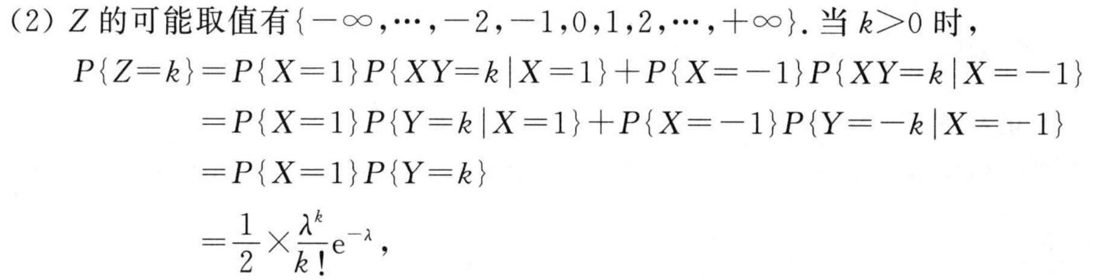

$$
\begin{aligned}
P\{Z=k\} &= P\{X=1\}P\{XY=k\mid X=1\}+P\{X=-1\}P\{XY=k\mid X=-1\} \\
&= P\{X=1\}P\{Y=k\mid X=1\}+P\{X=-1\}P\{Y=-k\mid X=-1\} \\
&= P\{X=1\}P\{Y=k\} \\
&= \frac{1}{2}\times\frac{\lambda^k}{k!}\mathrm{e}^{-\lambda},
\end{aligned}
$$

当 $k<0$ 时,

$$\begin{aligned}P\{Z=k\}&=P\{X=1\}P\{XY=k\mid X=1\}+P\{X=-1\}P\{XY=k\mid X=-1\}\\&=P\{X=1\}P\{Y=k\mid X=1\}+P\{X=-1\}P\{Y=-k\mid X=-1\}\\&=P\{X=-1\}P\{Y=-k\}\\&=\frac{1}{2}\times\frac{\lambda^{-k}}{(-k)!}e^{-\lambda},\end{aligned}$$

当 $k=0$ 时,$P\{Z=0\}=P\{Y=0\}=e^{-\lambda}$.

14.【2019 数学一、三】设随机变量 X,Y 相互独立,X 服从参数为 1 的指数分布,Y 的概率分布为 $P\{Y=-1\}=p,P\{Y=1\}=1-p(0<p<1)$. 令 $Z=XY$.

(1) 求 Z 的概率密度;

(2) 求 p 为何值时,X,Z 不相关;

(3) 此时,X,Z 是否相互独立?

第 4 章挑战篇
题 14

解 (1) Z 的分布函数为

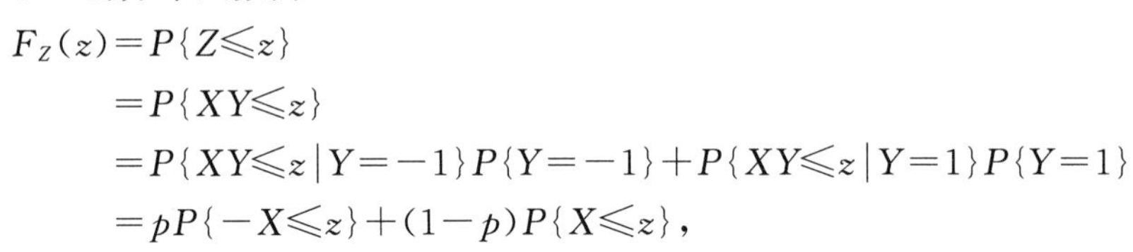

$$\begin{aligned}F_Z(z)&=P\{Z\leqslant z\}\\&=P\{XY\leqslant z\}\\&=P\{XY\leqslant z\mid Y=-1\}P\{Y=-1\}+P\{XY\leqslant z\mid Y=1\}P\{Y=1\}\\&=pP\{-X\leqslant z\}+(1-p)P\{X\leqslant z\},\end{aligned}$$

当 $z<0$ 时,

$$F_Z(z)=pP\{X\geqslant -z\}+(1-p)\cdot 0=pe^{z},$$

当 $z\geqslant 0$ 时,

$$F_Z(z)=p\cdot 1+(1-p)P\{X\leqslant z\}=1-(1-p)e^{-z}.$$

所以 Z 的概率密度为

$$f_Z(z)=\begin{cases}pe^{z}, & z<0,\\(1-p)e^{-z}, & z\geqslant 0.\end{cases}$$

(2)

$$\begin{aligned}\mathrm{Cov}(X,Z)&=E(XZ)-E(X)E(Z)\\&=E(X^2Y)-E(X)E(XY)\\&=E(X^2)E(Y)-[E(X)]^2E(Y)\\&=D(X)E(Y)\\&=1-2p,\end{aligned}$$

令 $\mathrm{Cov}(X,Z)=0$,得 $p=\frac{1}{2}$. 所以 $p=\frac{1}{2}$时,X 与 Z 不相关.

(3) 因为 $P\{X\leqslant 1,Z\leqslant -1\}=P\{X\leqslant 1,XY\leqslant -1\}=0,P\{X\leqslant 1\}>0,P\{Z\leqslant -1\}>0$,所以 $P\{X\leqslant 1,Z\leqslant -1\}\neq P\{X\leqslant 1\}P\{Z\leqslant -1\}$,故 X 与 Z 不相互独立.

15.【2020 数学一、三】在区间 $(0,2)$ 上随机取一点,将该区间分成两段,较短一段的长度记为 X,较长一段的长度记为 Y,令 $Z=\frac{Y}{X}$.

(1) 求 X 的概率密度;

(2) 求 Z 的概率密度;

(3) 求 $E\left(\frac{X}{Y}\right)$.

第 4 章挑战篇题 15

解　(1) 设随机取的点的坐标记为 V，则 $V \sim U(0,2)$，$X=\min(V,2-V)$. 下面计算 X 的分布函数 $F_X(x)$，由于 $P\{0\leqslant X\leqslant 1\}=1$，故当 $x\leqslant 0$ 时，$F_X(x)=0$；当 $x\geqslant 1$ 时，$F_X(x)=1$；当 $0<x<1$ 时，

$$F_X(x)=P\{X\leqslant x\}=P\{\min(V,2-V)\leqslant x\}=1-P\{x<V<2-x\}=x.$$

X 的概率密度函数为 $f_X(x)=\dfrac{\mathrm{d}F_X(x)}{\mathrm{d}x}=\begin{cases}1, & 0<x<1,\\ 0, & \text{其他}.\end{cases}$

(2) 先求 $Z=\dfrac{Y}{X}$ 的分布. 当 $z\leqslant 1$ 时，$F_Z(z)=0$，当 $z>1$ 时，

$$\begin{aligned}F_Z(z)&=P\{Z\leqslant z\}=P\left\{\frac{Y}{X}\leqslant z\right\}=P\left\{\frac{2-X}{X}\leqslant z\right\}\\&=P\left\{X\geqslant\frac{2}{z+1}\right\}=1-P\left\{X<\frac{2}{z+1}\right\}\\&=1-\frac{2}{z+1}=\frac{z-1}{z+1},\end{aligned}$$

从而得 Z 的概率密度函数为 $f_Z(z)=\dfrac{\mathrm{d}F_Z(z)}{\mathrm{d}z}=\begin{cases}\dfrac{2}{(1+z)^2}, & z>1,\\ 0, & \text{其他}.\end{cases}$

(3) $E\left(\dfrac{X}{Y}\right)=E\left(\dfrac{X}{2-X}\right)=\displaystyle\int_0^1\frac{x}{2-x}\mathrm{d}x=2\ln 2-1.$

总 习 题 四

一、选择题

1. 设随机变量 X 的数学期望 $E(X)$ 存在，则 $E(X)$ 是（　　）.

A. 样本空间上的函数　　B. 确定的常数
C. 随机变量　　D. 一个实函数

2. 将长度为 1 米的木棒随机地截成两段，则两段长度的相关系数为（　　）.

A. 1　　B. $\dfrac{1}{2}$　　C. $-\dfrac{1}{2}$　　D. -1

3. 已知 $E(X)=-1$，$D(X)=3$，则 $E[3(X^2-2)]=$（　　）.

A. 9　　B. 6　　C. 30　　D. 36

4. 设 $X\sim b(n,p)$，则有（　　）.

A. $E(2X-1)=2np$　　B. $D(2X-1)=4np(1-p)+1$
C. $E(2X+1)=4np+1$　　D. $D(2X-1)=4np(1-p)$

5. 设随机变量 $X\sim N(\mu,\sigma^2)(\sigma>0)$，记 $p=P\{X>\mu+2\sigma^2\}$，则（　　）.

A. p 随着 μ 的增加而增加
B. p 随着 σ 的增加而增加
C. p 随着 μ 的增加而减少
D. p 随着 σ 的增加而减少

总习题四
选择题 5 和 8

6. 设 ξ 服从参数为 λ 的泊松分布,$\eta=2\xi-3$,则(　　).

A. $E(\eta)=2\lambda-3, D(\eta)=2\lambda-3$　　B. $E(\eta)=2\lambda, D(\eta)=2\lambda$

C. $E(\eta)=2\lambda-3, D(\eta)=4\lambda-3$　　D. $E(\eta)=2\lambda-3, D(\eta)=4\lambda$

7. 对任意两个随机变量 X 和 Y,若 $E(XY)=E(X)\cdot E(Y)$,则(　　).

A. $F(x,y)=F_X(x)\cdot F_Y(y)$　　B. $D(X+Y)=D(X)+D(Y)$

C. X 与 Y 相互独立　　D. X 与 Y 不相互独立

8. 设随机变量 X,Y 不相关,且 $E(X)=2, E(Y)=1, D(X)=3$,则 $E[X(X+Y-2)]=$(　　).

A. -3　　B. 3　　C. -5　　D. 5

9. 设 $f_1(x)$为标准正态分布的概率密度,$f_2(x)$为$[-1,3]$上均匀分布的概率密度,若 $f(x)=\begin{cases} af_1(x), & x\leqslant 0, \\ bf_2(x), & x>0 \end{cases}$ $(a>0,b>0)$为概率密度,则 a,b 应满足(　　).

A. $2a+3b=4$　　B. $3a+2b=4$　　C. $a+b=1$　　D. $a+b=2$

10. 设 X_1,X_2,X_3 是随机变量,且 $X_1\sim N(0,1), X_2\sim N(0,2^2), X_3\sim N(5,3^2), P_i=P\{-2\leqslant X_i\leqslant 2\}(i=1,2,3)$,则(　　).

A. $P_1>P_2>P_3$　　B. $P_2>P_1>P_3$

C. $P_3>P_2>P_1$　　D. $P_1>P_3>P_2$

11. 设随机变量 X 的分布函数为 $F(x)=0.5\Phi(x)+0.5\Phi\left(\frac{x}{3}\right)$,其中 $\Phi(x)$为标准正态分布函数,则 $D(X)=$(　　).

总习题四
选择题 10 和 11

A. 2　　B. 5　　C. 3　　D. 1

二、填空题

1. 设随机变量 X 的概率密度函数为 $f(x)=\frac{1}{2}e^{-|x|}(-\infty<x<+\infty)$,则 $D(X)=$________.

2. 设 X 为正态分布的随机变量,概率密度为 $f(x)=\frac{1}{2\sqrt{2\pi}}e^{-\frac{(x+1)^2}{8}}$,则 $E(2X^2-1)=$________.

总习题四
填空题 2、5 和 8

3. 设随机变量 X 的分布律为 $P\{X=k\}=q^{k-1}p(k=1,2,\cdots)$,其中 $p,q>0, p+q=1$,则 $E(X)=$________.

4. 设二维随机变量(X,Y)服从 $N(0,0,1,1,0)$,则 $D(3X-2Y)=$________.

5. 设随机变量 X 服从参数为 1 的泊松分布,则 $P\{X=E(X^2)\}=$________.

6. 设随机变量 X 和 Y 的相关系数为 0.9,若 $Z=X-0.4$,则 Y 与 Z 的相关系数为________.

7. 设随机变量 X 服从正态分布 $N(\mu,\sigma^2)(\sigma>0)$,且二次方程 $y^2+4y+X=0$ 无实根的概率为$\frac{1}{2}$,则 $\mu=$________.

8. 设随机变量 X 服从参数为 λ 的指数分布,则 $P\{X>\sqrt{D(X)}\}=$________.

9. 设随机变量 X 的分布函数为 $F(x)=0.2\Phi(x+1)+0.8\Phi(x-2)$，其中 $\Phi(x)$ 为标准正态分布函数，则 $E(X)=$__________.

总习题四
填空题9

10. 设随机变量 $X\sim U(0,3)$，随机变量 Y 服从参数为2的泊松分布，且 X 与 Y 的协方差为 -1，则 $D(2X-Y+1)=$__________.

三、解答题

1. 已知二维随机变量 (X,Y) 的分布律如下，试验证 X 与 Y 不相关，但 X 与 Y 不相互独立.

Y \ X	-1	0	1
-1	$\frac{1}{8}$	$\frac{1}{8}$	$\frac{1}{8}$
0	$\frac{1}{8}$	0	$\frac{1}{8}$
1	$\frac{1}{8}$	$\frac{1}{8}$	$\frac{1}{8}$

2. 设随机变量 X 的概率密度为 $f(x)=\begin{cases} ax, & 0<x<2, \\ bx+c, & 2\leqslant x<4, \\ 0, & \text{其他}, \end{cases}$ 已知 $E(X)=2$，$P\{1<X<3\}=\frac{3}{4}$，求：

(1) 常数 a,b,c 的值；

(2) 方差 $D(X)$；

(3) 随机变量 $Y=\mathrm{e}^X$ 的数学期望与方差.

3. 设随机变量 $X\sim N(0,1)$，试求 $E(|X|)$，$D(|X|)$，$E(X^3)$ 与 $E(X^4)$.

4. 设随机变量 X,Y 相互独立，且 X 的概率分布为 $P\{X=0\}=P\{X=2\}=\frac{1}{2}$，$Y$ 的概率密度为 $f(y)=\begin{cases} 2y, & 0<y<1, \\ 0, & \text{其他}. \end{cases}$

(1) 求 $P\{Y\leqslant E(Y)\}$；

(2) 求 $Z=X+Y$ 的分布函数及概率密度函数.

5. (1) 设随机变量 $W=(aX+3Y)^2$，$E(X)=E(Y)=0$，$D(X)=4$，$D(Y)=16$，$\rho_{XY}=-0.5$. 求常数 a 使 $E(W)$ 为最小，并求 $E(W)$ 的最小值.

(2) 设随机变量 (X,Y) 服从二维正态分布，且有 $D(X)=\sigma_X^2$，$D(Y)=\sigma_Y^2$，证明：当 $a^2=\frac{\sigma_X^2}{\sigma_Y^2}$ 时，随机变量 $W=X-aY$ 与 $V=X+aY$ 相互独立.

总习题四参考答案

一、选择题

1. B； 2. D； 3. B； 4. D； 5. C； 6. D； 7. B； 8. D； 9. A； 10. A； 11. B.

二、填空题

1. 2；　2. 9；　3. $\frac{1}{p}$；　4. 13；　5. $\frac{e^{-1}}{2}$；　6. 0.9；　7. 4；　8. e^{-1}；　9. 1.4；10. 9.

三、解答题

1. **解**　X 的分布律为

X	-1	0	1
P	0.375	0.25	0.375

Y 的分布律为

Y	-1	0	1
P	0.375	0.25	0.375

$$E(X)=(-1)\times0.375+0\times0.25+1\times0.375=0,$$
$$E(Y)=(-1)\times0.375+0\times0.25+1\times0.375=0,$$
$$E(XY)=(-1)\times(-1)\times0.125+(-1)\times0\times0.125+(-1)\times1\times0.125+0+1\times(-1)\times0.125+0+1\times1\times0.125=0,$$

$\mathrm{Cov}(X,Y)=E(XY)-E(X)E(Y)=0$，所以 X 与 Y 不相关.

$$P\{X=-1,Y=-1\}=0.125\neq P\{X=-1\}P\{Y=-1\}=0.375\times0.375,$$

所以 X 与 Y 不相互独立.

2. **解**　(1)
$$\begin{aligned}2&=E(X)\\&=\int_0^2 x\cdot ax\,\mathrm{d}x+\int_2^4 x(bx+c)\,\mathrm{d}x\\&=\frac{a}{3}x^3\Big|_0^2+\frac{b}{3}x^3\Big|_2^4+\frac{c}{2}x^2\Big|_2^4\\&=\frac{8}{3}a+\frac{56}{3}b+6c,\end{aligned}$$

得 $\frac{8}{3}a+\frac{56}{3}b+6c=2$；由 $P\{1<X<3\}=\frac{3}{4}$ 得 $\frac{3}{2}a+\frac{5}{2}b+c=\frac{3}{4}$；由 $\int_{-\infty}^{+\infty}f(x)\,\mathrm{d}x=1$ 得 $2a+6b+2c=1$. 综上三方程解得 $a=\frac{1}{4},b=-\frac{1}{4},c=1$.

(2)
$$\begin{aligned}D(X)&=\int_{-\infty}^{+\infty}(x-2)^2f(x)\,\mathrm{d}x\\&=\int_0^2\frac{1}{4}x\,(x-2)^2\,\mathrm{d}x+\int_2^4\left(1-\frac{1}{4}x\right)(x-2)^2\,\mathrm{d}x\\&=\frac{2}{3}.\end{aligned}$$

(3) $E(Y)=\int_{-\infty}^{+\infty}e^x f(x)\,\mathrm{d}x=\int_0^2\frac{1}{4}xe^x\,\mathrm{d}x+\int_2^4\left(1-\frac{1}{4}x\right)e^x\,\mathrm{d}x=\frac{1}{4}\,(e^2-1)^2$,

$$
\begin{aligned}
D(Y) &= E(Y^2)-[E(Y)]^2 \\
&= \int_{-\infty}^{+\infty} e^{2x} f(x)\mathrm{d}x - \left[\frac{1}{4}(e^2-1)^2\right]^2 \\
&= \frac{1}{4}\left(\frac{x}{2}-\frac{1}{4}\right)e^{2x}\Big|_0^2 + \left[\frac{e^{2x}}{2}-\frac{1}{4}\left(\frac{x}{2}-\frac{1}{4}\right)e^{2x}\right]\Big|_2^4 - \left[\frac{1}{4}(e^2-1)^2\right]^2 \\
&= \frac{1}{16}(e^4-1)^2 - \left[\frac{1}{4}(e^2-1)^2\right]^2 \\
&= \frac{1}{4}e^2(e^2-1)^2.
\end{aligned}
$$

3. **解**　$E(|X|)=\int_{-\infty}^{+\infty}|x|\cdot\frac{1}{\sqrt{2\pi}}e^{-\frac{x^2}{2}}\mathrm{d}x=2\int_0^{+\infty}\frac{x}{\sqrt{2\pi}}e^{-\frac{x^2}{2}}\mathrm{d}x=-\sqrt{\frac{2}{\pi}}e^{-\frac{x^2}{2}}\Big|_0^{+\infty}=\sqrt{\frac{2}{\pi}}$,

$$D(|X|)=E(|X|^2)-[E(|X|)]^2=E(X^2)-\frac{2}{\pi},$$

$$E(X^2)=\int_{-\infty}^{+\infty}\frac{x^2}{\sqrt{2\pi}}e^{-\frac{x^2}{2}}\mathrm{d}x=-\int_{-\infty}^{+\infty}\frac{x}{\sqrt{2\pi}}\mathrm{d}e^{-\frac{x^2}{2}}=-\frac{1}{\sqrt{2\pi}}\left[xe^{-\frac{x^2}{2}}\Big|_{-\infty}^{+\infty}-\int_{-\infty}^{+\infty}e^{-\frac{x^2}{2}}\mathrm{d}x\right]=1,$$

所以 $D(|X|)=1-\frac{2}{\pi}$.

$$E(X^3)=\int_{-\infty}^{+\infty}\frac{x^3}{\sqrt{2\pi}}e^{-\frac{x^2}{2}}\mathrm{d}x=0,$$

$$E(X^4)=\int_{-\infty}^{+\infty}\frac{x^4}{\sqrt{2\pi}}e^{-\frac{x^2}{2}}\mathrm{d}x=-\int_{-\infty}^{+\infty}\frac{x^3}{\sqrt{2\pi}}\mathrm{d}e^{-\frac{x^2}{2}}=3\int_{-\infty}^{+\infty}\frac{x^2}{\sqrt{2\pi}}e^{-\frac{x^2}{2}}\mathrm{d}x=3.$$

4. **解**　(1)
$$E(Y)=\int_0^1 2y^2\mathrm{d}y=\frac{2}{3},$$

$$P\{Y\leqslant E(Y)\}=P\{Y\leqslant\frac{2}{3}\}=\int_0^{\frac{2}{3}}2y\mathrm{d}y=\frac{4}{9}.$$

(2)
$$
\begin{aligned}
F_Z(z) &= P\{Z\leqslant z\} \\
&= P\{X+Y\leqslant z\} \\
&= P\{X+Y\leqslant z, X=0\}+P\{X+Y\leqslant z, X=2\} \\
&= P\{Y\leqslant z, X=0\}+P\{Y\leqslant z-2, X=2\} \\
&= \frac{1}{2}P\{Y\leqslant z\}+\frac{1}{2}P\{Y\leqslant z-2\},
\end{aligned}
$$

当 $z<0$，$z-2<0$，即 $z<0$ 时，$F_Z(z)=0$；当 $z-2\geqslant1$，$z>1$，即 $z\geqslant3$ 时，$F_Z(z)=1$；当$0\leqslant z<1$时，$F_Z(z)=\frac{1}{2}z^2$；当 $1\leqslant z<2$ 时，$F_Z(z)=\frac{1}{2}$；当 $2\leqslant z<3$ 时，$F_Z(z)=\frac{1}{2}+\frac{1}{2}(z-2)^2$.

综上可得 $F_Z(z)=\begin{cases}0, & z<0,\\ \frac{1}{2}z^2, & 0\leqslant z<1,\\ \frac{1}{2}, & 1\leqslant z<2,\\ \frac{1}{2}+\frac{1}{2}(z-2)^2, & 2\leqslant z<3,\\ 1, & z\geqslant3,\end{cases}$ 所以 $f_Z(z)=[F_Z(z)]'=\begin{cases}z, & 0<z<1,\\ z-2, & 2<z<3,\\ 0, & 其他.\end{cases}$

5. **解** (1) $W=a^2X^2+6aXY+9Y^2$,

$$\begin{aligned}E(W)&=E(a^2X^2+6aXY+9Y^2)\\&=a^2E(X^2)+6aE(XY)+9E(Y^2)\\&=a^2\{D(X)+[E(X)]^2\}+6aE(XY)+9\{D(Y)+[E(Y)]^2\}\\&=4a^2-24a+144\\&=4(a^2-6a+36)\\&=4[(a-3)^2+27],\end{aligned}$$

当 $a=3$ 时,$E(W)$最小,最小值为 108.

(2) 要使随机变量 $W=X-aY$ 与 $V=X+aY$ 相互独立,则 $E(WV)-E(W)E(V)=0$. 由于

$$\begin{aligned}E(WV)-E(W)E(V)&=E(X^2-a^2Y^2)-[E(X)]^2+a^2[E(Y)]^2\\&=D(X)-a^2D(Y)\\&=\sigma_X^2-a^2\sigma_Y^2\\&=0,\end{aligned}$$

所以 $a^2=\dfrac{\sigma_X^2}{\sigma_Y^2}$.

第 4 章在线测试

第5章

大数定律与中心极限定理

一、知识要点

(一) 大数定律

1. 切比雪夫大数定律

设 $X_1,X_2,\cdots,X_n,\cdots$ 是相互独立的随机变量序列,且存在常数 C,使得 $D(X_k)\leqslant C(k=1,2,\cdots)$,则对于任意的 $\varepsilon>0$,有

$$\lim_{n\to\infty}P\left\{\left|\frac{1}{n}\sum_{k=1}^{n}[X_k-E(X_k)]\right|\geqslant\varepsilon\right\}=0.$$

切比雪夫大数定律的特例:设随机变量 $X_1,X_2,\cdots,X_n,\cdots$ 相互独立,且 $E(X_i)=\mu$, $D(X_i)=\sigma^2(i=1,2,\cdots)$,则对于任意的 $\varepsilon>0$,有

$$\lim_{n\to\infty}P\left\{\left|\frac{1}{n}\sum_{k=1}^{n}X_k-\mu\right|\geqslant\varepsilon\right\}=0.$$

该定律说明:在定律的条件下,当 n 充分大时,算术平均值 $\frac{1}{n}\sum\limits_{k=1}^{n}X_k$ 与期望值 μ 的偏差大于任意正数 ε 的概率是非常小的(接近于0).

2. 伯努利大数定律

设 n_A 为 n 次独立重复试验中事件 A 发生的次数,p 是事件 A 在每次试验中发生的概率,则事件 A 的频率依概率收敛到 p,即对于任意的 $\varepsilon>0$,有

$$\lim_{n\to\infty}P\left\{\left|\frac{n_A}{n}-p\right|\geqslant\varepsilon\right\}=0.$$

伯努利大数定律以严格的数学形式表达了频率的稳定性.

3. 辛钦大数定律

设随机变量 $X_1,X_2,\cdots,X_n,\cdots$ 独立同分布,且具有数学期望 $E(X_k)=\mu(k=1,2,\cdots)$,则 $\{X_n\}$ 服从大数定律,即对于任意的 $\varepsilon>0$,有

$$\lim_{n\to\infty}P\left\{\left|\frac{1}{n}\sum_{k=1}^{n}X_k-\mu\right|\geqslant\varepsilon\right\}=0.$$

辛钦大数定律表明:对于独立同分布的随机变量序列,只要验证数学期望是否存在,就可以判定其是否服从大数定律,对 X_k 的方差没有要求.

(二) 中心极限定理

1. 列维-林德伯格中心极限定理(独立同分布的中心极限定理)

设随机变量序列 $X_1, X_2, \cdots, X_n, \cdots$ 独立同分布,且具有数学期望和方差,$E(X_k)=\mu$,$D(X_k)=\sigma^2\neq 0(k=1,2,\cdots)$,则对于任意实数 x,有

$$\lim_{n\to\infty}P\left\{\frac{\sum_{k=1}^{n}X_k-n\mu}{\sqrt{n}\sigma}\leqslant x\right\}=\frac{1}{\sqrt{2\pi}}\int_{-\infty}^{x}\mathrm{e}^{-\frac{t^2}{2}}\mathrm{d}t=\Phi(x).$$

2. 棣莫弗-拉普拉斯中心极限定理

设随机变量 $\eta_n\sim b(n,p)$,$0<p<1$,则对于任意 x,有

$$\lim_{n\to\infty}P\left\{\frac{\eta_n-np}{\sqrt{np(1-p)}}\leqslant x\right\}=\frac{1}{\sqrt{2\pi}}\int_{-\infty}^{x}\mathrm{e}^{-\frac{t^2}{2}}\mathrm{d}t=\Phi(x).$$

3. 李雅普诺夫中心极限定理

设随机变量序列 $X_1, X_2, \cdots, X_n, \cdots$ 相互独立,它们具有数学期望和方差,$E(X_k)=\mu_k$,$D(X_k)=\sigma_k^2\neq 0(k=1,2,\cdots)$,记 $B_n^2=\sum_{k=1}^{n}\sigma_k^2$,若存在正数 σ,使得当 $n\to\infty$ 时,

$$\frac{1}{B_n^{2+\sigma}}\sum_{k=1}^{n}E\{\,|X_k-\mu_k|^{2+\sigma}\}\to 0,$$

则对于任意 x,有

$$\lim_{n\to\infty}P\left\{\frac{\sum_{k=1}^{n}X_k-\sum_{k=1}^{n}\mu_k}{B_n}\leqslant x\right\}=\frac{1}{\sqrt{2\pi}}\int_{-\infty}^{x}\mathrm{e}^{-\frac{t^2}{2}}\mathrm{d}t=\Phi(x).$$

二、分级习题

题型总结: 本章常见的题型主要用到列维-林德伯格中心极限定理和棣莫弗-拉普拉斯中心极限定理.

(1) 列维-林德伯格中心极限定理用于独立同分布随机变量之和或平均值的概率的近似计算.该中心极限定理表明,当 n 充分大时,相互独立服从同一分布且存在有限期望与方差的随机变量之和近似服从正态分布.设 $X_1, X_2, \cdots, X_n$ 独立同分布且 $E(X_i)=\mu$,$D(X_i)=\sigma^2(i=1,2,\cdots,n)$,则 $Z_n=\sum_{i=1}^{n}X_i$ 近似服从 $N(n\mu, n\sigma^2)$,因此当 n 充分大时,求 $P\{a\leqslant Z_n\leqslant b\}$ 需要首先将 Z_n 标准化,即

$$P\{a\leqslant Z_n\leqslant b\}=P\left\{\frac{a-n\mu}{\sqrt{n}\sigma}\leqslant\frac{Z_n-n\mu}{\sqrt{n}\sigma}\leqslant\frac{b-n\mu}{\sqrt{n}\sigma}\right\}\approx\Phi\left(\frac{b-n\mu}{\sqrt{n}\sigma}\right)-\Phi\left(\frac{a-n\mu}{\sqrt{n}\sigma}\right),$$

其中 $\Phi(x)$ 为标准正态分布函数.定理的另一种形式:当 n 充分大时,平均值 $\overline{X}=\frac{1}{n}\sum_{i=1}^{n}X_i$ 近似服从 $N(\mu,\frac{\sigma^2}{n})$.

(2) 棣莫弗-拉普拉斯中心极限定理用于二项分布的近似计算.定理表明:设 $X\sim b(n,p)$,则当 n 充分大时,X 近似服从 $N(np,np(1-p))$.

(一) 基础篇

- **列维-林德伯格中心极限定理的应用**

1. 某架客机可以运载200名乘客,各乘客的重量(单位:千克)是独立随机变量且服从同一分布,其均值为74,均方差为10,试求200名乘客的总重量超过15吨的概率.

解　记第 i 名乘客的重量为 $X_i(1\leqslant i\leqslant 200)$,由题意知 $X_1,X_2,\cdots,X_{200}$ 相互独立,$E(X_i)=74,D(X_i)=10^2$,则本题求解目标为 $P\left\{\sum_{i=1}^{200}X_i>15\ 000\right\}$. 由中心极限定理,$\sum_{i=1}^{200}X_i\overset{近似}{\sim}N(200\times 74,200\times 10^2)$. 故

$$P\left\{\sum_{i-1}^{200}X_i>15\ 000\right\}=P\left\{\frac{\sum_{i=1}^{200}X_i-200\times 74}{\sqrt{200\times 10^2}}>\frac{15\ 000-200\times 74}{\sqrt{200\times 10^2}}\right\}$$
$$\approx 1-\Phi\left(\frac{15\ 000-200\times 74}{\sqrt{200\times 10^2}}\right)$$
$$=1-\Phi(\sqrt{2})$$
$$=0.0793.$$

可见200名乘客的总重量超过15吨的概率为0.0793.

2. 一加法器同时收到20个噪声电压 $V_k(k=1,2,\cdots,20)$,设它们是相互独立的随机变量,且都在区间(0,10)上服从均匀分布. 记 $V=\sum_{k=1}^{20}V_k$,求 $P\{V>105\}$ 的近似值.

解　由题意知 $V_k\sim U(0,10),V_1,V_2,\cdots,V_{20}$ 相互独立,可知 $E(V_k)=\frac{0+10}{2}=5$,$D(V_k)=\frac{(10-0)^2}{12}=\frac{25}{3}$. 由中心极限定理,$V=\sum_{k=1}^{20}V_k\overset{近似}{\sim}N\left(20\times 5,20\times\frac{25}{3}\right)$. 故

$$P\{V>105\}=P\left\{\frac{V-20\times 5}{\sqrt{20\times\frac{25}{3}}}>\frac{105-20\times 5}{\sqrt{20\times\frac{25}{3}}}\right\}$$
$$\approx 1-\Phi\left(\frac{105-20\times 5}{\sqrt{20\times\frac{25}{3}}}\right)$$
$$=1-\Phi(0.39)$$
$$=0.3483.$$

可见 $P\{V>105\}$ 的近似值为0.3483.

3. 一微型收音机每次使用一节五号电池. 设一节电池的使用寿命(单位:小时)服从指数分布:

$$f(x)=\begin{cases}0.1\mathrm{e}^{-0.1x}, & x>0,\\ 0, & x\leqslant 0,\end{cases}$$

求一盒电池(12节)使用150小时以上的概率.

解　记第 i 节电池的使用寿命为 $X_i(1\leqslant i\leqslant 12)$,由题意知 $X_1,X_2,\cdots,X_{12}$ 相互独立,则 $E(X_i)=10,D(X_i)=10^2$. 一盒电池的总寿命为 $\sum_{i=1}^{12}X_i$,由中心极限定理,$\sum_{i=1}^{12}X_i\overset{近似}{\sim}N(12\times 10,12\times 10^2)$. 故一盒电池使用150小时以上的概率为

$$P\left\{\sum_{i=1}^{12}X_i>150\right\}=P\left\{\frac{\sum\limits_{i=1}^{12}X_i-12\times 10}{\sqrt{12\times 10^2}}>\frac{150-12\times 10}{\sqrt{12\times 10^2}}\right\}$$

$$\approx 1-\Phi\left(\frac{150-12\times 10}{\sqrt{12\times 10^2}}\right)$$

$$=1-\Phi(0.87)$$

$$=0.1922.$$

可见,一盒电池使用150小时以上的概率为0.1922.

4. 某射手打靶,得10分的概率为0.5,得9分的概率为0.3,得8分的概率为0.1,得7分的概率为0.05,得6分的概率为0.05.现射击100次,求总分介于900分与930分之间的概率.

解 设射手第 i 次打靶得分为 $X_i(1\leqslant i\leqslant 100)$,由题意知 $X_1,X_2,\cdots,X_{100}$ 相互独立.由题意,X_i 的分布律如下:

X_i	10	9	8	7	6
p_i	0.5	0.3	0.1	0.05	0.05

第5章基础篇题4

可得 $E(X_i)=9.15,D(X_i)=1.2275$.

射击100次的总分为 $\sum\limits_{i=1}^{100}X_i$,本题求解目标为 $P\left\{900\leqslant\sum\limits_{i=1}^{100}X_i\leqslant 930\right\}$,由中心极限定理,$\sum\limits_{i=1}^{100}X_i\overset{\text{近似}}{\sim}N(915,122.75)$.故

$$P\left\{900\leqslant\sum_{i=1}^{100}X_i\leqslant 930\right\}=P\left\{\frac{900-915}{\sqrt{122.75}}\leqslant\frac{\sum\limits_{i=1}^{100}X_i-915}{\sqrt{122.75}}\leqslant\frac{930-915}{\sqrt{122.75}}\right\}$$

$$=P\left\{-\frac{15}{\sqrt{122.75}}\leqslant\frac{\sum\limits_{i=1}^{100}X_i-915}{\sqrt{122.75}}\leqslant\frac{15}{\sqrt{122.75}}\right\}$$

$$\approx\Phi\left(\frac{15}{\sqrt{122.75}}\right)-\Phi\left(-\frac{15}{\sqrt{122.75}}\right)$$

$$=2\times\Phi\left(\frac{15}{\sqrt{122.75}}\right)-1$$

$$=2\times\Phi(1.35)-1$$

$$=0.8230.$$

可见,射击100次的总分介于900分与930分之间的概率为0.8230.

5. 设某农贸市场某商品每日价格的变化是一随机变量,且有关系式

$$X_n=X_{n-1}+\varepsilon_n,\quad n\geqslant 1,$$

其中 X_n 表示第 n 天该商品的价格,ε_n 表示第 n 天该商品价格比前一天的增加数.$\varepsilon_1,\varepsilon_2,\cdots$ 为独立同分布的随机变量,且均值为0,方差为2.如果今天该商品价格为100,求18天后该商品价格在96与104之间的概率(可能性).

解　由题意知，$E(\varepsilon_n)=0, D(\varepsilon_n)=2$. 如果今天该商品价格为100，那么18天后该商品价格为 $100+\sum_{n=1}^{18}\varepsilon_n$. 由中心极限定理，$\sum_{n=1}^{18}\varepsilon_n \overset{\text{近似}}{\sim} N(0,18\times 2)$. 故

$$
\begin{aligned}
P\left\{96 \leqslant 100+\sum_{n=1}^{18}\varepsilon_n \leqslant 104\right\} &= P\left\{\frac{-4}{\sqrt{36}} \leqslant \frac{\sum_{n=1}^{18}\varepsilon_n - 0}{\sqrt{36}} \leqslant \frac{4}{\sqrt{36}}\right\} \\
&\approx \Phi\left(\frac{2}{3}\right)-\Phi\left(-\frac{2}{3}\right) \\
&= 2\times\Phi\left(\frac{2}{3}\right)-1 \\
&= 2\times 0.7486-1 \\
&= 0.4972.
\end{aligned}
$$

可见，18 天后该商品价格在 96 与 104 之间的概率(可能性)为 0.4972.

- **棣莫弗-拉普拉斯中心极限定理的应用**

6. 有一批建筑用的木柱，其中 80%的长度不小于 3 米，现从这批木柱中随机抽取 100 根，求其中至少有 30 根短于 3 米的概率.

解　方法一：设 X 表示短于 3 米的根数，则 $X\sim b(100,0.2)$. 由中心极限定理，可知 100 根木柱中至少有 30 根短于 3 米的概率为

$$
\begin{aligned}
P\{X\geqslant 30\} &= 1-P\{X<30\} \\
&= 1-P\left\{\frac{X-100\times 0.2}{\sqrt{100\times 0.2\times 0.8}}<\frac{30-100\times 0.2}{\sqrt{100\times 0.2\times 0.8}}\right\} \\
&= 1-P\left\{\frac{X-100\times 0.2}{\sqrt{100\times 0.2\times 0.8}}<2.5\right\} \\
&\approx 1-\Phi(2.5) \\
&= 0.0062.
\end{aligned}
$$

方法二：用随机变量 X_i 表示第 i 根木柱的长度是否短于 3 米：

$$
X_i=\begin{cases}1, & \text{木柱的长度短于 3 米}, \\ 0, & \text{木柱的长度不短于 3 米},\end{cases} \quad 1\leqslant i\leqslant 100.
$$

则 $P\{X_i=1\}=0.2, P\{X_i=0\}=0.8$，因此 $E(X_i)=0.2, D(X_i)=0.16$，本题求解目标为 $P\left\{\sum_{i=1}^{100}X_i\geqslant 30\right\}$. 由中心极限定理，$\sum_{i=1}^{100}X_i \overset{\text{近似}}{\sim} N(20,16)$. 故

$$
\begin{aligned}
P\left\{\sum_{i=1}^{100}X_i\geqslant 30\right\} &= P\left\{\frac{\sum_{i=1}^{100}X_i-20}{\sqrt{16}}\geqslant\frac{30-20}{\sqrt{16}}\right\} \\
&\approx 1-\Phi\left(\frac{30-20}{\sqrt{16}}\right) \\
&= 1-\Phi(2.5) \\
&= 0.0062.
\end{aligned}
$$

可见，100 根木柱中至少有 30 根短于 3 米的概率为 0.0062.

点评: 方法一利用了棣莫弗-拉普拉斯中心极限定理,方法二利用了列维-林德伯格中心极限定理.

7. 一复杂的系统由100个相互独立起作用的部件组成,在整个运行期间每个部件损坏的概率为0.1.为了使整个系统起作用,至少必须有85个部件正常工作,求整个系统起作用的概率.

解 方法一:设有 X 个部件正常工作,则 $X\sim b(100,0.9)$.由中心极限定理,至少有85个部件正常工作的概率为

$$\begin{aligned}P\{X\geqslant 85\}&=1-P\{X<85\}\\&=1-P\left\{\frac{X-100\times 0.9}{\sqrt{100\times 0.9\times 0.1}}<\frac{85-100\times 0.9}{\sqrt{100\times 0.9\times 0.1}}\right\}\\&=1-P\left\{\frac{X-100\times 0.9}{\sqrt{100\times 0.9\times 0.1}}<-1.67\right\}\\&\approx 1-\Phi(-1.67)\\&=\Phi(1.67)\\&=0.9525.\end{aligned}$$

第5章基础篇
题7

方法二:用随机变量 X_i 表示第 i 个部件是否正常工作:

$$X_i=\begin{cases}1, & \text{部件正常工作},\\0, & \text{部件损坏},\end{cases}\quad 1\leqslant i\leqslant 100.$$

则 $P\{X_i=1\}=0.9,P\{X_i=0\}=0.1$,因此 $E(X_i)=0.9,D(X_i)=0.09$,本题求解目标为 $P\left\{\sum_{i=1}^{100}X_i\geqslant 85\right\}$.由中心极限定理,$\sum_{i=1}^{100}X_i\overset{\text{近似}}{\sim}N(90,9)$.故

$$P\left\{\sum_{i=1}^{100}X_i\geqslant 85\right\}=P\left\{\frac{\sum_{i=1}^{100}X_i-90}{\sqrt{9}}\geqslant\frac{85-90}{\sqrt{9}}\right\}\approx 1-\Phi\left(\frac{85-90}{\sqrt{9}}\right)=\Phi(1.67)=0.9525.$$

可见,整个系统起作用的概率为0.9525.

(二) 提高篇

题型总结: 本部分主要是中心极限定理在优化问题中的应用.

1. 计算器在进行加法运算时,将每个加数舍入为最靠近它的整数.设所有舍入误差是独立随机变量,且都在$(-0.5,0.5)$上服从均匀分布.

(1) 若将1500个数相加,求总误差的绝对值超过15的概率;

(2) 若要使总误差的绝对值小于10的概率不小于0.9,问最多可有多少个数相加?

解 设第 i 个数的舍入误差为 $X_i(1\leqslant i\leqslant 1500)$,由题意知 $X_1,X_2,\cdots,X_{1500}$ 相互独立,$X_i\sim U(-0.5,0.5),E(X_i)=0,D(X_i)=\frac{1}{12}$.

(1) 将1500个数相加,总误差为 $\sum_{i=1}^{1500}X_i$.由中心极限定理,$\sum_{i=1}^{1500}X_i\overset{\text{近似}}{\sim}N(0,125)$.故本小题的求解目标是

$$P\left\{\left|\sum_{i=1}^{1500}X_i\right|>15\right\}=P\left\{\sum_{i=1}^{1500}X_i>15\right\}+P\left\{\sum_{i=1}^{1500}X_i<-15\right\}$$

$$=2\times P\left\{\sum_{i=1}^{1500}X_i>15\right\}$$

$$=2\times P\left\{\frac{\sum_{i=1}^{1500}X_i-0}{\sqrt{125}}>\frac{15-0}{\sqrt{125}}\right\}$$

$$=2\times\left[1-\Phi\left(\frac{15}{\sqrt{125}}\right)\right]$$

$$\approx 2\times[1-\Phi(1.34)]$$

$$=2\times(1-0.9099)$$

$$=0.1802.$$

可见,总误差的绝对值超过 15 的概率为 0.1802.

(2) 要使总误差的绝对值小于 10 的概率不小于 0.9,记最多可有 N 个数相加.本小题的求解目标是满足 $P\left\{\left|\sum_{i=1}^{N}X_i\right|<10\right\}\geqslant 0.9$ 的最大 N.由中心极限定理,$\sum_{i=1}^{N}X_i\overset{近似}{\sim}N\left(0,\frac{N}{12}\right)$.因此

$$P\left\{\left|\sum_{i=1}^{N}X_i\right|<10\right\}=P\left\{-10<\sum_{i=1}^{N}X_i<10\right\}$$

$$=P\left\{\sum_{i=1}^{N}X_i<10\right\}-P\left\{\sum_{i=1}^{N}X_i\leqslant -10\right\}$$

$$=P\left\{\frac{\sum_{i=1}^{N}X_i-0}{\sqrt{N/12}}<\frac{10-0}{\sqrt{N/12}}\right\}-P\left\{\frac{\sum_{i=1}^{N}X_i-0}{\sqrt{N/12}}\leqslant\frac{-10-0}{\sqrt{N/12}}\right\}$$

$$\approx\Phi\left(\frac{10}{\sqrt{N/12}}\right)-\Phi\left(-\frac{10}{\sqrt{N/12}}\right)$$

$$=2\times\Phi\left(\frac{10}{\sqrt{N/12}}\right)-1\geqslant 0.9,$$

$$\Rightarrow\Phi\left(\frac{10}{\sqrt{N/12}}\right)\geqslant 0.95.$$

又由于 $\Phi(1.64)<0.95<\Phi(1.65)$,故由标准正态分布函数的单调性可知,满足 $P\left\{\left|\sum_{i=1}^{N}X_i\right|<10\right\}\geqslant 0.9$ 的最大 N 应满足 $\frac{10}{\sqrt{N/12}}\geqslant 1.65$,解得 $N\leqslant 440.7713$,故取 $N=440$.

可见,若要使总误差的绝对值小于 10 的概率不小于 0.9,最多可有 440 个数相加.

2. 一公寓有 200 户住户,每户拥有汽车数 X 的分布律为

X	0	1	2
P	0.1	0.6	0.3

问需要设计多少车位,才能使每辆汽车都拥有一个车位的概率至少为 0.95?

解 设第 i 户住户拥有汽车数为 $X_i(1\leqslant i\leqslant 200)$,由题意知 $X_1,X_2,\cdots,X_{200}$ 相互独立,$E(X_i)=1.2,D(X_i)=0.36$. 本题的求解目标是满足 $P\left\{\sum_{i=1}^{200}X_i\leqslant N\right\}\geqslant 0.95$ 的最小设计车位数 N. 由中心极限定理,$\sum_{i=1}^{200}X_i\overset{\text{近似}}{\sim}N(200\times 1.2,200\times 0.36)$. 因此

$$P\left\{\sum_{i=1}^{200}X_i\leqslant N\right\}=P\left\{\frac{\sum_{i=1}^{200}X_i-240}{\sqrt{200\times 0.36}}\leqslant\frac{N-240}{\sqrt{200\times 0.36}}\right\}\approx\Phi\left(\frac{N-240}{\sqrt{200\times 0.36}}\right)=\Phi\left(\frac{N-240}{6\sqrt{2}}\right).$$

由于 $\Phi(1.64)<0.95<\Phi(1.65)$,故由标准正态分布函数的单调性可知,满足条件的最小 N 应满足 $\frac{N-240}{6\sqrt{2}}\geqslant 1.65$,解得 $N\geqslant 254.0007$,取 $N=255$.

可见,至少要有 255 个设计车位,才能使每辆汽车都拥有一个车位的概率至少为 0.95.

3. 城市设计院对某住宅小区进行设计时估算用电负荷,设该小区有 300 户居民,晚 5:30至 7:30 每户居民使用电器的总功率 $X_i\sim U(1,3)$(单位:千瓦),则该小区用电负荷设计至少为多大才能保证 99%及以上的居民正常用电?

解 由题意,$E(X_i)=2,D(X_i)=\frac{1}{3}$. 本题的求解目标是满足 $P\left\{\sum_{i=1}^{300}X_i\leqslant N\right\}\geqslant 0.99$ 的最小设计用电负荷 N(单位:千瓦). 由中心极限定理,$\sum_{i=1}^{300}X_i\overset{\text{近似}}{\sim}N\left(300\times 2,300\times\frac{1}{3}\right)$. 因此

$$P\left\{\sum_{i=1}^{300}X_i\leqslant N\right\}=P\left\{\frac{\sum_{i=1}^{300}X_i-600}{\sqrt{100}}\leqslant\frac{N-600}{\sqrt{100}}\right\}\approx\Phi\left(\frac{N-600}{\sqrt{100}}\right)=\Phi\left(\frac{N-600}{10}\right).$$

由于 $\Phi(2.32)<0.99<\Phi(2.33)$,故由标准正态分布函数的单调性可知,满足条件的最小 N 应满足 $\frac{N-600}{10}\geqslant 2.33$,解得 $N=623.3$.

可见,至少要有 623.3 千瓦的设计用电负荷,才能保证 99%及以上的居民正常用电.

4.【2001 数学三、四】生产线生产的产品成箱包装,每箱的重量是随机的,假设每箱平均重 50 千克,标准差为 5 千克. 若用最大载重量为 5 吨的汽车承运,试利用中心极限定理说明每辆车最多可以装多少箱,才能保障不超载的概率大于 0.977〔$\Phi(2)=0.977$,其中 $\Phi(x)$ 是标准正态分布函数〕.

解 设 $X_i=$"装运的第 i 箱的重量(单位:千克)"$(i=1,2,\cdots,n)$,n 为箱数. 根据题意,$X_1,X_2,\cdots,X_n$ 独立同分布,$E(X_i)=50$,$\sqrt{D(X_i)}=5$. n 箱的总重量记为 U_n,$U_n=\sum_{i=1}^{n}X_i$. 由中心极限定理,不超载的概率为

$$P\left\{\sum_{i=1}^{n}X_i\leqslant 5000\right\}=P\left\{\frac{\sum_{i=1}^{n}X_i-50n}{5\sqrt{n}}\leqslant\frac{5000-50n}{5\sqrt{n}}\right\}$$

$$\approx\Phi\left(\frac{1000-10n}{\sqrt{n}}\right)>0.977=\Phi(2).$$

第 5 章提高篇题 4

所以，$\frac{1000-10n}{\sqrt{n}}>2$，即 $n<98.0199$. 亦即每辆车最多可以装 98 箱.

5. 一辆货车运载装满货物的纸箱，各纸箱的重量（单位：千克）是独立随机变量且服从同一分布，均值为 25.5，均方差为 2. 若要以不低于 0.9 的概率使总重量不超过 2500 千克，该货车最多装多少个纸箱？

解　设该货车最多装 N 个纸箱，第 i 个纸箱的重量为 $X_i(1\leqslant i\leqslant N)$，由题意知 $X_1,X_2,\cdots,X_N$ 相互独立，$E(X_i)=25.5$，$D(X_i)=2^2$. 本题的求解目标是满足 $P\left\{\sum_{i=1}^{N}X_i\leqslant 2500\right\}\geqslant 0.9$ 的最大纸箱数 N. 由中心极限定理，$\sum_{i=1}^{N}X_i\overset{\text{近似}}{\sim}N(25.5N,4N)$. 由于 $\Phi(1.28)<0.9<\Phi(1.29)$，且

$$P\left\{\sum_{i=1}^{N}X_i\leqslant 2500\right\}=P\left\{\frac{\sum_{i=1}^{N}X_i-25.5N}{\sqrt{4N}}\leqslant\frac{2500-25.5N}{\sqrt{4N}}\right\}\approx\Phi\left(\frac{2500-25.5N}{\sqrt{4N}}\right),$$

由标准正态分布函数的单调性可知，满足 $P\left\{\sum_{i=1}^{N}X_i\leqslant 2500\right\}\geqslant 0.9$ 的最大纸箱数 N 应满足 $\frac{2500-25.5N}{\sqrt{4N}}\geqslant 1.29$，解得 $N=97$.

可见，该货车最多装 97 个纸箱.

6. 保险公司为了估计企业的利润，需要计算各种概率. 假设现要设置一项保险：一辆自行车年交保费 2 元，若自行车丢失，保险公司赔偿 200 元，设在一年内自行车丢失的概率为 0.001，问至少要有多少辆自行车投保才能以不小于 0.9 的概率保证这一保险不亏本？

解　方法一：设一共有 N 辆自行车投保，X 表示一年内丢失的自行车数，则 $X\sim b(N,0.001)$，$E(X)=0.001N$，$D(X)=0.999\times10^{-3}N$. 本题的求解目标是满足 $P\{200X\leqslant 2N\}\geqslant 0.9$ 的最小 N. 由棣莫弗-拉普拉斯中心极限定理，$\frac{X-0.001N}{\sqrt{0.999\times10^{-3}N}}\overset{\text{近似}}{\sim}N(0,1)$. 于是

$$P\{200X\leqslant 2N\}=P\left\{\frac{X-0.001N}{\sqrt{0.999\times10^{-3}N}}\leqslant\frac{0.009N}{\sqrt{0.999\times10^{-3}N}}\right\}$$

$$\approx\Phi\left(\frac{0.009N}{\sqrt{0.999\times10^{-3}N}}\right)\geqslant 0.9,$$

由标准正态分布函数的单调性可知，满足条件的最小 N 应满足 $\frac{0.009N}{\sqrt{0.999\times10^{-3}N}}\geqslant 1.29$，解得 $N=21$.

方法二：设第 i 辆自行车一年内赔付额为 X_i，相互独立. 由题意，X_i 的所有可能取值为

$$X_i=\begin{cases}200, & \text{自行车丢失},\\ 0, & \text{自行车未丢失}.\end{cases}$$

取值概率分别为 $P\{X_i=200\}=0.001$，$P\{X_i=0\}=0.999$. 因此 $E(X_i)=0.2$，$D(X_i)=$

39.96.假设一共有 N 辆自行车投保,则一年内的赔付总额为 $\sum_{i=1}^{N} X_i$. 另外,一年的保费收入为 $2N$. 本题的求解目标是满足 $P\left\{\sum_{i=1}^{N} X_i \leqslant 2N\right\} \geqslant 0.9$ 的最小 N. 由中心极限定理,$\sum_{i=1}^{N} X_i \overset{\text{近似}}{\sim} N(0.2N, 39.96N)$. 因此

$$P\left\{\sum_{i=1}^{N} X_i \leqslant 2N\right\} = P\left\{\frac{\sum_{i=1}^{N} X_i - 0.2N}{\sqrt{39.96N}} \leqslant \frac{2N - 0.2N}{\sqrt{39.96N}}\right\} \approx \Phi\left(\frac{2N - 0.2N}{\sqrt{39.96N}}\right)$$

$$= \Phi(0.2847\sqrt{N}).$$

由于 $\Phi(1.28) < 0.9 < \Phi(1.29)$,故由标准正态分布函数的单调性可知,满足条件的最小 N 应满足 $0.2847\sqrt{N} \geqslant 1.29$,解得 $N=21$.

可见,至少要有 21 辆自行车投保才能以不小于 0.9 的概率保证这一保险不亏本.

7. 某种电子元件的寿命(单位:小时)具有数学期望 μ(未知),方差 $\sigma^2 = 400$. 为了估计 μ,随机地取 n 只这种元件,在 $t=0$ 时刻投入测试(测试是相互独立的)直到失效,测得其寿命为 $X_1, X_2, \cdots, X_n$,以 $\overline{X} = \frac{1}{n}\sum_{k=1}^{n} X_k$ 作为 μ 的估计,为使 $P\{|\overline{X} - \mu| < 1\} \geqslant 0.95$,问 n 至少为多少?

解 由题意知 $X_i(1 \leqslant i \leqslant n)$ 相互独立,$E(X_i) = \mu$,$D(X_i) = \sigma^2 = 400$. 由中心极限定理,$\overline{X} = \frac{1}{n}\sum_{k=1}^{n} X_k \overset{\text{近似}}{\sim} N\left(\mu, \frac{400}{n}\right)$. 故

$$\begin{aligned} P\{|\overline{X}-\mu|<1\} &= P\{-1<\overline{X}-\mu<1\} \\ &= P\left\{\frac{-1}{\sqrt{400/n}} < \frac{\overline{X}-\mu}{\sqrt{400/n}} < \frac{1}{\sqrt{400/n}}\right\} \\ &\approx \Phi\left(\frac{1}{\sqrt{400/n}}\right) - \Phi\left(\frac{-1}{\sqrt{400/n}}\right) \\ &= 2\times\Phi\left(\frac{1}{\sqrt{400/n}}\right) - 1. \end{aligned}$$

由 $P\{|\overline{X}-\mu|<1\} \geqslant 0.95$ 可推知 $\Phi\left(\frac{1}{\sqrt{400/n}}\right) \geqslant 0.975$. 由于 $\Phi(1.96) = 0.975$,故由标准正态分布函数的单调性可知,满足条件的最小 n 应满足 $\frac{1}{\sqrt{400/n}} \geqslant 1.96$,解得 $n=1537$.

可见,满足条件的 n 至少为 1537.

8. 某种小汽车氧化氮排放量的数学期望为 0.9 g/km,标准差为 1.9 g/km,某公司有 100 辆这样的汽车,以 $\overline{X}$ 表示这些车辆的氧化氮排放量的算术平均值,问当 L 最小为何值时,$\overline{X} > L$ 的概率不超过 0.01?

第 5 章提高篇题 8

解 设第 i 辆小汽车氧化氮的排放量为 $X_i(1 \leqslant i \leqslant 100)$,由题意知 $X_1, X_2, \cdots, X_{100}$ 相互独立,$E(X_i) = 0.9$,$D(X_i) = 1.9^2$. 本题的求解目标是

满足 $P\{\overline{X}>L\}\leqslant 0.01$ 的最小 L. 由中心极限定理, $\overline{X}=\frac{1}{100}\sum_{i=1}^{100}X_i\overset{\text{近似}}{\sim}N\left(0.9,\frac{1.9^2}{100}\right)$. 因此

$$P\{\overline{X}>L\}=P\left\{\frac{\overline{X}-0.9}{\sqrt{1.9^2/100}}>\frac{L-0.9}{\sqrt{1.9^2/100}}\right\}\approx 1-\Phi\left(\frac{L-0.9}{\sqrt{1.9^2/100}}\right)=1-\Phi\left(\frac{L-0.9}{1.9/10}\right).$$

$P\{\overline{X}>L\}\leqslant 0.01$ 等价于 $\Phi\left(\frac{L-0.9}{1.9/10}\right)\geqslant 0.99$. 由于 $\Phi(2.32)<0.99<\Phi(2.33)$, 故由标准正态分布函数的单调性可知, 满足条件的最小 L 应满足 $\frac{L-0.9}{1.9/10}\geqslant 2.33$, 解得 $L=1.3427$.

可见, 满足条件的最小 L 为 1.3427(单位: g/km).

点评: 第 7 题和第 8 题是列维-林德伯格中心极限定理在随机变量均值的概率的近似计算中的应用.

(三) 挑战篇

1. 一本书共有一百万个印刷符号, 在排版时每个符号被排错的概率为 0.0001, 在校对时每个排版错误被改正的概率为 0.9, 求一本书在校对后错误不多于 15 个的概率.

解　设一本书中第 i 个印刷符号在校对后是否错误对应随机变量 $X_i(1\leqslant i\leqslant 10^6)$, 由题意知 $X_1,X_2,\cdots,X_{10^6}$ 相互独立. 由题意, X_i 的所有可能取值为

$$X_i=\begin{cases}1, & \text{校对后错误,}\\ 0, & \text{校对后正确,}\end{cases}$$

取值概率分别为 $P\{X_i=1\}=0.0001\times 0.1=0.000\,01$, $P\{X_i=0\}=0.999\,99$. 因此 $E(X_i)=10^{-5}$, $D(X_i)=0.999\,99\times 10^{-5}$.

一本书在校对后错误总数为 $\sum_{i=1}^{10^6}X_i$. 本题求解目标为 $P\left\{\sum_{i=1}^{10^6}X_i\leqslant 15\right\}$. 由中心极限定理, $\sum_{i=1}^{10^6}X_i\overset{\text{近似}}{\sim}N(10,9.9999)$. 故

$$P\left\{\sum_{i=1}^{10^6}X_i\leqslant 15\right\}=P\left\{\frac{\sum_{i=1}^{10^6}X_i-10}{\sqrt{9.9999}}\leqslant\frac{15-10}{\sqrt{9.9999}}\right\}\approx\Phi\left(\frac{15-10}{\sqrt{9.9999}}\right)=\Phi(1.58)=0.9429.$$

可见, 一本书在校对后错误不多于 15 个的概率为 0.9429.

2. 独立地测量一个物理量, 每次测量产生的随机误差都服从 $(-1,1)$ 上的均匀分布.

(1) 如果取 n 次测量的算术平均值作为测量结果, 求它与真值误差的绝对值小于一个小的正数 ε 的概率;

(2) 计算 $n=36$, $\varepsilon=\frac{1}{6}$ 时概率的近似值;

(3) 当 $\varepsilon=\frac{1}{6}$ 时, 要使上述概率不小于 0.95, 应至少进行多少次测量?

解　设物理量的真值为 A, 第 i 次测量产生的随机误差为 $X_i(1\leqslant i\leqslant n)$, 由题意知, $X_i\sim$

$U(-1,1)$,相互独立,故 $E(X_i)=0, D(X_i)=\frac{1}{3}$.

(1) 取 n 次测量的算术平均值 $\frac{1}{n}\sum_{i=1}^{n}(A+X_i)$ 作为测量结果,则它与真值误差的绝对值小于一个小的正数 ε 的概率为

$$P\left\{\left|\frac{1}{n}\sum_{i=1}^{n}(A+X_i)-A\right|<\varepsilon\right\}=P\left\{-n\varepsilon<\sum_{i=1}^{n}X_i<n\varepsilon\right\}.$$

由中心极限定理,$\sum_{i=1}^{n}X_i \overset{\text{近似}}{\sim} N\left(0,\frac{n}{3}\right)$. 因此

$$\begin{aligned}
P\left\{-n\varepsilon<\sum_{i=1}^{n}X_i<n\varepsilon\right\}&=P\left\{\sum_{i=1}^{n}X_i<n\varepsilon\right\}-P\left\{\sum_{i=1}^{n}X_i\leqslant -n\varepsilon\right\}\\
&=P\left\{\frac{\sum_{i=1}^{n}X_i-0}{\sqrt{n/3}}<\frac{n\varepsilon-0}{\sqrt{n/3}}\right\}-P\left\{\frac{\sum_{i=1}^{n}X_i-0}{\sqrt{n/3}}\leqslant\frac{-n\varepsilon-0}{\sqrt{n/3}}\right\}\\
&\approx \Phi(\sqrt{3n}\varepsilon)-\Phi(-\sqrt{3n}\varepsilon)\\
&=2\times\Phi(\sqrt{3n}\varepsilon)-1.
\end{aligned}$$

可见,将 n 次测量的算术平均值作为测量结果,它与真值误差的绝对值小于一个小的正数 ε 的概率为 $2\times\Phi(\sqrt{3n}\varepsilon)-1$.

(2) 取 $n=36, \varepsilon=\frac{1}{6}$,概率的近似值为

$$2\times\Phi\left(\sqrt{3\times 36}\times\frac{1}{6}\right)-1=2\times\Phi(1.73)-1=2\times 0.9582-1=0.9164.$$

(3) 当 $\varepsilon=\frac{1}{6}$ 时,要使上述概率不小于 0.95,记至少需要进行 N 次测量. 由 $2\times\Phi\left(\frac{\sqrt{3N}}{6}\right)-1\geqslant 0.95$ 推出 $\Phi\left(\frac{\sqrt{3N}}{6}\right)\geqslant 0.975$. 由于 $\Phi(1.96)=0.975$,故由标准正态分布函数的单调性可知,满足条件的最小 N 应满足 $\frac{\sqrt{3N}}{6}\geqslant 1.96$,解得 $N\geqslant 46.0992$,取 $N=47$.

可见,至少需要进行 47 次测量.

3. 随机地选取两组学生,每组 80 人,分别在两个实验室里测量某种化合物的 pH 值. 各人测量的结果是随机变量,且相互独立服从同一分布,数学期望为 5,方差为 0.3,以 $\overline{X}, \overline{Y}$ 分别表示第一组和第二组所得结果的算术平均值.

(1) 求 $P\{4.9<\overline{X}<5.1\}$;

(2) 求 $P\{-0.1<\overline{X}-\overline{Y}<0.1\}$.

解 将两组学生中的第 i 个学生的测量结果分别记为 X_i 和 $Y_i(1\leqslant i\leqslant 80)$,由题意,它们相互独立,且 $E(X_i)=E(Y_i)=5, D(X_i)=D(Y_i)=0.3$. 由中心极限定理,$\overline{X}=\frac{1}{80}\sum_{i=1}^{80}X_i \overset{\text{近似}}{\sim} N\left(5,\frac{0.3}{80}\right)$, $\overline{Y}=\frac{1}{80}\sum_{i=1}^{80}Y_i \overset{\text{近似}}{\sim} N\left(5,\frac{0.3}{80}\right)$.

(1)
$$P\{4.9<\overline{X}<5.1\}=P\left\{\frac{4.9-5}{\sqrt{0.3/80}}<\frac{\overline{X}-5}{\sqrt{0.3/80}}<\frac{5.1-5}{\sqrt{0.3/80}}\right\}$$
$$\approx\Phi\left(\frac{5.1-5}{\sqrt{0.3/80}}\right)-\Phi\left(\frac{4.9-5}{\sqrt{0.3/80}}\right)$$
$$=2\times\Phi\left(\frac{0.1}{\sqrt{0.3/80}}\right)-1$$
$$=2\times\Phi(1.63)-1$$
$$=0.8968.$$

(2) 由 $\overline{X}$ 和 $\overline{Y}$ 相互独立，可知 $\overline{X}-\overline{Y}\overset{\text{近似}}{\sim}N\left(0,\frac{0.3}{40}\right)$. 故

$$P\{-0.1<\overline{X}-\overline{Y}<0.1\}=P\left\{\frac{-0.1}{\sqrt{0.3/40}}<\frac{\overline{X}-\overline{Y}-0}{\sqrt{0.3/40}}<\frac{0.1}{\sqrt{0.3/40}}\right\}$$
$$\approx\Phi\left(\frac{0.1}{\sqrt{0.3/40}}\right)-\Phi\left(\frac{-0.1}{\sqrt{0.3/40}}\right)$$
$$=2\times\Phi\left(\frac{0.1}{\sqrt{0.3/40}}\right)-1$$
$$=2\times\Phi(1.15)-1$$
$$=0.7498.$$

4. 某药厂断言，该厂生产的某种药品对某种疾病的治愈率为 0.8，医院任意抽查 100 个服用此药的病人，若其中不少于 75 人治愈，就接受此断言，否则就拒绝此断言.

(1) 若实际上此药对这种疾病的治愈率是 0.8，求接受这一断言的概率；

(2) 若实际上此药对这种疾病的治愈率是 0.7，求接受这一断言的概率.

解　用随机变量 X_i 表示第 i 个服用此药的病人是否治愈：

$$X_i=\begin{cases}1, & \text{治愈},\\ 0, & \text{未治愈},\end{cases}\quad 1\leqslant i\leqslant 100.$$

为了对两个问题给出统一的解答，令 $P\{X_i=1\}=p$，$P\{X_i=0\}=1-p$. 因此 $E(X_i)=p$，$D(X_i)=p(1-p)$. 则接受断言的概率为 $P\left\{\sum_{i=1}^{100}X_i\geqslant 75\right\}$. 由中心极限定理，$\sum_{i=1}^{100}X_i\overset{\text{近似}}{\sim}N(100p,100p(1-p))$. 故

$$P\left\{\sum_{i=1}^{100}X_i\geqslant 75\right\}=P\left\{\frac{\sum_{i=1}^{100}X_i-100p}{\sqrt{100p(1-p)}}\geqslant\frac{75-100p}{\sqrt{100p(1-p)}}\right\}\approx 1-\Phi\left(\frac{7.5-10p}{\sqrt{p(1-p)}}\right).$$

(1) 若实际上此药对这种疾病的治愈率是 $p=0.8$，则接受这一断言的概率为 $1-\Phi\left(\frac{-0.5}{\sqrt{0.8\times 0.2}}\right)=\Phi(1.25)=0.8944$.

(2) 若实际上此药对这种疾病的治愈率是 $p=0.7$，则接受这一断言的概率为 $1-\Phi\left(\frac{0.5}{\sqrt{0.7\times 0.3}}\right)=1-\Phi(1.09)=0.1379$.

总习题五

一、选择题

总习题五
选择题1

1.【2002数学四】设随机变量 $X_1,X_2,\cdots,X_n$ 相互独立,$S_n=X_1+X_2+\cdots+X_n$,则根据列维-林德伯格中心极限定理,当 n 充分大时,S_n 近似服从正态分布,只要 $X_1,X_2,\cdots,X_n$ (   ).

A. 有相同的数学期望　　B. 有相同的方差

C. 服从同一指数分布　　D. 服从同一离散型分布

2.【2005数学四】设 $X_1,X_2,\cdots,X_n,\cdots$ 为独立同分布的随机变量序列,且均服从参数为 $\lambda(\lambda>1)$ 的指数分布,记 $\Phi(x)$ 为标准正态分布函数,则(   ).

A. $\lim\limits_{n\to\infty}P\left\{\dfrac{\sum\limits_{i=1}^{n}X_i-n\lambda}{\lambda\sqrt{n}}\leqslant x\right\}=\Phi(x)$　　B. $\lim\limits_{n\to\infty}P\left\{\dfrac{\sum\limits_{i=1}^{n}X_i-\lambda n}{\sqrt{\lambda n}}\leqslant x\right\}=\Phi(x)$

C. $\lim\limits_{n\to\infty}P\left\{\dfrac{\lambda\sum\limits_{i=1}^{n}X_i-n}{\sqrt{n}}\leqslant x\right\}=\Phi(x)$　　D. $\lim\limits_{n\to\infty}P\left\{\dfrac{\sum\limits_{i=1}^{n}X_i-\lambda}{\lambda\sqrt{n}}\leqslant x\right\}=\Phi(x)$

3. 设 $X_1,X_2,\cdots,X_n$ 为来自总体 X 的简单随机样本,其中 $P\{X=0\}=P\{X=1\}=\dfrac{1}{2}$,$\Phi(x)$ 表示标准正态分布函数,则利用中心极限定理可得 $P\left\{\sum\limits_{i=1}^{100}X_i\leqslant 55\right\}$ 的近似值为(   ).

A. $1-\Phi(1)$　　B. $\Phi(1)$　　C. $1-\Phi(0.2)$　　D. $\Phi(0.2)$

4. 设随机变量 $X_1,X_2,\cdots,X_n,\cdots$ 相互独立,且 X_i 都服从参数为 $\dfrac{1}{2}$ 的指数分布,则当 n 充分大时,随机变量 $Z_n=\dfrac{1}{n}\sum\limits_{i=1}^{n}X_i$ 的概率分布近似服从(   ).

A. $N(2,4)$　　B. $N\left(2,\dfrac{4}{n}\right)$　　C. $N\left(\dfrac{1}{2},\dfrac{1}{4n}\right)$　　D. $N(2n,4n)$

5. 设随机变量 $X_1,X_2,\cdots,X_n,\cdots$ 独立同分布,且 $E(X_n)=0$,则 $\lim\limits_{n\to\infty}P\left\{\sum\limits_{i=1}^{n}X_i<n\right\}=$(   ).

A. 0　　B. $\dfrac{1}{4}$　　C. $\dfrac{1}{2}$　　D. 1

6. 设某餐厅每天接待300名顾客,并设每位顾客的消费额(单位:元)服从均匀分布 $U(40,100)$,且顾客的消费相互独立. 用中心极限定理估计该餐厅日营业额超过21 750元的概率为(   )(用标准正态分布函数表示).

A. $1-\Phi(2.5)$　　B. $\Phi(2.5)$　　C. $1-\Phi(1.25)$　　D. $\Phi(1.25)$

二、填空题

1. 设总体 X 服从参数为2的指数分布,$X_1,X_2,\cdots,X_n$ 为来自总体的简单随机样本,则

当 $n \to \infty$ 时，$Y_n = \dfrac{1}{n}\sum\limits_{i=1}^{n} X_i^2$ 依概率收敛于________.

2. 设 $X_1, X_2, \cdots, X_n, \cdots$ 是独立同分布的随机变量序列，且 $P\{X_i = 1\} = p$，$P\{X_i = 0\} = 1 - p(0 < p < 1, i = 1,2,\cdots,n)$，令 $Y_n = \sum\limits_{i=1}^{n} X_i (n = 1,2,\cdots)$，$\Phi(x)$ 为标准正态分布函数，则 $\lim\limits_{n\to\infty} P\left\{\dfrac{Y_n - np}{\sqrt{np(1-p)}} \leqslant 1\right\} =$ ________.

总习题五
填空题 3

3. 设连续型随机变量序列 $X_1, X_2, \cdots$ 独立同分布，概率密度函数为

$$f(x)=\begin{cases}2x, & 0<x<1,\\ 0, & \text{其他},\end{cases}$$

则 $\lim\limits_{n\to\infty} P\left\{\dfrac{1}{n}\sum\limits_{k=1}^{n} X_k > 2\right\} =$ ________.

4. 设 $X_1, X_2, \cdots, X_n, \cdots$ 是一随机变量序列，X 是一随机变量，若对任意正数 ε，有________成立，则称序列 $X_1, X_2, \cdots, X_n, \cdots$ 依概率收敛于 X.

5. 某种种子的发芽率为 0.2，现播种 400 粒该种种子，超过 90 粒种子发芽的概率为________〔用中心极限定理近似计算，$\Phi(1.25) = 0.8944$，$\Phi(1) = 0.8413$〕.

总习题五
填空题 6

6. 有 100 道单项选择题，每题有 4 个备选答案，且只有一个正确答案. 规定选择正确得 1 分，选择错误得 0 分. 假设无知者对于每一道题都是从 4 个备选答案中随机地选答案且每题必选，利用中心极限定理估计他能够超过 60 分的概率近似为________〔用标准正态分布的分布函数 $\Phi(x)$ 表示〕.

三、解答题

1. 一工人修理一台机器需要两个阶段，第一阶段所需时间(单位:小时)服从均值为 0.2 的指数分布，第二阶段所需时间服从均值为 0.3 的指数分布，且与第一阶段独立. 现有 20 台机器需要修理，求他在 8 小时内完成的概率.

2. 某校有 1000 名学生，在某时间段内每名学生去阅览室自习的概率为 0.05，且每名学生去阅览室自习与否相互独立. 问至少在阅览室设置多少个座位，才能保证来自习的每名学生都有座位的概率不低于 0.95?

总习题五参考答案

一、选择题

1. C；　2. C；　3. B；　4. B；　5. D；　6. A.

二、填空题

1. $\dfrac{1}{2}$；　2. $\Phi(1)$；　3. 0；　4. $\lim\limits_{n\to\infty} P\{|X_n - X| < \varepsilon\} = 1$；　5. 0.1056；　6. $1 - \Phi\left(\dfrac{14\sqrt{3}}{3}\right)$.

三、解答题

1. **解**　设修理第 i 台机器第一阶段耗时 X_i，第二阶段耗时 Y_i，则共耗时 $Z_i = X_i + Y_i$. 由已知 $E(X_i) = 0.2$，$E(Y_i) = 0.3$，故 $E(Z_i) = E(X_i) + E(Y_i) = 0.5$，$D(Z_i) = D(X_i) +$

$D(Y_i)=0.13$.由中心极限定理,$\sum_{i=1}^{20} Z_i$ 近似服从 $N(20\times0.5,20\times0.13)=N(10,2.6)$,所求概率为

$$P\left\{\sum_{i=1}^{20} Z_i \leqslant 8\right\}\approx \Phi\left(\frac{8-10}{\sqrt{2.6}}\right)=\Phi(-1.24)=0.1075.$$

2. **解** 设有 X 名学生去阅览室自习,座位数为 n,则 $X\sim b(1000,0.05)$,$E(X)=50$,$D(X)=475$.由中心极限定理,来自习的每名学生都有座位的概率不低于 0.95,即

$$0.95\leqslant P\{X\leqslant n\}=P\left\{\frac{X-50}{\sqrt{475}}<\frac{n-50}{\sqrt{475}}\right\}\approx\Phi\left(\frac{n-50}{\sqrt{475}}\right),$$

由 $\Phi(1.64)<0.95<\Phi(1.65)$,当$\frac{n-50}{\sqrt{475}}\geqslant1.65$,即 $n\geqslant85.961$ 时,上述不等式成立,故 n 最小为 86.

第 5 章在线测试

第6章

随机过程的概念及其统计特性

一、知识要点

(一) 随机过程的定义

定义1 设E是一随机试验,样本空间为$\Omega=\{\omega\}$,参数集$T\subset(-\infty,+\infty)$,如果对任意的$t\in T$,有一定义在$\Omega$上的随机变量$X(\omega,t)$与之对应,则称随机变量族$\{X(\omega,t),t\in T\}$是参数集为$T$的随机过程,简记为$\{X(t),t\in T\}$或$X(t)$.

定义2 设E是一随机试验,样本空间为$\Omega=\{\omega\}$,参数集$T\subset(-\infty,+\infty)$,如果对所有的$\omega\in\Omega$,就得到一族时间$t$的函数,则称函数族$\{X(\omega,t),\omega\in\Omega\}$是参数集为$T$的随机过程,族中的每一个函数称为样本函数.

(二) 有限维分布

设$\{X(t),t\in T\}$是随机过程,对任意$n\geqslant1$和不同时刻$t_1,t_2,\cdots,t_n\in T$,随机向量$(X(t_1),X(t_2),\cdots,X(t_n))$的分布函数为

$$F_n(x_1,x_2,\cdots,x_n;t_1,t_2,\cdots,t_n)=P\{X(t_1)\leqslant x_1,X(t_2)\leqslant x_2,\cdots,X(t_n)\leqslant x_n\},$$

这些分布函数的全体$F=\{F_n(x_1,x_2,\cdots,x_n;t_1,t_2,\cdots,t_n),t_i\in T,i=1,2,\cdots,n,n\geqslant1\}$称为$\{X(t),t\in T\}$的**有限维分布函数族**.

(三) 随机过程的数字特征

设$\{X(t),t\in T\}$和$\{Y(t),t\in T\}$均为二阶矩过程,即对任意的$t\in T$,

$$E[X^2(t)]<+\infty,\quad E[Y^2(t)]<+\infty.$$

(1) **均值函数**:$\mu_X(t)\triangleq E[X(t)],t\in T$.

(2) **均方值函数**:$\Psi_X^2(t)\triangleq E[X^2(t)],t\in T$.

(3) **方差函数**:$\sigma_X^2(t)\triangleq E\{[X(t)-\mu_X(t)]^2\},t\in T$.

(4) **均方差函数**:$\sigma_X(t)\triangleq\sqrt{\sigma_X^2(t)},t\in T$.

(5) **自相关函数**:$R_X(s,t)\triangleq E[X(s)X(t)],s,t\in T$.

(6) **自协方差函数**:$C_X(s,t)\triangleq E\{[X(s)-\mu_X(s)][X(t)-\mu_X(t)]\},s,t\in T$.

(7) **互相关函数**:$R_{XY}(s,t)\triangleq E[X(s)Y(t)],s,t\in T$.

(8) **互协方差函数**:$C_{XY}(s,t)\triangleq E\{[X(s)-\mu_X(s)][Y(t)-\mu_Y(t)]\},s,t\in T$.

(四) 常见随机过程

1. 独立增量过程

定义3 对任意正整数$n\geqslant2$,任意的$0\leqslant t_0<t_1<t_2<\cdots<t_n$,增量

$$X(t_1)-X(t_0),X(t_2)-X(t_1),\cdots,X(t_n)-X(t_{n-1})$$

相互独立,则称 $X(t)$ 为**独立增量过程**.

定理 1 设 $\{X(t),t\geqslant 0\}$ 是独立增量过程,且 $X(0)=0$,则

$$C_X(s,t)=\sigma_X^2[\min(s,t)].$$

2. 正交增量过程

设 $\{X(t),t\in T\}$ 为实的或复的二阶矩过程,如果对任意的 $t_1<t_2\leqslant t_3<t_4$,有

$$E\{[X(t_2)-X(t_1)]\overline{[X(t_4)-X(t_3)]}\}=0,$$

则称 $X(t)$ 为**正交增量过程**.

3. 平稳过程

(1) **严平稳过程**:对任意正整数 n,任意 $t_1,t_2,\cdots,t_n\in T$ 和任意 h,$t_1+h,t_2+h,\cdots,t_n+h\in T$,$n$ 维随机变量 $(X(t_1),X(t_2),\cdots,X(t_n))$ 和 $(X(t_1+h),X(t_2+h),\cdots,X(t_n+h))$ 有相同的分布函数,则称 $X(t)$ 为**严平稳过程**.

(2) **宽平稳过程**:二阶矩过程 $X(t)$ 满足:

① $E[X(t)]=\mu_X,t\in T$;

② $R_X(t,t+\tau)=E[X(t)X(t+\tau)]$ 与 t 无关,只与 τ 有关,

则称 $X(t)$ 为**宽平稳过程**.

4. 马尔可夫过程

设 $X(t)$ 的状态空间为 E,如果对任意 n,任意 n 个数值 $t_1<t_2<\cdots<t_n(n\geqslant 3)$,有

$$P\{X(t_n)\leqslant x_n\,|\,X(t_1)=x_1,X(t_2)=x_2,\cdots,X(t_{n-1})=x_{n-1}\}=P\{X(t_n)\leqslant x_n\,|\,X(t_{n-1})=x_{n-1}\},$$

则称 $X(t)$ 为**马尔可夫过程**.

5. 高斯过程

设 $\{X(t),t\in T\}$ 为 Ω 上的随机过程,如果对任意正整数 n,任意 $t_1,t_2,\cdots,t_n\in T$,$X(t_1),X(t_2),\cdots,X(t_n)$ 的联合分布是 n 维正态分布,则称 $X(t)$ 为**高斯过程**或**正态过程**.

6. 维纳过程

设随机过程 $\{W(t),t\geqslant 0\}$ 是实数值的独立增量过程,且对任意的 $0\leqslant s<t$,$W(t)-W(s)\sim N(0,\sigma^2(t-s))$,$W(0)=0$,则称 $W(t)$ 是参数为 σ^2 的**维纳过程**,其中 $\sigma>0$ 为常数.

7. 泊松过程

若计数过程 $\{N(t),t\geqslant 0\}$ 满足:

① $N(0)=0$;

② 具有独立增量性;

③ 在任一长度为 $t(t>0)$ 的区间中发生事件的个数服从均值为 $\lambda t(\lambda>0)$ 的泊松分布,即对一切 $s,t\geqslant 0$,

$$P\{N(t+s)-N(s)=n\}=\frac{(\lambda t)^n}{n!}e^{-\lambda t},\quad n=0,1,2,\cdots,$$

则称 $\{N(t),t\geqslant 0\}$ 是参数(或强度)为 λ 的(齐次)**泊松过程**.

二、分级习题

> **题型总结**:本章题型主要涉及求随机过程的数字特征,如均值函数、自相关函数和协方差函数,验证平稳过程、高斯过程和维纳过程,以及求一些简单随机过程的一维或二维分布.

(一) 基础篇

- **随机过程的有限维分布**

1. 已知随机过程 $X(t)=X\cos(\omega_0 t)$,其中 $\omega_0>0$ 为常数,$X\sim N(0,1)$,求 $X(t)$的一维概率密度.

解　由 $X\sim N(0,1)$可得 $E(X)=0,D(X)=1$,当 $\cos(\omega_0 t)\neq 0$ 时,即 $t\neq\frac{\pi(2k+1)}{2\omega_0}(k=0,1,2,\cdots)$时,$X(t)$作为正态随机变量的线性函数仍为正态变量,且

$$E[X(t)]=E[X\cos(\omega_0 t)]=\cos(\omega_0 t)E(X)=0,$$
$$D[X(t)]=\cos^2(\omega_0 t)D(X)=\cos^2(\omega_0 t),$$
$$X(t)\sim N(0,\cos^2(\omega_0 t)),$$

所以 $X(t)$的一维概率密度为

$$f(x;t)=\frac{1}{\sqrt{2\pi}\,|\cos(\omega_0 t)|}\exp\left\{-\frac{x^2}{2\cos^2(\omega_0 t)}\right\}.$$

当 $t=\frac{\pi(2k+1)}{2\omega_0}$时,$X(t)$为在 0 点的退化分布.

2. 给定一个随机过程 $X(t)$和任一实数 x,定义另一个随机过程

$$Y(t)=\begin{cases}1, & X(t)\leqslant x,\\ 0, & X(t)>x,\end{cases}$$

证明 $Y(t)$的均值函数和自相关函数分别为 $X(t)$的一维和二维分布函数.

证明　对给定的 t,$Y(t)$为随机变量,

$$\begin{aligned}\mu_Y(t)&=E[Y(t)]\\&=1\times P\{Y(t)=1\}+0\times P\{Y(t)=0\}\\&=P\{Y(t)=1\}\\&=P\{X(t)\leqslant x\}\\&=F(x;t),\end{aligned}$$

$$\begin{aligned}R_Y(t_1,t_2)&=E[Y(t_1)Y(t_2)]\\&=1\times P\{Y(t_1)=1,Y(t_2)=1\}+0\times P\{Y(t_1)=0\text{ 或 }Y(t_2)=0\}\\&=P\{Y(t_1)=1,Y(t_2)=1\}\\&=P\{X(t_1)\leqslant x_1,X(t_2)\leqslant x_2\}\\&=F(x_1,x_2;t_1,t_2).\end{aligned}$$

- **随机过程的数字特征**

3. 设随机振幅信号为

$$X(t)=V\sin(\omega_0 t),$$

其中 $\omega_0>0$ 为常数,$V\sim N(0,1)$,求该随机过程的均值函数、自相关函数、自协方差函数和方差函数.

解 由 $V\sim N(0,1)$ 可得 $E(V)=0,D(V)=1,E(V^2)=1$. 当 $\sin(\omega_0 t)\neq 0$ 时,$X(t)$作为正态随机变量的线性函数仍为正态变量,且

$$E[X(t)]=E[V\sin(\omega_0 t)]=\sin(\omega_0 t)E(V)=0,$$

所以

$$\begin{aligned}\mu_X(t)&=E[X(t)]=0,\\ R_X(t_1,t_2)&=E[X(t_1)X(t_2)]\\ &=E[V\sin(\omega_0 t_1)V\sin(\omega_0 t_2)]\\ &=E(V^2)\sin(\omega_0 t_1)\sin(\omega_0 t_2)\\ &=\sin(\omega_0 t_1)\sin(\omega_0 t_2),\\ C_X(t_1,t_2)&=R_X(t_1,t_2)-\mu_X(t_1)\mu_X(t_2)\\ &=R_X(t_1,t_2)\\ &=\sin(\omega_0 t_1)\sin(\omega_0 t_2),\\ \sigma_X^2(t)&=D[X(t)]=\sin^2(\omega_0 t)D(V)=\sin^2(\omega_0 t).\end{aligned}$$

4. 设随机过程 $X(t)=A\cos(\omega_0 t+\Theta)$,式中 $\omega_0>0$ 为常数,A 和 Θ 为相互独立的随机变量,且 $A\sim U(0,1)$,$\Theta\sim U(0,2\pi)$,求 $X(t)$的均值函数和自相关函数.

解 由 $A\sim U(0,1)$,可得 $E(A)=\frac{1}{2},D(A)=\frac{1}{12},E(A^2)=\frac{1}{3}$.

$$\mu_X(t)=E[X(t)]=E[A\cos(\omega_0 t+\Theta)]=E(A)E[\cos(\omega_0 t+\Theta)]=0.$$

$$\begin{aligned}R_X(t_1,t_2)&=E[X(t_1)X(t_2)]\\ &=E[A\cos(\omega_0 t_1+\Theta)A\cos(\omega_0 t_2+\Theta)]\\ &=E(A^2)E[\cos(\omega_0 t_1+\Theta)\cos(\omega_0 t_2+\Theta)]\\ &=\frac{1}{6}\cos[\omega_0(t_1-t_2)].\end{aligned}$$

5. 设随机过程 $X(t)=Ut\,(-\infty<t<+\infty)$,其中 $U\sim U(0,1)$,求 $X(t)$的均值函数、自相关函数、自协方差函数和方差函数.

解 由 $U\sim U(0,1)$ 可得 $E(U)=\frac{1}{2},D(U)=\frac{1}{12},E(U^2)=\frac{1}{3}$.

$$\mu_X(t)=E[X(t)]=E(Ut)=tE(U)=\frac{t}{2},$$

$$R_X(t_1,t_2)=E[X(t_1)X(t_2)]=E[Ut_1Ut_2]=E(U^2)t_1t_2=\frac{1}{3}t_1t_2,$$

$$C_X(t_1,t_2)=R_X(t_1,t_2)-\mu_X(t_1)\mu_X(t_2)=\frac{1}{3}t_1t_2-\frac{1}{4}t_1t_2=\frac{1}{12}t_1t_2,$$

$$\sigma_X^2(t)=C_X(t,t)=\frac{t^2}{12}.$$

6. 设随机过程 $X(t)=e^{-Xt}\,(t>0)$,其中 $X\sim U(2,5)$,试求:

(1) $X(t)$的一维概率密度;

(2) $X(t)$的均值函数、自相关函数.

第6章基础篇题6

解 (1) $F(x;t)=P\{X(t)\leqslant x\}=P\{e^{-Xt}\leqslant x\}$. 当 $x<0$ 时,$F(x;t)=0$;当 $x\geqslant 0$ 时,

$$F(x;t)=P\left\{X\geqslant-\frac{\ln x}{t}\right\}=1-P\left\{X<-\frac{\ln x}{t}\right\}.$$

而 $X\sim U(2,5)$，$F_X(x)=\begin{cases}0, & x<2,\\ \dfrac{x-2}{3}, & 2\leqslant x<5,\\ 1, & x\geqslant 5,\end{cases}$故

$$F(x;t)=1-P\left\{X<-\frac{\ln x}{t}\right\}=\begin{cases}1, & -\ln x<2t,\\ \dfrac{5t+\ln x}{3t}, & 2t\leqslant -\ln x<5t,\\ 0, & -\ln x\geqslant 5t,\end{cases}$$

即

$$F(x;t)=\begin{cases}0, & x<\mathrm{e}^{-5t},\\ \dfrac{5t+\ln x}{3t}, & \mathrm{e}^{-5t}\leqslant x<\mathrm{e}^{-2t},\\ 1, & x\geqslant \mathrm{e}^{-2t},\end{cases}$$

一维概率密度为

$$f(x;t)=\begin{cases}0, & x<\mathrm{e}^{-5t},\\ \dfrac{1}{3tx}, & \mathrm{e}^{-5t}\leqslant x<\mathrm{e}^{-2t},\\ 0, & x\geqslant \mathrm{e}^{-2t}.\end{cases}$$

(2)　$\mu_X(t)=E[X(t)]=E(\mathrm{e}^{-Xt})=\int_2^5 \mathrm{e}^{-xt}\,\dfrac{1}{3}\mathrm{d}x=-\dfrac{\mathrm{e}^{-xt}}{3t}\Big|_2^5=\dfrac{\mathrm{e}^{-2t}-\mathrm{e}^{-5t}}{3t}$；

$$\begin{aligned}R_X(t_1,t_2)&=E[X(t_1)X(t_2)]\\&=E(\mathrm{e}^{-X(t_1+t_2)})\\&=\int_2^5 \mathrm{e}^{-x(t_1+t_2)}\,\frac{1}{3}\mathrm{d}x\\&=-\frac{\mathrm{e}^{-x(t_1+t_2)}}{3(t_1+t_2)}\Big|_2^5\\&=\frac{\mathrm{e}^{-2(t_1+t_2)}-\mathrm{e}^{-5(t_1+t_2)}}{3(t_1+t_2)}.\end{aligned}$$

7. 设随机过程 $X(t)=A\cos t+B\sin t$，$Y(t)=A\cos(2t)+B\sin(2t)$，其中 A，B 是均值为 0，方差为 3 的不相关的随机变量，求过程 $X(t)$ 与 $Y(t)$ 的互相关函数.

解　$E(A)=E(B)=0$，$D(A)=D(B)=3$，$E(A^2)=E(B^2)=3$，

$$\begin{aligned}R_{XY}(t_1,t_2)&=E[X(t_1)Y(t_2)]\\&=E\{(A\cos t_1+B\sin t_1)[A\cos(2t_2)+B\sin(2t_2)]\}\\&=E(A^2)[\cos t_1\cos(2t_2)]+E(B^2)[\sin t_1\sin(2t_2)]\\&=3\cos(t_1-2t_2).\end{aligned}$$

第 6 章基础篇题 7

• **平稳过程**

8. 设随机过程 $Z(t)=X(t)+Y$，其中 $X(t)$ 是一(宽)平稳过程，Y 是与 $X(t)$ 独立的随机变量，讨论过程 $Z(t)$ 的(宽)平稳性.

解

$$E[Z(t)]=\mu_X+E(Y),$$

$$E[Z(t)Z(t+\tau)]=R_X(\tau)+2\mu_X E(Y)+E(Y^2),$$

所以 $Z(t)$是平稳过程.

9. 设有两个随机过程

$$X_1(t)=Y,\quad X_2(t)=tY,$$

其中 Y 是随机变量. 分别讨论过程 $X_1(t)$,$X_2(t)$的(宽)平稳性.

解
$$\mu_{X_1}(t)=E[X_1(t)]=E(Y),$$
$$R_{X_1}(t,t+\tau)=E[X_1(t)X_1(t+\tau)]=E(Y^2),$$

均值函数是个常数,自相关函数不依赖于起始时刻,所以 $X_1(t)$是平稳过程.

$$\mu_{X_2}(t)=E[X_2(t)]=tE(Y),$$

当 $E(Y)\neq 0$ 时,$X_2(t)$是非平稳过程;当 $E(Y)=0$ 时,

$$R_{X_2}(t,t+\tau)=E[X_2(t)X_2(t+\tau)]=t(t+\tau)E(Y^2).$$

当 $E(Y^2)\neq 0$ 时,$X_2(t)$是不平稳过程;当 $E(Y^2)=0$ 时,即当 Y 退化为以概率 1 取值为 0 时,$X_2(t)$是平稳过程.

10. 已知随机过程 $X(t)=t^2+A\sin t+B\cos t$,式中 A,B 皆为随机变量,并有 $E(A)=E(B)=0$,$D(A)=D(B)=10$,$E(AB)=0$,分别讨论过程 $X(t)$,$Y(t)\triangleq X(t)-\mu_X(t)$的(宽)平稳性.

解 由 $E[X(t)]=t^2$,可知 $X(t)$是非平稳过程.

$$Y(t)=t^2+A\sin t+B\cos t-t^2=A\sin t+B\cos t,$$
$$E[Y(t)]=E(A\sin t+B\cos t)=0,$$
$$\begin{aligned}E[Y(t)Y(t+\tau)]&=E\{(A\sin t+B\cos t)[A\sin(t+\tau)+B\cos(t+\tau)]\}\\&=E[A^2\sin t\sin(t+\tau)+B^2\cos t\cos(t+\tau)]\\&=10\cos\tau,\end{aligned}$$

从而得 $Y(t)$是平稳过程.

- **高斯过程**

11. 设 $Z(t)=X+tY$,其中 X,Y 相互独立,且都服从 $N(0,\sigma^2)$分布,证明 $Z(t)$为高斯过程,并求其自相关函数.

证明 由于 X,Y 相互独立,则对任意的 $t_1,t_2,\cdots,t_n\in T$ 及任意常数 $a_1,\cdots,a_n$,$\sum_{i=1}^{n}a_iX$,$\sum_{i=1}^{n}a_it_iY$ 均服从一维正态分布且相互独立,故 $\sum_{i=1}^{n}a_iZ(t_i)=\sum_{i=1}^{n}a_iX+\sum_{i=1}^{n}a_iYt_i$ 也服从一维正态分布. 由常数的任意性及等价定理知$(Z(t_1),\cdots,Z(t_n))$ 服从 n 维正态分布,根据高斯过程的定义可知 $Z(t)=X+tY$ 为高斯过程.

$$\begin{aligned}R_Z(t_1,t_2)&=E[Z(t_1)Z(t_2)]\\&=E[(X+t_1Y)(X+t_2Y)]\\&=E(X^2)+t_1t_2E(Y^2)\\&=\sigma^2(1+t_1t_2).\end{aligned}$$

12. 试证:相互独立的高斯过程 $X(t)$与 $Y(t)$的和 $Z(t)=X(t)+Y(t)$仍为高斯过程. 若已知 $\mu_X(t)$,$\mu_Y(t)$,$\sigma_X^2(t)$,$\sigma_Y^2(t)$,试求 $\mu_Z(t)$与 $\sigma_Z^2(t)$.

证明 由于 $X(t)$,$Y(t)$ 均为高斯过程且相互独立,则对任意的 $t_1,t_2,\cdots,t_n\in T$ 及任意常数 $a_1,\cdots,a_n$,$\sum_{i=1}^{n}a_iX(t_i)$,$\sum_{i=1}^{n}a_iY(t_i)$ 均服从一维正态分布且相互独立,故 $\sum_{i=1}^{n}a_iZ(t_i)=$

$\sum_{i=1}^{n}a_iX(t_i)+\sum_{i=1}^{n}a_iY(t_i)$ 也服从一维正态分布. 由常数的任意性及等价定理知$(Z(t_1),\cdots,Z(t_n))$ 服从 n 维正态分布,根据高斯过程的定义可知 $Z(t)=X(t)+Y(t)$ 为高斯过程.

$$\mu_Z(t)=E[Z(t)]=\mu_X(t)+\mu_Y(t),$$
$$\sigma_Z^2(t)=D[Z(t)]=\sigma_X^2(t)+\sigma_Y^2(t).$$

13. 设$\{X(t),t\in(0,+\infty)\}$为高斯过程,令 $Y(t)=X(t+1)-X(t)$,证明$\{Y(t),t\in(0,+\infty)\}$为高斯过程.

第 6 章基础篇题 13

证明　由于 $X(t)$ 为高斯过程,则对任意的 $t_1,t_2,\cdots,t_n\in T$ 及任意常数 $a_1,\cdots,a_n$,有

$$\sum_{k=1}^{n}a_kY(t_k)=\sum_{k-1}^{n}a_k[X(t_k+1)-X(t_k)]=\sum_{k=1}^{n}a_kX(t_k+1)-\sum_{k=1}^{n}a_kX(t_k),$$

由于 $X(t)$ 为高斯过程,知 $\sum_{k=1}^{n}a_kX(t_k+1)-\sum_{k=1}^{n}a_kX(t_k)$ 服从一维正态分布,即 $\sum_{k=1}^{n}a_kY(t_k)$ 服从一维正态分布,从而可知,$(Y(t_1),Y(t_2),\cdots,Y(t_n))$ 服从 n 维正态分布,故 $Y(t)$ 为高斯过程.

- **维纳过程**

14. 设$\{W(t),t\geqslant 0\}$是参数为 σ^2 的维纳过程,求下列过程的自相关函数:

(1) $X(t)=aW\left(\frac{t}{a^2}\right),t\geqslant 0(a>0$ 为常数);

(2) $Y(t)=(1-t)W\left(\frac{t}{1-t}\right),0\leqslant t<1$;

(3) $Z(t)=\mathrm{e}^{-at}W(\mathrm{e}^{2at}-1),t\geqslant 0(a>0$ 为常数).

解　(1)

$$\begin{aligned}R_X(s,t)&=E[X(s)X(t)]\\&=E\left[aW\left(\frac{s}{a^2}\right)aW\left(\frac{t}{a^2}\right)\right]\\&=a^2E\left[W\left(\frac{s}{a^2}\right)W\left(\frac{t}{a^2}\right)\right]\\&=a^2\sigma^2\min\left\{\frac{s}{a^2},\frac{t}{a^2}\right\}\\&=\sigma^2\min(s,t).\end{aligned}$$

(2)

$$\begin{aligned}R_Y(s,t)&=E[Y(s)Y(t)]\\&=E\left[(1-s)W\left(\frac{s}{1-s}\right)(1-t)W\left(\frac{t}{1-t}\right)\right]\\&=(1-s)(1-t)E\left[W\left(\frac{s}{1-s}\right)W\left(\frac{t}{1-t}\right)\right]\\&=(1-s)(1-t)R_W\left(\frac{s}{1-s},\frac{t}{1-t}\right)\\&=(1-s)(1-t)\sigma^2\min\left\{\frac{s}{1-s},\frac{t}{1-t}\right\}\\&=(1-s)(1-t)\sigma^2\min\left\{\frac{s-st}{(1-s)(1-t)},\frac{t-st}{(1-s)(1-t)}\right\}\\&=\sigma^2[\min(s,t)-st].\end{aligned}$$

(3)
$$\begin{aligned}R_Z(s,t)&=E[Z(s)Z(t)]\\&=E[\mathrm{e}^{-as}W(\mathrm{e}^{2as}-1)\mathrm{e}^{-at}W(\mathrm{e}^{2at}-1)]\\&=\mathrm{e}^{-a(s+t)}E[W(\mathrm{e}^{2as}-1)W(\mathrm{e}^{2at}-1)]\\&=\sigma^2\mathrm{e}^{-a(s+t)}[\mathrm{e}^{2a\min(s,t)}-1].\end{aligned}$$

这里用到 $\mathrm{e}^{2at}-1$ 是 t 的单调递增函数.

15. 设$\{W(t),t\geqslant0\}$是参数为 σ^2 的维纳过程，求下列过程的协方差函数：

(1) $W(t)+At$（A 为常数）；

(2) $W(t)+Xt$，X 与 $W(t)$相互独立，$X\sim N(0,1)$.

第 6 章基础篇
题 15

解 令 $Z(t)=W(t)+At$，$Y(t)=W(t)+Xt$.

(1) $E[W(t)]=0$，$\mu_Z(t)=E[W(t)+At]=At$，

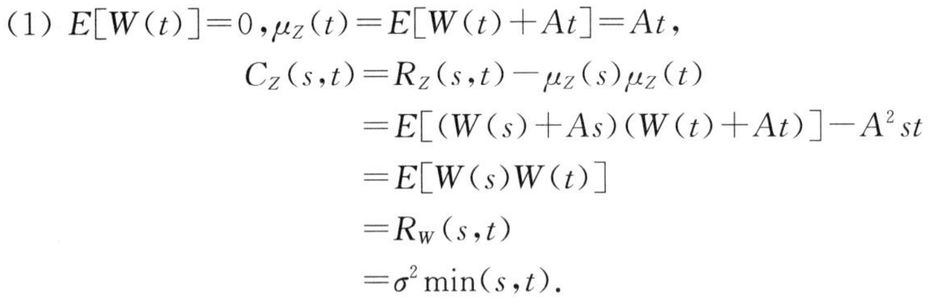

$$\begin{aligned}C_Z(s,t)&=R_Z(s,t)-\mu_Z(s)\mu_Z(t)\\&=E[(W(s)+As)(W(t)+At)]-A^2st\\&=E[W(s)W(t)]\\&=R_W(s,t)\\&=\sigma^2\min(s,t).\end{aligned}$$

(2)
$$\begin{aligned}C_Y(s,t)&=R_Y(s,t)-\mu_Y(s)\mu_Y(t)\\&=E[(W(s)+Xs)(W(t)+Xt)]-[E(X)]^2st\\&=E[W(s)W(t)]+E(X^2)st\\&=\sigma^2\min(s,t)+st.\end{aligned}$$

（二）提高篇

1. 证明：

(1) 若随机过程 $X(t)$加上确定的时间函数 $\varphi(t)$，则协方差函数不变；

(2) 若随机过程 $X(t)$乘以非随机因子 $\varphi(t)$，则协方差函数乘以 $\varphi(t_1)\varphi(t_2)$.

证明 令 $Y_1(t)=X(t)+\varphi(t)$，$Y_2(t)=X(t)\cdot\varphi(t)$.

(1)
$$\begin{aligned}C_{Y_1}(t_1,t_2)&=E\{[X(t_1)+\varphi(t_1)-E(X(t_1))-\varphi(t_1)]\cdot\\&\quad[X(t_2)+\varphi(t_2)-E(X(t_2))-\varphi(t_2)]\}\\&=E\{[X(t_1)-E(X(t_1))][X(t_2)-E(X(t_2))]\}\\&=C_X(t_1,t_2).\end{aligned}$$

(2)
$$\begin{aligned}C_{Y_2}(t_1,t_2)&=E\{[X(t_1)\varphi(t_1)-E(X(t_1))\varphi(t_1)][X(t_2)\varphi(t_2)-E(X(t_2))\varphi(t_2)]\}\\&=\varphi(t_1)\varphi(t_2)E\{[X(t_1)-E(X(t_1))][X(t_2)-E(X(t_2))]\}\\&=\varphi(t_1)\varphi(t_2)C_X(t_1,t_2).\end{aligned}$$

2. 设复随机过程 $Z(t)=\mathrm{e}^{\mathrm{i}(\omega_0t+\Theta)}$，其中 $\omega_0>0$ 为常数，$\Theta\sim U(0,2\pi)$，求 $E[\overline{Z(t)}Z(t+\tau)]$ 和 $E[Z(t)Z(t+\tau)]$.

解
$$E[\overline{Z(t)}Z(t+\tau)]=E[\mathrm{e}^{-\mathrm{i}(\omega_0t+\Theta)}\mathrm{e}^{\mathrm{i}(\omega_0(t+\tau)+\Theta)}]=\mathrm{e}^{\mathrm{i}\omega_0\tau},$$
$$\begin{aligned}E[Z(t)Z(t+\tau)]&=E[\mathrm{e}^{\mathrm{i}(\omega_0t+\Theta)}\mathrm{e}^{\mathrm{i}(\omega_0(t+\tau)+\Theta)}]\\&=E[\mathrm{e}^{\mathrm{i}2\Theta}\mathrm{e}^{\mathrm{i}\omega_0(2t+\tau)}]\\&=\mathrm{e}^{\mathrm{i}\omega_0(2t+\tau)}\frac{1}{2\pi}\int_0^{2\pi}\mathrm{e}^{\mathrm{i}2\theta}\mathrm{d}\theta\\&=0.\end{aligned}$$

3. 试证明两个相互独立的独立增量过程的和仍是独立增量过程.

证明　设 $X(t)$,$Y(t)$为独立增量过程,且相互独立,$Z(t)=X(t)+Y(t)$,则对于任意两个互不相交的时间区间$[t_1,t_2]$,$[t_3,t_4]$,

$$Z(t_2)-Z(t_1)=X(t_2)-X(t_1)+Y(t_2)-Y(t_1),$$

$$Z(t_4)-Z(t_3)=X(t_4)-X(t_3)+Y(t_4)-Y(t_3),$$

由 $X(t)$,$Y(t)$为独立增量过程,可得 $X(t_2)-X(t_1)$和 $X(t_4)-X(t_3)$独立,$Y(t_2)-Y(t_1)$和 $Y(t_4)-Y(t_3)$独立,又由 $X(t)$,$Y(t)$相互独立,可得 $X(t_2)-X(t_1)$和 $Y(t_4)-Y(t_3)$独立,$Y(t_2)-Y(t_1)$和 $X(t_4)-X(t_3)$独立,从而得 $Z(t_2)-Z(t_1)$和 $Z(t_4)-Z(t_3)$相互独立,由区间$[t_1,t_2]$,$[t_3,t_4]$的任意性,可得 $Z(t)=X(t)+Y(t)$为独立增量过程.

4. 设$\{W(t),t\geqslant 0\}$是参数为 σ^2 的维纳过程,证明:

(1) $X(t)=W(t+h)-W(h),t\geqslant 0(h>0$ 为常数)是维纳过程;

(2) $Y(t)=-W(t),t\geqslant 0$ 是维纳过程.

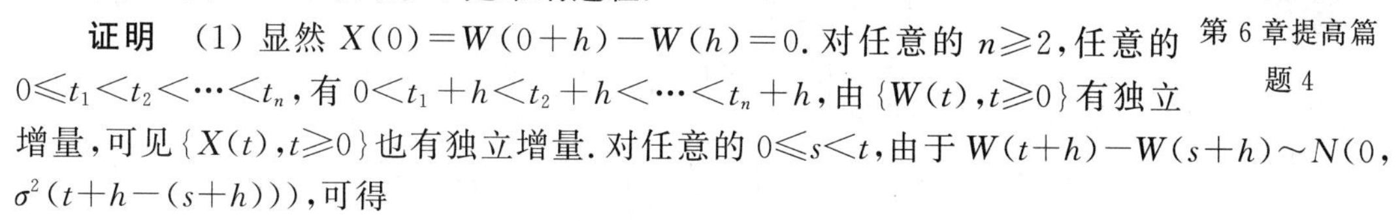

第 6 章提高篇题 4

证明　(1) 显然 $X(0)=W(0+h)-W(h)=0$. 对任意的 $n\geqslant 2$,任意的 $0\leqslant t_1<t_2<\cdots<t_n$,有 $0<t_1+h<t_2+h<\cdots<t_n+h$,由$\{W(t),t\geqslant 0\}$有独立增量,可见$\{X(t),t\geqslant 0\}$也有独立增量. 对任意的 $0\leqslant s<t$,由于 $W(t+h)-W(s+h)\sim N(0,\sigma^2(t+h-(s+h)))$,可得

$$X(t)-X(s)=W(t+h)-W(s+h)\sim N(0,\sigma^2(t-s)).$$

综上所述,证得$\{X(t),t\geqslant 0\}$是维纳过程.

(2) 显然 $Y(0)=-W(0)=0$. 对任意的 $n\geqslant 2$,任意的 $0\leqslant t_1<t_2<\cdots<t_n$,由于 $Y(t_i)-Y(t_{i-1})=-[W(t_i)-W(t_{i-1})]$,由$\{W(t),t\geqslant 0\}$有独立增量,可见$\{Y(t),t\geqslant 0\}$也有独立增量. 对任意的 $0\leqslant s<t$,由于$-[W(t)-W(s)]\sim N(0,\sigma^2(t-s))$,可得

$$Y(t)-Y(s)=-[W(t)-W(s)]\sim N(0,\sigma^2(t-s)).$$

综上所述,证得$\{Y(t),t\geqslant 0\}$是维纳过程.

(三) 挑战篇

1. 设复随机过程 $V(t)$是 N 个复信号之和,即

$$V(t)=\sum_{n=1}^{N}A_n e^{i(\omega_0 t+\Phi_n)},$$

式中:实常数 $\omega_0>0$ 为每个复信号的角频率;A_n 为第 n 个复信号的幅度,是个均值为 0 的随机变量;Φ_n 为第 n 个复信号的相位,$\Phi_n\sim U(0,2\pi)$. 现假设对于 $n=1,2,\cdots,N$,所有随机变量 A_n,Φ_n 皆相互独立,求复过程 $V(t)$的自相关函数.

解

$$\begin{aligned}R_V(t_1,t_2)&=E[V(t_1)\overline{V(t_2)}]\\&=E\Big[\sum_{n=1}^{N}A_n e^{i(\omega_0 t_1+\Phi_n)}\sum_{k=1}^{N}A_k e^{-i(\omega_0 t_2+\Phi_k)}\Big]\\&=\sum_{n=1}^{N}\sum_{k=1}^{N}E(A_kA_n)E[e^{i(\omega_0 t_1+\Phi_n)}e^{-i(\omega_0 t_2+\Phi_k)}]\\&=\sum_{n=1}^{N}\sum_{k=1}^{N}E(A_kA_n)E[e^{i\omega_0(t_1-t_2)+i(\Phi_n-\Phi_k)}],\end{aligned}$$

当 $n\neq k$ 时,Φ_n,Φ_k 相互独立,故

$$E[e^{i\omega_0(t_1-t_2)+i(\Phi_n-\Phi_k)}]=E[e^{i\omega_0(t_1-t_2)}]E[e^{i\Phi_n}]E[e^{-i\Phi_k}]=0.$$

而当 $n=k$ 时,$E[e^{i\omega_0(t_1-t_2)+i(\Phi_n-\Phi_k)}]=e^{i\omega_0(t_1-t_2)}$,故有

$$R_V(t_1,t_2)=E\Big[\sum_{n=1}^{N}A_n^2 e^{i\omega_0(t_1-t_2)}\Big]=e^{i\omega_0(t_1-t_2)}\sum_{n=1}^{N}E(A_n^2).$$

2. 设 $X(t)$ 为平稳高斯过程,均值为零,自相关函数为 $R_X(\tau)$,证明 $Y(t)=X^2(t)$ 也是(宽)平稳过程,并求其均值和自相关函数〔提示:$R_Y(\tau)=R_X^2(0)+2R_X^2(\tau)$〕.

解 由题意可知 $E[Y(t)]=E[X^2(t)]=R_X(0)$,记 $\rho=\dfrac{R_X(\tau)}{R_X(0)}$,$\sigma^2=R_X(0)$,这里 ρ 是 $X(t)$ 与 $X(t+\tau)$ 的相关系数.$(X(t),X(t+\tau))\sim N(0,0,\sigma^2,\sigma^2,\rho)$,于是 $Y(t)$ 的自相关函数为

$$
\begin{aligned}
E[Y(t)Y(t+\tau)] &= E[X^2(t)X^2(t+\tau)] \\
&= \frac{1}{2\pi\sigma^2\sqrt{1-\rho^2}}\int_{-\infty}^{+\infty}\int_{-\infty}^{+\infty}x^2y^2\mathrm{e}^{-\frac{x^2-2\rho xy+y^2}{2\sigma^2(1-\rho)}}\mathrm{d}x\mathrm{d}y \\
&= \frac{1}{2\pi\sigma^2\sqrt{1-\rho^2}}\int_{-\infty}^{+\infty}x^2\mathrm{e}^{-\frac{x^2}{2\sigma^2}}\mathrm{d}x\int_{-\infty}^{+\infty}y^2\mathrm{e}^{-\frac{1}{2}\left(\frac{y-\rho x}{\sigma\sqrt{1-\rho^2}}\right)^2}\mathrm{d}y \\
&= \frac{1}{\sqrt{2\pi}\sigma}\int_{-\infty}^{+\infty}[\sigma^2(1-\rho^2)+\rho^2x^2]x^2\mathrm{e}^{-\frac{x^2}{2\sigma^2}}\mathrm{d}x \\
&= \sigma^4(1-\rho^2)+\frac{\rho^2}{\sqrt{2\pi}\sigma}\int_{-\infty}^{+\infty}x^4\mathrm{e}^{-\frac{x^2}{2\sigma^2}}\mathrm{d}x \\
&= \sigma^4(1-\rho^2)+3\rho^2\sigma^4 \\
&= 2\rho^2\sigma^4+\sigma^4 \\
&= 2R_X^2(\tau)+R_X^2(0).
\end{aligned}
$$

3. 设 $X(t)$ 为零均值的平稳高斯过程,其自相关函数为

(1) $R_X(\tau)=6\mathrm{e}^{-\frac{|\tau|}{2}}$;

(2) $R_X(\tau)=\dfrac{6\sin(\pi\tau)}{\pi\tau}$.

求随机变量 $X(t),X(t+1),X(t+2),X(t+3)$ 的协方差矩阵.

解 $R_X(t+k,t+l)=R_X(l-k)(k,l=0,1,2,3)$,而对于任意的 $t\in T$,

$$\mu_X(t)=0,\quad C_X(t+k,t+l)=R_X(t+k,t+l)=R_X(l-k).$$

(1) 由 $R_X(\tau)=6\mathrm{e}^{-\frac{|\tau|}{2}}$ 可得

$$R_X(0)=6,\quad R_X(\pm1)=6\mathrm{e}^{-\frac{1}{2}},\quad R_X(\pm2)=6\mathrm{e}^{-1},\quad R_X(\pm3)=6\mathrm{e}^{-\frac{3}{2}},$$

$$\boldsymbol{C}=\begin{pmatrix}6 & 6\mathrm{e}^{-\frac{1}{2}} & 6\mathrm{e}^{-1} & 6\mathrm{e}^{-\frac{3}{2}}\\ 6\mathrm{e}^{-\frac{1}{2}} & 6 & 6\mathrm{e}^{-\frac{1}{2}} & 6\mathrm{e}^{-1}\\ 6\mathrm{e}^{-1} & 6\mathrm{e}^{-\frac{1}{2}} & 6 & 6\mathrm{e}^{-\frac{1}{2}}\\ 6\mathrm{e}^{-\frac{3}{2}} & 6\mathrm{e}^{-1} & 6\mathrm{e}^{-\frac{1}{2}} & 6\end{pmatrix}.$$

(2) $R_X(\tau)=\dfrac{6\sin(\pi\tau)}{\pi\tau}$,由于 $\lim\limits_{\tau\to0}\dfrac{6\sin(\pi\tau)}{\pi\tau}=6$,故

$$R_X(0)=6,\quad R_X(\pm1)=R_X(\pm2)=R_X(\pm3)=0,$$

$$\boldsymbol{C}=\begin{pmatrix}6&0&0&0\\0&6&0&0\\0&0&6&0\\0&0&0&6\end{pmatrix}.$$

总 习 题 六

一、选择题

1. 利用抛掷一枚硬币的试验定义一随机过程：

总习题六
选择题 1

$$X(t)=\begin{cases}\cos(\pi t), & \text{出现 } H,\\ 2t, & \text{出现 } T,\end{cases}\quad -\infty<t<+\infty.$$

假设 $P(H)=P(T)=\frac{1}{2}$，则 $X(t)$的一维分布函数 $F(x;1)=($　　$)$.

A. $\begin{cases}0, & x\leqslant -1,\\ \frac{1}{2}, & -1<x\leqslant 2,\\ 1, & x>2\end{cases}$　　B. $\begin{cases}0, & x<-1,\\ \frac{1}{2}, & -1\leqslant x<2,\\ 1, & x\geqslant 2\end{cases}$

C. $\begin{cases}0, & x<1,\\ \frac{1}{2}, & 1\leqslant x<2,\\ 1, & x\geqslant 2\end{cases}$　　D. $\begin{cases}0, & x\leqslant 1,\\ \frac{1}{2}, & 1<x\leqslant 2,\\ 1, & x>2\end{cases}$

2. 随机过程 $X(t)\equiv X$(随机变量)，$E(X)=\mu$，$D(X)=\sigma^2(\sigma>0)$，则 $X(t)$的协方差函数 $C_X(s,t)=$ (　　).

A. σ^2　　B. $\sigma^2+\mu^2$　　C. $2\sigma^2$　　D. σ

3. 设 $Z(t)=X+Yt$，$-\infty<t<+\infty$，若已知二维随机变量(X,Y)的协方差矩阵为 $\begin{pmatrix}\sigma_1^2 & \rho\sigma_1\sigma_2\\ \rho\sigma_1\sigma_2 & \sigma_2^2\end{pmatrix}$，则 $Z(t)$的协方差函数 $C_Z(s,t)=$ (　　).

A. $\sigma_1^2+\rho\sigma_1\sigma_2+\sigma_2^2$　　B. $\sigma_1^2+\rho\sigma_1\sigma_2+st\sigma_2^2$

C. $\sigma_1^2+(s+t)\rho\sigma_1\sigma_2+st\sigma_2^2$　　D. $\sigma_1^2+(s+t)\rho\sigma_1\sigma_2+\sigma_2^2$

4. 设$\{W(t),-\infty<t<+\infty\}$是参数为 σ^2 的维纳过程，随机变量 $R\sim N(1,4)$，且对任意的$-\infty<t<+\infty$，$W(t)$ 与 R 独立. 令 $X(t)=W(t)+R$，则 $R_X(s,t)=($　　$)$.

A. $R_X(s,t)=\sigma^2 s+5$　　B. $R_X(s,t)=\sigma^2 t+5$

C. $R_X(s,t)=\sigma^2\min\{s,t\}+4$　　D. $R_X(s,t)=\sigma^2\min\{s,t\}+5$

5. 设 $X(t)$为平稳高斯过程，且$\mu_X(t)=0$，$R_X(\tau)=\frac{1}{4}\mathrm{e}^{-2|\tau|}$，则对任意 t，$P\{0.5\leqslant X(t)\leqslant 1\}=($　　$)$(用标准正态分布的分布函数表示).

总习题六
选择题 5

A. $\Phi(2)-\Phi(1)$　　B. $\Phi(1)-\Phi(0)$

C. $\Phi(1)-\Phi(0.5)$　　D. $\Phi(0.5)$

二、填空题

1. 随机过程 $X(t)=\mathrm{e}^{-Xt}$，$t>0$，$X\sim U(0,a)$，则均值函数 $\mu_X(t)=$__________，自相关函数 $R_X(s,t)=$ __________.

总习题六
填空题 2

总习题六
填空题 3

2. 维纳过程$\{W(t),t\geqslant 0\}$的自协方差函数有$C_W(4,5)=4$，则$W(1)$的概率密度为________.

3. 已知随机过程$X(t)=T+(1-t)$，$t\in\mathbb{R}$,其中$T\sim N(0,1)$，则该过程的自相关函数为________.

4. 设$\{X(t),t\geqslant 0\}$是平稳高斯过程,均值函数为0,自相关函数为$R_X(\tau)$,则$(X(t_1),X(t_2))$的协方差矩阵为________.

5. 设$\{W(t),t\geqslant 0\}$是参数为σ^2的维纳过程,$W(0)=0$.定义$X(t)=W(\mathrm{e}^{-t})$,$t\geqslant 0$,则相关系数$R_X(1,2)=$________.

6. 设随机过程$X(t)=Ut+V$,$t\geqslant 0$,其中(U,V)服从二维正态分布$N(\mu,\mu,\sigma^2,\sigma^2,0)$,$\sigma>0$,则$X(1)$的概率密度为________.

三、解答题

1. 设随机过程只有两条样本曲线$X(t,\omega_1)=a\cos t$，$X(t,\omega_2)=-a\cos t$,$t\in\mathbb{R}$,$a>0$,且$P(\omega_1)=\dfrac{2}{3}$,$P(\omega_2)=\dfrac{1}{3}$.

(1) 求一维分布函数$F(x;0)$;

(2) 求二维随机变量$\left(X(0),X\left(\dfrac{\pi}{4}\right)\right)$的分布律.

2. 设$X(t)=X_0+\cos(2\pi t+\Theta)$,$t\geqslant 0$,其中$X_0\sim U(0,1)$,$\Theta\sim U(0,2\pi)$,$X_0$与$\Theta$相互独立.证明$X(t)$是平稳过程.

总习题六参考答案

一、选择题

1. B; 2. A; 3. C; 4. D; 5. A.

二、填空题

1. $\dfrac{1}{at}(1-\mathrm{e}^{-at})$,$\dfrac{1}{a(s+t)}[1-\mathrm{e}^{-a(s+t)}]$; 2. $f(x)=\dfrac{1}{\sqrt{2\pi}}\mathrm{e}^{-\frac{x^2}{2}}$;

3. $R_X(s,t)=1+(1-s)(1-t)$; 4. $\begin{pmatrix} R_X(0) & R_X(t_1-t_2) \\ R_X(t_1-t_2) & R_X(0)\end{pmatrix}$;

5. $\sigma^2\mathrm{e}^{-2}$; 6. $f(x)=\dfrac{1}{\sqrt{2\pi(1+t^2)}\sigma}\mathrm{e}^{-\frac{(x-(1+t)\mu)^2}{2(1+t^2)\sigma^2}}$.

三、解答题

1. **解** (1) $X(0)\sim\begin{pmatrix} a & -a \\ \dfrac{2}{3} & \dfrac{1}{3}\end{pmatrix}$,一维分布函数为

$$F(x;0)=P\{X(0)\leqslant x\}=\begin{cases}0, & x<-a,\\ \dfrac{1}{3}, & -a\leqslant x<a,\\ 1, & x\geqslant a.\end{cases}$$

（2）$\left(X(0),X\left(\frac{\pi}{4}\right)\right)$的分布律：

$$P\left\{X(0)=a,X\left(\frac{\pi}{4}\right)=\frac{\sqrt{2}}{2}a\right\}=\frac{2}{3},$$

$$P\left\{X(0)=-a,X\left(\frac{\pi}{4}\right)=-\frac{\sqrt{2}}{2}a\right\}=\frac{1}{3},$$

$$P\left\{X(0)=a,X\left(\frac{\pi}{4}\right)=-\frac{\sqrt{2}}{2}a\right\}=P\left\{X(0)=-a,X\left(\frac{\pi}{4}\right)=\frac{\sqrt{2}}{2}a\right\}=0.$$

2. **证明**　$E(X^2(t))=E(X_0^2)+E[\cos^2(2\pi t+\Theta)]+2E(X_0)E[\cos(2\pi t+\Theta)]=\frac{13}{12}<+\infty$，该过程是二阶矩过程.

$$E(X(t))=E(X_0)+E[\cos(2\pi t+\Theta)]=\frac{1}{2}+\int_0^{2\pi}\frac{1}{2\pi}\cos(2\pi t+\theta)\mathrm{d}\theta=\frac{1}{2},$$

$$\begin{aligned}R_X(t,t+\tau)&=E[X(t)X(t+\tau)]\\&=E\{[X_0+\cos(2\pi t+\Theta)][X_0+\cos(2\pi(t+\tau)+\Theta)]\}\\&=E(X_0^2)+E(X_0)E[\cos(2\pi t+\Theta)+\cos(2\pi(t+\tau)+\Theta)]+\\&\quad E[\cos(2\pi t+\Theta)\cos(2\pi(t+\tau)+\Theta)]\\&=\frac{1}{3}+\frac{1}{4\pi}\int_0^{2\pi}[\cos(2\pi t+\theta)+\cos(2\pi(t+\tau)+\theta)]\mathrm{d}\theta+\\&\quad\frac{1}{2\pi}\int_0^{2\pi}\cos(2\pi t+\theta)\cos(2\pi(t+\tau)+\theta)\mathrm{d}\theta\\&=\frac{1}{3}+\frac{1}{2\pi}\int_0^{2\pi}\frac{1}{2}[\cos(2\pi\tau)+\cos(2\pi(2t+\tau)+2\theta)]\mathrm{d}\theta\\&=\frac{1}{3}+\frac{1}{2}\cos(2\pi\tau),\end{aligned}$$

故 $X(t)$是平稳过程.

第 6 章在线测试

第7章

泊松过程

一、知识要点

(一) 计数过程

若$N(t)$表示在$[0,t]$时间段内发生"事件"的总数,则称$\{N(t),t\geqslant 0\}$为**计数过程**.因此一个计数过程$N(t)$必须满足:

(1) $N(t)\geqslant 0$;

(2) $N(t)$是整数值;

(3) 若$s<t$,则$N(s)\leqslant N(t)$;

(4) 当$s<t$时,$N(t)-N(s)$等于在区间$(s,t]$中发生事件的个数.

(二) (齐次)泊松过程

1. 泊松过程的定义

定义1 若计数过程$\{N(t),t\geqslant 0\}$满足:

(1) $N(0)=0$;

(2) 具有独立增量性;

(3) 在任一长度为$t(t>0)$的区间中发生事件的个数服从均值为$\lambda t(\lambda>0)$的泊松分布,即对一切$s,t\geqslant 0$,

$$P\{N(t+s)-N(s)=n\}=\frac{(\lambda t)^n}{n!}e^{-\lambda t},\quad n=0,1,2,\cdots,$$

则称$\{N(t),t\geqslant 0\}$是参数(或强度)为λ的**泊松过程**.

定义2 若计数过程$\{N(t),t\geqslant 0\}$满足:

(1) $N(0)=0$;

(2) $\{N(t),t\geqslant 0\}$有平稳增量与独立增量;

(3) $P\{N(t+h)-N(t)=1\}=\lambda h+o(h)$;

(4) $P\{N(t+h)-N(t)\geqslant 2\}=o(h)$,

则称$\{N(t),t\geqslant 0\}$是参数为$\lambda(\lambda>0)$的**泊松过程**.

定义3 令$T_1,T_2,\cdots,T_n$是相互独立的随机变量,均服从参数为$\lambda(\lambda>0)$的指数分布.当$n>1$时,令$S_n=T_1+T_2+\cdots+T_n$,$T_0=0$,定义$N(s)=\max\{n,S_n\leqslant s\}$是参数为$\lambda$的(齐次)泊松过程.

2. 泊松过程的数字特征

已知$\{N(t),t\geqslant 0\}$是参数为$\lambda(\lambda>0)$的泊松过程,则

$$\mu_N(t)=\lambda t,\quad R_N(s,t)=\lambda\min\{s,t\}+\lambda^2 st,$$
$$C_N(s,t)=\lambda\min\{s,t\},\quad \sigma_N^2(t)=\lambda t.$$

（三）广义齐次泊松过程

如果计数过程$\{N(t),t\geqslant 0\}$满足下列条件：

（1）$N(0)=0$；

（2）具有平稳增量性；

（3）具有独立增量性，

则称$\{N(t),t\geqslant 0\}$为**广义齐次泊松过程**.

（四）非时齐泊松过程

如果计数过程$\{N(t),t\geqslant 0\}$满足下列条件：

（1）$N(0)=0$；

（2）对任意 $t\geqslant 0$ 和 $h>0$，$P\{N_{t,t+h}=1\}=\lambda(t)h+o(h)$，$P\{N_{t,t+h}\geqslant 2\}=o(h)$；

（3）有独立增量性，

其中，$\lambda(t)$ 是$[0,+\infty)$上的非负函数，它在任意有限区间内是可积的，则称$\{N(t),t\geqslant 0\}$是强度函数为 $\lambda(t)(t\geqslant 0)$ 的**非时齐泊松过程**，我们把由 $\Lambda(t)=\int_0^t\lambda(x)\mathrm{d}x$ 定义的函数称为过程的**累积强度函数**（简称累积强度）.

当过程是齐次时，$\lambda(t)$恒等于某一常数 λ，故 $\Lambda(t)=\lambda t$，即 $\Lambda(t)$和区间长度 t 呈正比.

（五）复合泊松过程

如果随机过程$\{X(t),t\geqslant 0\}$可以表示为如下的形式：对任意 $t\geqslant 0$，

$$X(t)=\begin{cases}\sum\limits_{n=1}^{N(t)}Y_n, & N(t)\geqslant 1,\\ 0, & N(t)=0,\end{cases}$$

其中$\{N(t),t\geqslant 0\}$是强度函数为 $\lambda(t)$的非时齐泊松过程，$\{Y_n,n=1,2,\cdots\}$是相互独立同分布的随机变量序列，而且还假设过程$\{N(t),t\geqslant 0\}$和序列$\{Y_n\}$是相互独立的，则称$\{X(t),t\geqslant 0\}$为**复合泊松过程**.

二、分级习题

（一）基础篇

· 齐次泊松过程

1. 设$\{N(t),t\geqslant 0\}$是参数为 λ 的齐次泊松过程，对任意的 $t_0,t_1,t_2\in T$，且 $0<t_0<t_1<t_2$，$n_0\leqslant n_1\leqslant n_2$，求 $P\{N(t_0)=n_0,N(t_1)=n_1,N(t_2)=n_2\}$.

解　由独立增量性，

$$\begin{aligned}&P\{N(t_0)=n_0,N(t_1)=n_1,N(t_2)=n_2\}\\&=P\{N(t_0)-N(0)=n_0,N(t_1)-N(t_0)=n_1-n_0,N(t_2)-N(t_1)=n_2-n_1\}\\&=\frac{(\lambda t_0)^{n_0}}{n_0!}\mathrm{e}^{-\lambda t_0}\cdot\frac{[\lambda(t_1-t_0)]^{n_1-n_0}}{(n_1-n_0)!}\mathrm{e}^{-\lambda(t_1-t_0)}\cdot\frac{[\lambda(t_2-t_1)]^{n_2-n_1}}{(n_2-n_1)!}\mathrm{e}^{-\lambda(t_2-t_1)}\\&=\frac{\lambda^{n_2}t_0^{n_0}(t_1-t_0)^{n_1-n_0}(t_2-t_1)^{n_2-n_1}}{n_0!(n_1-n_0)!(n_2-n_1)!}\mathrm{e}^{-\lambda t_2}.\end{aligned}$$

第 7 章基础篇题 2

2. 设$\{N_1(t),t\geqslant 0\}$和$\{N_2(t),t\geqslant 0\}$是两个相互独立的泊松过程，其强度分别为λ_1,λ_2，证明：

(1) $\{N_1(t)+N_2(t),t\geqslant 0\}$是强度为$\lambda_1+\lambda_2$的泊松过程；

(2) $\{N_1(t)-N_2(t),t\geqslant 0\}$不是泊松过程.

证明 记$N(t)=N_1(t)+N_2(t),M(t)=N_1(t)-N_2(t)$.

(1) $N(0)=N_1(0)+N_2(0),N(t)=N_1(t)+N_2(t)$是独立增量过程，对任意$t-s\geqslant 0$，$N(t)-N(s)=N_1(t)-N_1(s)+N_2(t)-N_2(s)$. $N_1(t)-N_1(s),N_2(t)-N_2(s)$相互独立，且其特征函数分别为

$$\varphi_{N_1(t)-N_1(s)}(v)=\exp\{\lambda_1(t-s)(e^{iv}-1)\},$$

$$\varphi_{N_2(t)-N_2(s)}(v)=\exp\{\lambda_2(t-s)(e^{iv}-1)\},$$

故$N(t)-N(s)$的特征函数为

$$\begin{aligned}\varphi_{N(t)-N(s)}(v)&=\exp\{\lambda_1(t-s)(e^{iv}-1)\}\exp\{\lambda_2(t-s)(e^{iv}-1)\}\\&=\exp\{(\lambda_1+\lambda_2)(t-s)(e^{iv}-1)\},\end{aligned}$$

即$N(t)-N(s)$服从参数为$(\lambda_1+\lambda_2)(t-s)$的泊松分布，由定义知$N(t)$是参数为$\lambda_1+\lambda_2$的泊松过程.

(2)

$$\begin{aligned}\varphi_{M(t)}(v)&=E[e^{iv(N_1(t)-N_2(t))}]\\&=E[e^{ivN_1(t)}]E[e^{-ivN_2(t)}]\\&=\varphi_{N_1(t)}(v)\varphi_{N_2(t)}(-v)\\&=\exp\{\lambda_1 t(e^{iv}-1)\}\exp\{\lambda_2 t(e^{-iv}-1)\}\\&=\exp\{\lambda_1 te^{iv}+\lambda_2 te^{-iv}-(\lambda_1+\lambda_2)t\},\end{aligned}$$

所以$\{N_1(t)-N_2(t),t\geqslant 0\}$不是泊松过程.

3. 设某交通道上设置了一个车辆记录器，记录南行、北行车辆的总数. 设$X(t)$代表在$[0,t]$内南行的车辆数，$Y(t)$代表在$[0,t]$内北行的车辆数，$\{X(t),t\geqslant 0\}$，$\{Y(t),t\geqslant 0\}$是参数分别为λ_1,λ_2的泊松过程，且两个过程相互独立，如果在t时刻车辆记录器记录的车辆数为n，问其中有k辆属于南行车的概率为多少？

第 7 章基础篇题 3

解 $X(t)+Y(t)\sim\pi(\lambda_1+\lambda_2)$，

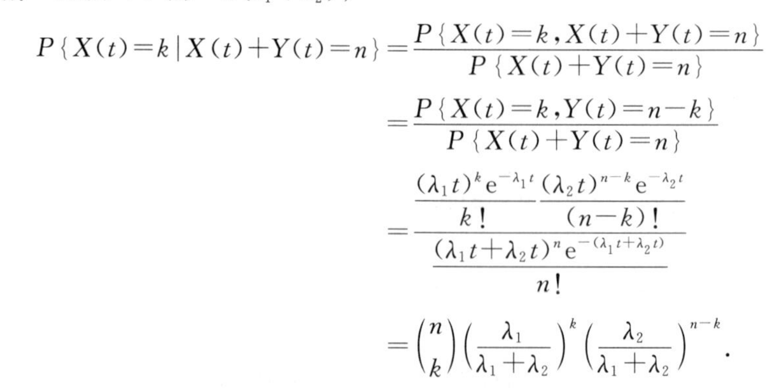

$$\begin{aligned}P\{X(t)=k\,|\,X(t)+Y(t)=n\}&=\frac{P\{X(t)=k,X(t)+Y(t)=n\}}{P\{X(t)+Y(t)=n\}}\\&=\frac{P\{X(t)=k,Y(t)=n-k\}}{P\{X(t)+Y(t)=n\}}\\&=\frac{\dfrac{(\lambda_1 t)^k e^{-\lambda_1 t}}{k!}\dfrac{(\lambda_2 t)^{n-k}e^{-\lambda_2 t}}{(n-k)!}}{\dfrac{(\lambda_1 t+\lambda_2 t)^n e^{-(\lambda_1 t+\lambda_2 t)}}{n!}}\\&=\binom{n}{k}\left(\frac{\lambda_1}{\lambda_1+\lambda_2}\right)^k\left(\frac{\lambda_2}{\lambda_1+\lambda_2}\right)^{n-k}.\end{aligned}$$

4. 设$\{N(t),t\geqslant 0\}$是参数为λ的齐次泊松过程，τ_k和T_k分别是第k个随机质点到达时刻和到达时间间隔，试证：

$$E(\tau_n)=nE(T_n),\quad D(\tau_n)=nD(T_n),\quad n=1,2,3,\cdots.$$

证明 由$\{N(t),t\geqslant 0\}$是参数为λ的齐次泊松过程，可知T_n服从参数为λ的指数分布，τ_n

服从参数为 n,λ 的伽马分布,可知 $E(T_n)=\frac{1}{\lambda}$,$E(\tau_n)=\frac{n}{\lambda}$, $D(T_n)=\frac{1}{\lambda^2}$,$D(\tau_n)=\frac{n}{\lambda^2}$,故有

$$E(\tau_n)=nE(T_n),\quad D(\tau_n)=nD(T_n),\quad n=1,2,3,\cdots.$$

- **非时齐泊松过程**

5. 设有一个带倚时强度的泊松过程,其中 $\lambda(t)=\frac{1}{2}(1+\cos\omega t)$,$\omega$ 为常数,求过程的均值函数和方差函数.

解
$$m(t)=\int_0^t\lambda(s)\mathrm{d}s=\int_0^t\frac{1}{2}(1+\cos\omega s)\mathrm{d}s=\frac{1}{2}\left(t+\frac{\sin\omega t}{\omega}\right),\quad m(0)=0,$$

$$\begin{aligned}P\{N(t)=k\}&=P\{N(t)-N(0)=k\}\\&=\frac{[m(t)-m(0)]^k}{k!}\mathrm{e}^{-[m(t)-m(0)]}\\&=\frac{[m(t)]^k}{k!}\mathrm{e}^{-m(t)},\quad k=0,1,2,\cdots,\end{aligned}$$

$$E[N(t)]=D[N(t)]=m(t)=\frac{1}{2}\left(t+\frac{\sin\omega t}{\omega}\right).$$

6. 设某设备的使用期限为 10 年,在前 5 年内它平均 2.5 年需要维修一次,在后 5 年内平均 2 年需维修一次.试求它在使用期内只维修过一次的概率.

解　因为维修次数与使用时间有关,故此过程是非齐次泊松过程,强度函数为

$$\lambda(t)=\begin{cases}\frac{2}{5}, & 0\leqslant t\leqslant 5,\\ \frac{1}{2}, & 5<t\leqslant 10,\end{cases}$$

第 7 章基础篇题 6

则在使用期限内平均维修次数为

$$m(10)=\int_0^{10}\lambda(t)\mathrm{d}t=\int_0^5\frac{2}{5}\mathrm{d}t+\int_5^{10}\frac{1}{2}\mathrm{d}t=4.5,$$

故在使用期限内只维修过一次的概率为

$$P\{N(10)-N(0)=1\}=\frac{4.5}{1!}\mathrm{e}^{-4.5}=\frac{9}{2}\mathrm{e}^{\frac{9}{2}}.$$

(二) 提高篇

1. 有红、绿、蓝 3 种颜色的汽车,分别以强度为 $\lambda_1,\lambda_2,\lambda_3$ 的泊松流到达某交通路口,设它们是相互独立的,把汽车流合并成单个输出过程(假设汽车没有长度,没有延时).试求:

(1) 两辆汽车之间的时间间隔的概率密度函数;

(2) 在 t_0 时刻观察到一辆红色汽车,后一辆汽车将是(a)红色汽车,(b)蓝色汽车,(c)非红色汽车的概率;

(3) 在 t_0 时刻观察到一辆红色汽车,后 3 辆汽车是红色的,然后是一辆非红色汽车将到达的概率.

解　由题设知,可将汽车视为质点,记 $N_1(t)$,$N_2(t)$,$N_3(t)$ 及 $N(t)$ 分别表示红、绿、蓝三色车流及单个输出过程,$N_2(t)+N_3(t)$ 为非红车流,则

$$N_i(t)\sim\pi(\lambda_i t),\quad i=1,2,3,$$
$$N_2(t)+N_3(t)\sim\pi((\lambda_2+\lambda_3)t),$$

$$N(t)=\sum_{i=1}^{3}N_i(t)\sim\pi((\lambda_1+\lambda_2+\lambda_3)t).$$

(1) 两车之间的时间间隔即强度为 $\lambda=\lambda_1+\lambda_2+\lambda_3$ 的泊松过程的质点流的到达时间间隔,即 $T_n\sim\text{Ex}(\lambda)$,概率密度函数为

$$f(t)=\begin{cases}\lambda e^{-\lambda t}, & t>0,\\ 0, & t\leqslant 0.\end{cases}$$

(2) 以 t_0 作为起点,已知在(t_0,t)时间内到来一辆车,记 $T_n^1,\overline{T}_n$ 分别为红车及非红车到达的时间间隔,分别服从参数为 λ_1 与 $\lambda_2+\lambda_3$ 的指数分布,即

$$f_{T_n^1}(t)=\begin{cases}\lambda_1 e^{-\lambda_1 t}, & t>0,\\ 0, & t\leqslant 0,\end{cases}\quad f_{\overline{T}_n}(t)=\begin{cases}(\lambda_2+\lambda_3)e^{-(\lambda_2+\lambda_3)t}, & t>0,\\ 0, & t\leqslant 0.\end{cases}$$

t_0 时刻观察到一辆红色汽车,后一辆汽车将是红色汽车的概率为

$$\begin{aligned}P\{T_n^1<\overline{T}_n\}&=\iint\limits_{t<s}f_{T_n^1}(t)f_{\overline{T}_n}(s)\mathrm{d}t\mathrm{d}s\\&=\iint\limits_{t<s}\lambda_1 e^{-\lambda_1 t}(\lambda_2+\lambda_3)e^{-(\lambda_2+\lambda_3)s}\mathrm{d}t\mathrm{d}s\\&=\int_0^{+\infty}\int_t^{+\infty}\lambda_1 e^{-\lambda_1 t}(\lambda_2+\lambda_3)e^{-(\lambda_2+\lambda_3)s}\mathrm{d}s\mathrm{d}t\\&=\int_0^{+\infty}\lambda_1 e^{-(\lambda_1+\lambda_2+\lambda_3)t}\mathrm{d}t\\&=\frac{\lambda_1}{\lambda_1+\lambda_2+\lambda_3}.\end{aligned}$$

同理:t_0 时刻观察到一辆红色汽车,后一辆汽车将是蓝色汽车的概率为$\dfrac{\lambda_3}{\lambda_1+\lambda_2+\lambda_3}$.

t_0 时刻观察到一辆红色汽车,后一辆汽车将是非红色汽车的概率为$\dfrac{\lambda_2+\lambda_3}{\lambda_1+\lambda_2+\lambda_3}$.

(3) 以 t_0 作为起点,则问题为“在第一辆非红车到达的时间间隔内恰有 3 辆红车到达”,所以 t_0 时刻观察到一辆红色汽车,后 3 辆是红的,然后是一辆非红色汽车的概率为

$$\begin{aligned}P\{N_1(\overline{T}_n)=3\}&=\int_{-\infty}^{+\infty}P\{N_1(\overline{T}_n)=3\mid T_n=t\}f_{\overline{T}_n}(t)\mathrm{d}t\\&=\int_0^{+\infty}\frac{(\lambda_1 t)^3}{3!}e^{-\lambda_1 t}(\lambda_2+\lambda_3)e^{-(\lambda_2+\lambda_3)t}\mathrm{d}t\\&=\left(\frac{\lambda_1}{\lambda_1+\lambda_2+\lambda_3}\right)^3\frac{\lambda_2+\lambda_3}{\lambda_1+\lambda_2+\lambda_3}.\end{aligned}$$

2. 设 $N(t)$表示$[0,t]$时段内到达某电话总机的呼唤次数,$\{N(t),t\geqslant 0\}$是一强度为 λ 的泊松过程. 又设每次呼唤能打通电话的概率为 $p(0<p<1)$且每次呼唤是否打通电话是相互独立的,它们与 $N(t)$也相互独立,令 $Y(t)$表示$[0,t]$时段内打通电话的次数,试证:$\{Y(t),t\geqslant 0\}$是一以 λp 为强度的泊松过程.

证明 记

$$X(n)=\begin{cases}1, & \text{第 } n \text{ 次打通},\\ 0, & \text{第 } n \text{ 次打不通},\end{cases}$$

则$[0,t]$内打通电话的次数为$Y(t)=\sum_{n=1}^{N(t)}X(n)$，又

$$P\{X(n)=1\}=p,\quad P\{X(n)=0\}=1-p,$$

$X(n)$的特征函数为$\varphi_{X(n)}(v)=pv+(1-p)$，而$Y(t)$是复合泊松过程，故$Y(t)$的特征函数为

$$\varphi_{Y(t)}(v)=\mathrm{e}^{\lambda t[\varphi_{X(1)}(v)-1]}=\mathrm{e}^{\lambda t(p\mathrm{e}^{\mathrm{i}v}-p)}=\mathrm{e}^{\lambda pt(\mathrm{e}^{\mathrm{i}v}-1)}.$$

由唯一性知，$\{Y(t),t\geqslant 0\}$是一以λp为强度的泊松过程.

点评：本题中$Y(t)$的特征函数也可直接利用全期望公式计算，即

$$\begin{aligned}\varphi_{Y(t)}(v)&=E(\mathrm{e}^{\mathrm{i}vY(t)})=E[E(\mathrm{e}^{\mathrm{i}vY(t)}\mid N(t))]\\&=\sum_{k=0}^{+\infty}E[\mathrm{e}^{\mathrm{i}vY(t)}\mid N(t)=k]P\{N(t)=k\}\\&=\sum_{k=0}^{+\infty}(p\mathrm{e}^{\mathrm{i}v}+1-p)^k\frac{(\lambda t)^k}{k!}\mathrm{e}^{-\lambda t}\\&=\mathrm{e}^{-\lambda t}\mathrm{e}^{\lambda t(p\mathrm{e}^{\mathrm{i}v}+1-p)}\\&=\mathrm{e}^{\lambda pt(\mathrm{e}^{\mathrm{i}v}-1)}.\end{aligned}$$

- **复合泊松过程**

3. 对复合泊松过程$\left\{X(t)=\sum_{i=1}^{N(t)}Y_i,t\geqslant 0\right\}$，计算$\mathrm{Cov}(X(s),X(t))$.

解 令$0<t_0<t_1<\cdots<t_m$，则

$$X(t_k)-X(t_{k-1})=\sum_{i=N(t_{k-1})+1}^{N(t_k)}Y_i,\quad k=1,2,\cdots,m.$$

由条件，不难验证$X(t)$具有独立增量性. 由独立增量过程的性质可得

$$\mathrm{Cov}(X(s),X(t))=\sigma_X^2(\min(s,t))=E(Y_i^2)\min(s,t).$$

4. 设保险公司的人寿保险单持有者中第i个死亡者获得的保险金为D_i万元，诸D_i相互独立，均服从$[1,2]$上的均匀分布，若在$[0,t]$内的死亡人数$\{N(t),t\geqslant 0\}$为强度$\lambda=5$的泊松过程，并与$\{D_n\}$独立，求保险公司在$[0,t]$内将要支付的总保险金额$Y(t)$的均值与方差.

解

$$Y(t)=\sum_{i=1}^{N(t)}D_i,\quad D_i\sim U(1,2),$$

$$E(D_i)=\frac{3}{2},\quad D(D_i)=\frac{1}{12},\quad \varphi_{D_i}(v)=\frac{\mathrm{i}}{v}(\mathrm{e}^{\mathrm{i}v}-\mathrm{e}^{2\mathrm{i}v}),$$

$$E[Y(t)]=E[\sum_{i=1}^{N(t)}D_i]=\lambda tE(D_i)=5t\cdot\frac{3}{2}=\frac{15}{2}t,$$

$$D[Y(t)]=\lambda tE(D_i^2)=5t\left[\frac{1}{12}+\left(\frac{3}{2}\right)^2\right]=\frac{35}{3}t.$$

5. 设复合泊松过程$\left\{Y(t)=\sum_{k=1}^{N(t)}X_k,t\geqslant 0\right\}$，$\{N(t),t\geqslant 0\}$的强度$\lambda=5$，$X_k(k\geqslant 1)$具有概率密度函数

$$f(x)=\begin{cases}\lambda\mathrm{e}^{-\lambda x}, & x>0,\\0, & x\leqslant 0,\end{cases}$$

求:(1)$\mu_Y(t)$和$\sigma_Y^2(t)$;(2)$Y(t)$的特征函数.

解 (1) 由 $E(X_k)=\frac{1}{\lambda},D(X_k)=\frac{1}{\lambda^2},\varphi_{X_k}(v)=\frac{\lambda}{\lambda-\mathrm{i}v}$,可得

$$\mu_Y(t)=E[Y(t)]=E\left[\sum_{i=1}^{N(t)}X_i\right]=5tE(X_i)=\frac{5t}{\lambda},$$

$$\sigma_Y^2(t)=D[Y(t)]=5tE(X_i^2)=5t\cdot\frac{2}{\lambda^2}=\frac{10t}{\lambda^2}.$$

(2) $Y(t)$的特征函数为

$$\varphi_{Y(t)}(v)=\exp\{5t(\varphi_{X_1}(v)-1)\}=\exp\left\{5t\left(\frac{\lambda}{\lambda-\mathrm{i}v}-1\right)\right\}.$$

6. 设$\{N(t),t\geqslant 0\}$为强度为λ的泊松过程,令$Y(0)=0,Y(t)=\sum_{k=1}^{N(t)}X_k$,其中$X_k(k\geqslant 1)$独立同分布,均服从$N(0,\sigma^2)$,试求:

(1) $\mu_Y(t)$和$\sigma_Y^2(t)$;

(2) $Y(t)$的特征函数.

解 (1) 由 $E(X_k)=0,D(X_k)=\sigma^2,\varphi_{X_k}(v)=\mathrm{e}^{-\frac{\sigma^2v^2}{2}}$,可得

$$\mu_Y(t)=E[Y(t)]=E[\sum_{i=1}^{N(t)}X_i]=\lambda tE(X_i)=0,$$

$$\sigma_Y^2(t)=D[Y(t)]=\lambda tE(X_i^2)=\lambda t\sigma^2.$$

(2) $Y(t)$的特征函数为

$$\varphi_{Y(t)}(v)=\exp\{\lambda t(\varphi_{X_1}(v)-1)\}=\exp\{\lambda t(\mathrm{e}^{-\frac{\sigma^2v^2}{2}}-1)\}.$$

(三) 挑战篇

1. 设$\{X_1(t),t\geqslant 0\}$和$\{X_2(t),t\geqslant 0\}$是两个相互独立的泊松过程,参数分别为λ_1,λ_2,记$\omega_k^{(1)}$为过程$X_1(t)$的第k个点到达时刻,$\omega_1^{(2)}$为过程$X_2(t)$的第1个点到达时刻,求$P\{\omega_k^{(1)}<\omega_1^{(2)}\}$,即第一个过程的第$k$个点到达时刻比第二个过程的第1个点到达时刻早的概率.

解 设$\omega_k^{(1)}$的取值为x,$\omega_1^{(2)}$的取值为y,可得

$$f_{\omega_k^{(1)}}(x)=\begin{cases}\lambda_1\mathrm{e}^{-\lambda_1x}\frac{(\lambda_1x)^{k-1}}{(k-1)!}, & x\geqslant 0,\\ 0, & x<0,\end{cases}$$

$$f_{\omega_1^{(2)}}(y)=\begin{cases}\lambda_2\mathrm{e}^{-\lambda_2y}, & y\geqslant 0,\\ 0, & y<0,\end{cases}$$

$$P\{\omega_k^{(1)}<\omega_1^{(2)}\}=\int_D f(x,y)\mathrm{d}x\mathrm{d}y,$$

其中D是由$y=x$与y轴所围区域,$f(x,y)$为$\omega_k^{(1)}$与$\omega_1^{(2)}$的联合概率密度.由于$X_1(t)$与$X_2(t)$相互独立,故

$$f(x,y)=f_{\omega_k^{(1)}}(x)f_{\omega_1^{(2)}}(y),$$

所以

$$P\{\omega_k^{(1)}<\omega_1^{(2)}\}=\int_0^{\infty}\int_x^{\infty}\lambda_1\mathrm{e}^{-\lambda_1x}\frac{(\lambda_1x)^{k-1}}{(k-1)!}\cdot\lambda_2\mathrm{e}^{-\lambda_2y}\mathrm{d}y\mathrm{d}x=\left(\frac{\lambda_1}{\lambda_1+\lambda_2}\right)^k.$$

总 习 题 七

一、选择题

1. 设 $N_1(t)$ 和 $N_2(t)$ 分别为强度是 λ_1,λ_2 的相互独立的泊松过程，令 $X(t)=N_1(t)-N_2(t)$，$t>0$，则 $X(t)$ 的自相关函数为(　　).

A. $(\lambda_1^2+\lambda_2^2)st+(\lambda_1+\lambda_2)\min\{s,t\}-2\lambda_1\lambda_2 st$

B. $(\lambda_1^2+\lambda_2^2)\min\{s,t\}-2\lambda_1\lambda_2 st$

C. $(\lambda_1^2+\lambda_2^2)st+(\lambda_1+\lambda_2)\min\{s,t\}-\lambda_1\lambda_2 st$

D. $(\lambda_1+\lambda_2)\min\{s,t\}-2\lambda_1\lambda_2 st$

2. 设 $\{N(t),t\geqslant 0\}$ 是参数为 $\lambda=1$ 的泊松过程，$N(0)=0$，则 $P\{N(1)=1,N(3)=3,N(5)=5\}=$(　　).

A. $8e^{-5}$　　B. $4e^{-5}$　　C. $8e^{-3}$　　D. $4e^{-3}$

3. 设 $\{N(t),t\geqslant 0\}$ 是参数为 $\lambda>0$ 的泊松过程，$N(0)=0$，并设 $T_1,T_2,\cdots$ 为到达间隔时间序列. 若到达间隔时间序列 $T_1,T_2,\cdots$ 的概率密度函数 $f(x)=\begin{cases}e^{-x}, & x>0,\\ 0, & 其他,\end{cases}$ 则 $P\{N(1)=1,N(2)=2,N(3)=3\}=$(　　).

总习题七
选择题 3

A. $3e^{-3}$　　B. e^{-3}

C. $\dfrac{e^{-3}}{3}$　　D. e^{-2}

4. 设 $\{N(t),t\geqslant 0\}$ 是参数为 λ 的泊松过程，$N(0)=0$，随机变量 $R\sim N(0,4)$，R 与 $N(t)$ 相互独立，$X(t)=N(t)+R$，则 $R_X(s,t)=$(　　).

A. $\lambda\min\{s,t\}+\lambda^2 st+4$　　B. $\lambda\min\{s,t\}+\lambda^2 st$

C. $\lambda\min\{s,t\}+4$　　D. $\lambda\min\{s,t\}-4$

二、填空题

1. 设复合泊松过程 $\left\{Y(t)=\sum\limits_{k=1}^{N(t)}X_k,t\geqslant 0\right\}$，$\{N(t),t\geqslant 0\}$ 的强度 $\lambda=3$，$X_k(k\geqslant 1)$ 均服从 $[0,4]$ 上的均匀分布，则 $\mu_Y(t)=$________，$\sigma_Y^2(t)=$________.

2. 假设到银行取钱的顾客数构成速率为 $\lambda=6$(单位：人/小时）的泊松过程. 每位顾客取钱的金额(单位：万元)的概率密度函数为

$$f(x)=\begin{cases}\dfrac{1}{6}+\dfrac{1}{15}x, & 1\leqslant x\leqslant 4,\\ 0, & 其他,\end{cases}$$

则 6 小时内取钱总金额的数学期望为________，方差为________.

总习题七
填空题 2

3. 设 $X(t)$ 是具有跳跃强度 $\lambda(t)=\dfrac{1}{2}(1+\cos t)$ 的非齐次泊松过程，则 $E[X(t)]=$________，$D[X(t)]=$________.

三、解答题

1. 设到某商店的顾客数构成参数为 $\lambda=6$(单位:人/小时)的泊松过程.假设商店 8:00 开始营业.

(1) 该商店一天营业 12 小时,求一天顾客数的期望;

(2) 求该商店 8:30 前的顾客数不超过 3 的概率;

(3) 求该商店 8:20 前恰有 2 名顾客,且在 8:20 到 8:30 之间恰有 1 名顾客的概率.

2. 设某工厂发生故障的机器数目构成速率为 $\lambda=0.2$(单位:台/小时)的泊松过程.每台机器发生故障后每小时产生 2000 元的损失.若工厂每间隔 T 小时检修一次,求该工厂每小时因机器故障产生损失的期望值.若每次检修费用为 5000 元,求最优的 T.

3. 设电路网络中电压异常的次数构成速率为 0.5(单位:次/小时)的泊松过程.

(1) 若 10 小时内发生了 6 次电压异常,求前 4 小时发生 2 次电压异常的概率;

(2) 若 6:00 至 12:00 发生了 2 次电压异常,求 9:00 至 14:00 发生 2 次电压异常的概率.

总习题七参考答案

一、选择题

1. A; 2. B; 3. B; 4. A.

二、填空题

1. $6t$, $16t$; 2. 95.4, 279; 3. $\frac{1}{2}(t+\sin t)$, $\frac{1}{2}(t+\sin t)$.

三、解答题

1. **解** 从 8:00 开始,经过 t 小时的顾客数记为 $N(t)$.

(1) $E(N(12))=6\times 12=72$.

(2) $P\left\{N\left(\frac{1}{2}\right)\leqslant 3\right\}=e^{-3}\left(1+3+\frac{9}{2}+\frac{27}{6}\right)=13e^{-3}$.

(3)
$$
\begin{aligned}
P\left\{N\left(\frac{1}{2}\right)-N\left(\frac{1}{3}\right)=1,N\left(\frac{1}{3}\right)=2\right\}&=P\left\{N\left(\frac{1}{2}\right)-N\left(\frac{1}{3}\right)=1\right\}P\left\{N\left(\frac{1}{3}\right)=2\right\}\\
&=\frac{2^2}{2!}e^{-2}\cdot e^{-1}\\
&=2e^{-3}.
\end{aligned}
$$

2. **解** 设检修周期为 T,第 n 台机器发生故障时刻距离上次检修的时间间隔为 T_n,则 T 小时内由于故障而产生的总损失的期望为

$$2000E\left(\sum_{n=1}^{N(T)}(T-T_n)\right)=200T^2-1000T,$$

则平均每小时损失的期望为 $200T-1000$. 若每次检修费用为 5000 元,则最优的 T 是平均

每小时总的消耗费用最小，即

$$200T-1000+\frac{5000}{T}=200\left(T+\frac{25}{T}\right)-1000$$

$$\geqslant 200\times 2\sqrt{T}\sqrt{\frac{25}{T}}-1000=1000,$$

在 $T=5$ 时，不等式取等号，达到最小值 1000，故最优的 T 为 5.

3. **解**　(1) 记 t 小时前电压异常的次数为 $N(t)$，所求概率为

$$P\{N(4)=2\mid N(10)=6\}=C_6^2\times 0.4^2\times 0.6^4.$$

(2)

$$\begin{aligned}P\{N(8)-N(3)=2\mid N(6)=2\}&=\sum_{i=0}^{2}P\{N(3)=i,N(8)-N(6)=i\mid N(6)=2\}\\&=\frac{1}{4}e^{-1}+\frac{1}{2}e^{-1}+\frac{1}{4}e^{-1}\times\frac{1}{2}\\&=\frac{7}{8e}.\end{aligned}$$

第 7 章在线测试

第 8 章

平稳随机过程

一、知识要点

定义 1　如果对任意的 h，正整数 n 和 $t_1,t_2,\cdots,t_n\in T$，当 $t_1+h,t_2+h,\cdots,t_n+h\in T$ 时，n 维随机变量 $\{X(t_1),X(t_2),\cdots,X(t_n)\}$ 和 $\{X(t_1+h),X(t_2+h),\cdots,X(t_n+h)\}$ 有相同的联合分布函数，即它的有限维分布不随着时间的推移而改变，则称随机过程 $\{X(t),t\in T\}$ 为**严(强、狭义)平稳过程**.

定义 2　如果二阶矩过程 $\{X(t),t\in T\}$ 满足：

(1) $E[X(t)]=\mu_X$ 为常数 $(t\in T)$；

(2) 对任意的 $t,t+\tau\in T$，$R_X(\tau)\triangleq E[X(t)X(t+\tau)]$ 与 t 无关而只与 τ 有关，

则称 $\{X(t),t\in T\}$ 为**宽(弱、广义)平稳过程**，并称 μ_X 为它的均值，$R_X(\tau)$ 为它的自相关函数.

性质 1(自相关函数的性质)

设平稳过程 $\{X(t),t\in T\}$ 的自相关函数为 $R_X(\tau)$，则 $R_X(\tau)$ 有下列性质：

(1) $R_X(0)=E[X^2(t)]\triangleq\Psi_X^2\geqslant 0$.

(2) $R_X(\tau)$ 为 τ 的偶函数，即 $R_X(\tau)=R_X(-\tau)$.

(3) $|R_X(\tau)|\leqslant R_X(0)$.

(4) 若平稳过程 $X(t)$ 满足条件 $X(t)=X(t+l)$，则称它为**周期过程**，其中 l 为过程的周期. 周期平稳过程的自相关函数必是以 l 为周期的周期函数.

(5) $R_X(\tau)$ 是非负定的.

定义 3　设 $\{X(t),t\in T\}$，$\{Y(t),t\in T\}$ 为两个平稳过程，如果对任意的 $t,t+\tau\in T$，$R_{XY}(t,t+\tau)=E[X(t)Y(t+\tau)]$ 与 t 无关而只与 τ 有关，则称 $\{X(t)\}$ 与 $\{Y(t)\}$ 是平稳相关的或联合平稳的，并称 $R_{XY}(\tau)\triangleq R_{XY}(t,t+\tau)$ 为 $\{X(t)\}$ 与 $\{Y(t)\}$ 的互相关函数.

性质 2(互相关函数的性质)

(1) $R_{XY}(0)=R_{YX}(0)$.

(2) $R_{XY}(\tau)=R_{YX}(-\tau)$.

(3) $|R_{XY}(\tau)|^2\leqslant R_X(0)R_Y(0)$.

(4) $|R_{XY}(\tau)|\leqslant\frac{1}{2}[R_X(0)+R_Y(0)]$.

定义 4　设 $X_n,X\in\mathscr{H}$，如果 $\lim\limits_{n\to\infty}E(|X_n-X|^2)=0$，则称当 $n\to\infty$ 时，X_n 均方收敛到 X，

或当 $n\to\infty$ 时,X 是 X_n 的均方极限,记为$\underset{n\to\infty}{\mathrm{l.i.m}}X_n=X$ 或 $X_n\xrightarrow{L_2}X$. 式中l. i. m代表均方意义下的极限,是英文 limit in mean 的缩写.

定义 5　如果随机过程$\{X(t),t\in T\}$满足:对 $t\in T$,有$\underset{h\to 0}{\mathrm{l.i.m}}X(t+h)=X(t)$, 则称随机过程$\{X(t)\}$于 t 处在均方意义下连续,简称$\{X(t)\}$在 t 处均方连续. 若$\{X(t),t\in T\}$在每一点 $t\in T$ 处均方连续,则称$\{X(t)\}$在 T 上均方连续.

定理 1(均方连续准则)　随机过程$\{X(t),t\in T\}$在 $t\in T$ 处均方连续的充要条件是其相关函数 $R_X(s,t)$在(t,t)点连续.

定义 6　设$\{X(t)\}$为随机过程,对 $t\in T$,若存在随机变量 $X\in\mathscr{H}$,使得$\underset{h\to 0}{\mathrm{l.i.m}}\dfrac{X(t+h)-X(t)}{h}$存在,记为 $X'(t)$,则称$\{X(t)\}$在 t 处均方可导,称 $X'(t)$为$\{X(t)\}$在 t 处的均方导数. 如果$\{X(t)\}$在每一点 $t\in T$ 处均方可导,则称它在 T 上均方可导或均方可微,且记它的均方导数为 $X'(t)$或$\dfrac{\mathrm{d}X(t)}{\mathrm{d}t}(t\in T)$.

定理 2　设$\{X(t),t\in T\}$的均值函数为$\mu_X(t)$,相关函数为 $R_X(s,t)$,在 T 上的均方导数为 $X'(t)$,则

(1) $\mu_{X'}(t)=\mu_X'(t)$;

(2) $R_{X'X}(s,t)=E[X'(s)\overline{X(t)}]=\dfrac{\partial R_X(s,t)}{\partial s}$, $R_{XX'}(s,t)=E[X(s)\overline{X'(t)}]=\dfrac{\partial R_X(s,t)}{\partial t}$;

(3) $R_{X'}(s,t)=E[X'(s)\overline{X'(t)}]=\dfrac{\partial^2 R_X(s,t)}{\partial s\partial t}$.

定义 7　设$\{X(t),t\in T\}$为二阶矩过程,$[a,b]\subset T$,$f(t)$是一复值函数,令 Δ:$a=t_0<t_1<\cdots<t_n=b$ 为$[a,b]$的分割,记

$$\Delta_k=t_k-t_{k-1},\quad k=1,2,\cdots,n,\quad |\Delta|=\max_{1\leqslant k\leqslant n}\{\Delta_k\},$$

$$I(\Delta)=\sum_{k=1}^{n}f(u_k)X(u_k)\Delta_k,\quad t_{k-1}\leqslant u_k\leqslant t_k,$$

如果当 $n\to\infty(|\Delta|\to 0)$ 时,$I(\Delta)$ 的均方极限存在(为$\mathscr{H}$中的元素),则称此极限为 $f(t)X(t)$ 在$[a,b]$上的均方积分,记为$\int_a^b f(t)X(t)\mathrm{d}t$,并称 $f(t)X(t)$ 在$[a,b]$上均方可积.

定理 3　如果 $f(t)$,$g(t)$在$[a,b]$上连续,$X(t)$在$[a,b]$上均方连续,则

(1) $E\left[\int_a^b f(t)X(t)\mathrm{d}t\right]=\int_a^b f(t)\mu_X(t)\mathrm{d}t$;

(2) $E\left[\int_a^b f(s)X(s)\mathrm{d}s\right]\overline{\left[\int_a^b g(t)X(t)\mathrm{d}t\right]}=\int_a^b\int_a^b f(s)\overline{g(t)}R_X(s,t)\mathrm{d}s\mathrm{d}t$.

定义 8　设$\{X(t),-\infty<t<+\infty\}$为均方连续的平稳过程,如果它沿整个时间段上的平均值即时间平均值

$$\langle X(t)\rangle=\underset{l\to+\infty}{\mathrm{l.i.m}}\frac{1}{2l}\int_{-l}^{l}X(t)\mathrm{d}t$$

存在,而且$\langle X(t)\rangle=\mu_X$ 依概率 1 相等,则称该过程**关于均值具有均方遍历性**.

定义 9　设$\{X(t),-\infty<t<+\infty\}$为均方连续的平稳过程,且对于固定的 τ,$X(t)X(t+\tau)$也是均方连续的平稳随机过程,若

$$\langle X(t)X(t+\tau)\rangle = \underset{l\to+\infty}{\text{l.i.m}}\frac{1}{2l}\int_{-l}^{l}X(t)X(t+\tau)\mathrm{d}t$$

存在,而且$\langle X(t)X(t+\tau)\rangle = R_X(\tau)$依概率 1 相等,则称该过程**关于自相关函数具有均方遍历性**.

定义 10 如果$\{X(t),-\infty<t<+\infty\}$为均方连续的平稳过程,且关于均值和自相关函数都具有均方遍历性,则称该过程具有遍历性或是遍历过程.

二、分级习题

(一) 基础篇

1. 令

$$X(t)=A(t)\cos t,\quad Y(t)=B(t)\sin t,$$

其中 $A(t)$和 $B(t)$都是零均值的平稳过程,且 $A(t)$和 $B(t)$互不相关,并有相同的自相关函数. 求证:

(1) 随机过程 $X(t)$和 $Y(t)$都不是平稳过程;

(2) $Z(t)=X(t)+Y(t)$是平稳过程.

第 8 章基础篇题 1 和提高篇题 5

证明 (1)

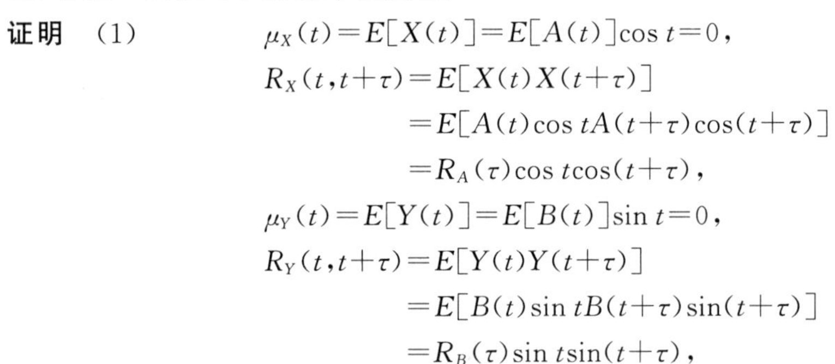

$$\mu_X(t)=E[X(t)]=E[A(t)]\cos t=0,$$

$$\begin{aligned}R_X(t,t+\tau)&=E[X(t)X(t+\tau)]\\&=E[A(t)\cos tA(t+\tau)\cos(t+\tau)]\\&=R_A(\tau)\cos t\cos(t+\tau),\end{aligned}$$

$$\mu_Y(t)=E[Y(t)]=E[B(t)]\sin t=0,$$

$$\begin{aligned}R_Y(t,t+\tau)&=E[Y(t)Y(t+\tau)]\\&=E[B(t)\sin tB(t+\tau)\sin(t+\tau)]\\&=R_B(\tau)\sin t\sin(t+\tau),\end{aligned}$$

即得两个随机过程 $X(t)$和 $Y(t)$都不是平稳过程.

(2) $\mu_Z(t)=E[Z(t)]=E[X(t)]+E[Y(t)]=0,$

$$\begin{aligned}R_Z(t,t+\tau)&=E[Z(t)Z(t+\tau)]\\&=E\{[A(t)\cos t+B(t)\sin t][A(t+\tau)\cos(t+\tau)+B(t+\tau)\sin(t+\tau)]\}\\&=R_A(\tau)\cos t\cos(t+\tau)+R_A(\tau)\sin t\sin(t+\tau)\\&=R_A(\tau)\cos\tau,\end{aligned}$$

从而得 $Z(t)$是平稳过程.

2. 若随机过程 $X(t)$为平稳过程,有

$$Y(t)=X(t)\cos(\omega_0 t+\Theta),$$

式中 $X(t)$和 Θ 相互独立,$\Theta\sim U(0,2\pi)$,$\omega_0>0$ 为常数.

(1) 求证 $Y(t)$为平稳过程;

(2) 若 $W(t)=X(t)\cos[(\omega_0+\delta)t+\Theta]$表示随机过程 $X(t)$的频率按 δ 差拍,求证 $W(t)$也是平稳过程;

(3) 求证上述两过程之和 $Y(t)+W(t)$不是平稳过程.

证明　(1)

$$\mu_Y(t)=E[Y(t)]=E[X(t)\cos(\omega_0 t+\Theta)]=E[X(t)]E[\cos(\omega_0 t+\Theta)]=0,$$

$$\begin{aligned}
R_Y(t,t+\tau) &= E[Y(t)Y(t+\tau)] \\
&= E\{[X(t)\cos(\omega_0 t+\Theta)][X(t+\tau)\cos(\omega_0(t+\tau)+\Theta)]\} \\
&= R_X(\tau)E[\cos(\omega_0 t+\Theta)\cos(\omega_0(t+\tau)+\Theta)] \\
&= R_X(\tau)\int_0^{2\pi}\cos(\omega_0 t+\theta)\cos(\omega_0(t+\tau)+\theta)\,\frac{1}{2\pi}\mathrm{d}\theta \\
&= R_X(\tau)\,\frac{1}{4\pi}\int_0^{2\pi}\cos(\omega_0(2t+\tau)+2\theta)+\cos(\omega_0\tau)\mathrm{d}\theta \\
&= \frac{R_X(\tau)}{2}\cos(\omega_0\tau),
\end{aligned}$$

从而证得 $Y(t)$为平稳过程.

(2) 与(1)类似,可得 $\mu_W(t)=E[W(t)]=0$,

$$R_W(t,t+\tau)=\frac{R_X(\tau)}{2}\cos((\omega_0+\delta)\tau),$$

从而得 $W(t)$也是平稳过程.

(3) 令 $Z(t)=Y(t)+W(t)$,则

$$\mu_Z(t)=E[Y(t)]+E[W(t)]=0,$$

$$\begin{aligned}
R_Z(t,t+\tau)&=E\{[Y(t)+W(t)][Y(t+\tau)+W(t+\tau)]\} \\
&=E\{X(t)[\cos(\omega_0 t+\Theta)+\cos((\omega_0+\delta)t+\Theta)]\cdot \\
&\quad X(t+\tau)[\cos(\omega_0(t+\tau)+\Theta)+\cos((\omega_0+\delta)(t+\tau)+\Theta)]\} \\
&=R_X(\tau)[\cos(\omega_0\tau)+\cos(\omega_0\tau-\delta t)+\cos(\delta t)],
\end{aligned}$$

从而得 $Y(t)+W(t)$不是平稳过程.

3. 设随机过程 $X(t)$和 $Y(t)$是联合平稳的平稳过程,$Z(t)=X(t)+Y(t)$. 求:

(1) $Z(t)$的自相关函数 $R_Z(\tau)$;

(2) $R_Z(\tau)$在 $X(t)$与 $Y(t)$相互独立时的结果;

(3) $R_Z(\tau)$在 $X(t)$与 $Y(t)$相互独立且均值为零时的结果.

解　由已知条件可知 $X(t)$和 $Y(t)$均平稳,且互相关函数仅依赖于时间差 τ,即

$$E[X(t)\overline{Y(t+\tau)}]=R_{XY}(\tau).$$

(1)
$$\begin{aligned}
R_Z(\tau)&=E[Z(t)\overline{Z(t+\tau)}] \\
&=E\{[X(t)+Y(t)][\overline{X(t+\tau)+Y(t+\tau)}]\} \\
&=R_X(\tau)+R_Y(\tau)+R_{XY}(\tau)+R_{YX}(\tau).
\end{aligned}$$

(2)
$$\begin{aligned}
R_Z(\tau)&=E[Z(t)\overline{Z(t+\tau)}] \\
&=E\{[X(t)+Y(t)][\overline{X(t+\tau)+Y(t+\tau)}]\} \\
&=R_X(\tau)+R_Y(\tau)+2\mu_X\mu_Y.
\end{aligned}$$

(3)
$$\begin{aligned}
R_Z(\tau)&=E[Z(t)\overline{Z(t+\tau)}] \\
&=E\{[X(t)+Y(t)][\overline{X(t+\tau)+Y(t+\tau)}]\} \\
&=R_X(\tau)+R_Y(\tau).
\end{aligned}$$

4. 假设平稳过程 $X(t)$ 的导数存在,试证:

(1) $E[X'(t)]=0$;

(2) $X'(t)$ 的自相关函数 $R_{X'}(\tau)=-\frac{\mathrm{d}^2R_X(\tau)}{\mathrm{d}\tau^2}$;

(3) $X(t)$ 与 $X'(t)$ 的互相关函数 $R_{XX'}(\tau)=\frac{\mathrm{d}R_X(\tau)}{\mathrm{d}\tau}$.

证明 (1) 平稳过程 $X(t)$ 的均值函数是个常数 μ_X,从而有

$$E[X'(t)]=\frac{\mathrm{d}\mu_X}{\mathrm{d}t}=0.$$

(2)

$$\begin{aligned}R_{X'X}(\tau)&=E[X'(t)X(t+\tau)]\\&=E\left[\underset{\Delta t\to 0}{\mathrm{l.i.m}}\frac{X(t+\Delta t)-X(t)}{\Delta t}X(t+\tau)\right]\\&=\lim_{\Delta t\to 0}\frac{R_X(\tau-\Delta t)-R_X(\tau)}{\Delta t}\\&=-R'_X(\tau),\end{aligned}$$

$$\begin{aligned}R_{X'}(\tau)&=E[X'(t)X'(t+\tau)]\\&=E\left[X'(t)\underset{\Delta t\to 0}{\mathrm{l.i.m}}\frac{X(t+\tau+\Delta t)-X(t+\tau)}{\Delta t}\right]\\&=\lim_{\Delta t\to 0}\frac{R_{X'X}(\tau+\Delta t)-R_{X'X}(\tau)}{\Delta t}\\&=\lim_{\Delta t\to 0}\frac{-[R'_X(\tau+\Delta t)-R'_X(\tau)]}{\Delta t}\\&=-\frac{\mathrm{d}^2R_X(\tau)}{\mathrm{d}\tau^2}.\end{aligned}$$

(3)

$$\begin{aligned}R_{XX'}(\tau)&=E[X(t)X'(t+\tau)]\\&=E\left[X(t)\underset{\Delta t\to 0}{\mathrm{l.i.m}}\frac{X(t+\tau+\Delta t)-X(t+\tau)}{\Delta t}\right]\\&=\lim_{\Delta t\to 0}\frac{R_X(\tau+\Delta t)-R_X(\tau)}{\Delta t}\\&=\frac{\mathrm{d}R_X(\tau)}{\mathrm{d}\tau}.\end{aligned}$$

5. 设随机信号 $X(t)=V\mathrm{e}^t\cos t$,其中 V 是均值为 1,方差为 1 的随机变量. 现设新的随机信号 $Y(t)=\int_0^t X(\lambda)\mathrm{d}\lambda$,试求 $Y(t)$ 的均值、相关函数、协方差函数和方差.

解

$$\mu_X(t)=E[X(t)]=\mathrm{e}^t\cos tE(V)=\mathrm{e}^t\cos t,$$

$$\begin{aligned}R_X(t,s)&=E[X(t)X(s)]\\&=E[V\mathrm{e}^t\cos tV\mathrm{e}^s\cos s]\\&=\mathrm{e}^{(t+s)}\cos t\cos sE(V^2)\\&=2\mathrm{e}^{(t+s)}\cos t\cos s.\end{aligned}$$

$$\mu_Y(t)=E[Y(t)]=E\left[\int_0^t X(t)\mathrm{d}t\right]=\int_0^t\mu_X(t)\mathrm{d}t=\int_0^t\mathrm{e}^t\cos t\mathrm{d}t=\frac{1}{2}[\mathrm{e}^t(\cos t+\sin t)-1],$$

$$
\begin{aligned}
R_Y(t,s) &= E[Y(t)Y(s)] \\
&= E\left[\int_0^t X(t)\mathrm{d}t\int_0^s X(s)\mathrm{d}s\right] \\
&= \int_0^t\int_0^s R_X(t,s)\mathrm{d}s\mathrm{d}t \\
&= \int_0^t\int_0^s 2\mathrm{e}^{(t+s)}\cos t\cos s\mathrm{d}s\mathrm{d}t \\
&= 2\int_0^t \mathrm{e}^t\cos t\mathrm{d}t\int_0^s \mathrm{e}^s\cos s\mathrm{d}s \\
&= \frac{1}{2}[\mathrm{e}^t(\cos t+\sin\ t)-1][\mathrm{e}^s(\cos s+\sin s)-1],
\end{aligned}
$$

$$
\begin{aligned}
C_Y(t,s) &= R_Y(t,s)-\mu_Y(t)\mu_Y(s) \\
&= \frac{1}{2}[\mathrm{e}^t(\cos t+\sin t)-1][\mathrm{e}^s(\cos s+\sin s)-1]- \\
&\quad \frac{1}{2}[\mathrm{e}^t(\cos t+\sin t)-1]\ \frac{1}{2}[\mathrm{e}^s(\cos s+\sin s)-1] \\
&= \frac{1}{4}[\mathrm{e}^t(\cos t+\sin t)-1][\mathrm{e}^s(\cos s+\sin s)-1],
\end{aligned}
$$

$$
\sigma_Y^2(t)=C_Y(t,t)=\frac{1}{4}[\mathrm{e}^t(\cos t+\sin t)-1]^2.
$$

6. 设 $C_X(\tau)$ 是均方连续的平稳过程 $\{X(t),t\in R_1\}$ 的自协方差函数，证明：如果 $C_X(\tau)$ 绝对可积，即 $\int_{-\infty}^{+\infty}|C_X(\tau)|\mathrm{d}\tau<+\infty$，则 $X(t)$ 关于均值具有均方遍历性.

证明　由于 $R_X(\tau)-\mu_X^2=C_X(\tau)$，因此

$$
\begin{aligned}
0 &\leqslant \frac{1}{T}\int_0^{2T}\left(1-\frac{\tau}{2T}\right)[R_X(\tau)-\mu_X^2]\mathrm{d}\tau \\
&= \frac{1}{T}\int_0^{2T}|C_X(\tau)|\mathrm{d}\tau\leqslant\frac{1}{T}\int_0^{+\infty}|C_X(\tau)|\mathrm{d}\tau\to 0,\quad T\to+\infty,
\end{aligned}
$$

即 $X(t)$ 的均值具有遍历性.

> **点评：** 本题给出了均值具有遍历性的又一个充分条件.

(二) 提高篇

1. 设 X,Y 是随机变量，$\omega_0>0$ 为常数，证明随机过程 $Z(t)=X\cos(\omega_0 t)+Y\sin(\omega_0 t)$ 为平稳过程的充要条件是 X 与 Y 不相关且均值函数恒为零、方差相等.

证明　$E[Z(t)]=E(X)\cos(\omega_0 t)+E(Y)\sin(\omega_0 t)=\sqrt{a^2+b^2}\cos(\omega_0 t+\varphi)$，

其中 $a=E(X)$，$b=E(Y)$，$\tan\varphi=\dfrac{b}{a}$，可见 $E[Z(t)]$ 为常数的充要条件是 $a=0$ 且 $b=0$.

同样可以算得

$$
E[Z(t)Z(t+\tau)]=\frac{1}{2}[E(X^2)+E(Y^2)]\cos(\omega_0\tau)+\sqrt{c^2+d^2}\cos(\omega_0 t+\tau),
$$

其中，$c=\dfrac{1}{2}[E(X^2)-E(Y^2)]$，$d=E(XY)$.

可见，$E[Z(t)Z(t+\tau)]$ 不依赖于 t 的充要条件是 $c=0$，$d=0$，即 X 与 Y 不相关，且均值

为 0，方差相等.

2. 设 $X(t)$是雷达的发射信号，遇到目标后的回波信号为 $aX(t-\tau_1)$，$a\ll 1$，τ_1 是信号的返回时间，设为常数，回波信号必然伴有噪声，记为 $N(t)$，于是接收机收到的全信号为

$$Y(t)=aX(t-\tau_1)+N(t).$$

(1) 若 $X(t)$和 $N(t)$联合平稳，求互相关函数 $R_{XY}(t,t+\tau)$；

(2) 在(1)的条件下，假如 $N(t)$的均值为零，且与 $X(t)$是相互独立的，求 $R_{XY}(t,t+\tau)$，问$X(t)$与 $Y(t)$是否联合平稳？

解 (1)
$$\begin{aligned}R_{XY}(t,t+\tau)&=E[X(t)Y(t+\tau)]\\&=E[aX(t)X(t+\tau-\tau_1)+X(t)N(t+\tau)]\\&=aR_X(\tau-\tau_1)+R_{XN}(t,t+\tau).\end{aligned}$$

(2) 由 $N(t)$与 $X(t)$相互独立且 $E[N(t)]=0$，可知

$$R_{XN}(t,t+\tau)=E[X(t)]E[N(t+\tau)]=0,$$

故由(1)的结果可得 $R_{XY}(t,t+\tau)=aR_X(\tau-\tau_1)$，可见 $R_{XY}(t,t+\tau)$与 t 无关，只依赖于时间差 τ，故 $X(t)$与 $Y(t)$联合平稳.

3. 数学期望为 $\mu_X(t)=5\sin t$，自相关函数为 $R_X(s,t)=3\mathrm{e}^{-0.5(s-t)^2}$ 的随机过程 $X(t)$输入微分电路，该电路输出随机信号 $Y(t)=X'(t)$. 求 $Y(t)$的均值和自相关函数.

解
$$\mu_{X'}(t)=\frac{\mathrm{d}\mu_X(t)}{\mathrm{d}t}=5\cos t,$$

$$\begin{aligned}R_{X'}(t)&=\frac{\partial^2 R_X(s,t)}{\partial s\partial t}\\&=\frac{\partial^2 3\mathrm{e}^{-0.5(s-t)^2}}{\partial s\partial t}\\&=\frac{\partial 3\mathrm{e}^{-0.5(s-t)^2}(s-t)}{\partial s}\\&=3[1-(s-t)^2]\mathrm{e}^{-0.5(s-t)^2}.\end{aligned}$$

4. 设随机过程 $Z(t)=X(t)+Y$，其中 $X(t)$是一关于均值遍历的平稳过程，Y 是与 $X(t)$独立的非退化随机变量，试说明 $Z(t)$不是遍历的.

解 由 $X(t)$平稳，Y 是非退化随机变量，可设 $E[X(t)]=\mu_X$，$E(Y)=\mu$，$D(Y)=\sigma^2\neq 0$，又由 $X(t)$关于均值遍历可得

$$\lim_{l\to\infty}\frac{1}{l}\int_0^{2l}(1-\frac{\tau}{2l})[R_X(\tau)-\mu_X{}^2]\mathrm{d}\tau=0.$$

$$\mu_Z(t)=\mu_X+E(Y),$$

$$\begin{aligned}R_Z(\tau)&=E[Z(t)Z(t+\tau)]\\&=E\{[X(t)+Y][X(t+\tau)+Y]\}\\&=R_X(\tau)+E[X(t)]E(Y)+E[X(t+\tau)]E(Y)+E(Y^2)\\&=R_X(\tau)+2\mu_XE(Y)+E(Y^2),\end{aligned}$$

于是有

$$\begin{aligned}&\lim_{l\to\infty}\frac{1}{l}\int_0^{2l}(1-\frac{\tau}{2l})[R_Z(\tau)-\mu_Z{}^2]\mathrm{d}\tau\\=&\lim_{l\to\infty}\frac{1}{l}\int_0^{2l}(1-\frac{\tau}{2l})\{R_X(\tau)+2\mu_XE(Y)+E(Y^2)-[\mu_X+E(Y)]^2\}\mathrm{d}\tau\end{aligned}$$

$$= \lim_{l\to\infty}\frac{1}{l}\int_0^{2l}(1-\frac{\tau}{2l})\{R_X(\tau)-\mu_X^2+E(Y^2)-[E(Y)]^2\}\mathrm{d}\tau$$

$$= \lim_{l\to\infty}\frac{1}{l}\int_0^{2l}(1-\frac{\tau}{2l})[R_X(\tau)-\mu_X^2+D(Y)]\mathrm{d}\tau$$

$$= \lim_{l\to\infty}\frac{1}{l}\int_0^{2l}(1-\frac{\tau}{2l})[R_X(\tau)-{\mu_X}^2]\mathrm{d}\tau+D(Y)\lim_{l\to\infty}\frac{1}{l}\int_0^{2l}(1-\frac{\tau}{2l})\mathrm{d}\tau$$

$$= D(Y)\lim_{l\to\infty}\frac{1}{l}\int_0^{2l}(1-\frac{\tau}{2l})\mathrm{d}\tau$$

$$= D(Y)\cdot(2-\frac{1}{2})\neq 0,$$

从而证得 $Z(t)$不是遍历的.

5. 设随机过程 $X(t)=A\cos(\omega_0 t+\Phi)$,式中 A,Φ 是相互独立的随机变量,且 $\Phi\sim U(0,2\pi)$,试证明该过程关于均值具有均方遍历性.

证明　$\mu_X=0,R_X(\tau)=\frac{1}{2}E(A^2)\cos(\omega_0\tau)$,于是有

$$\lim_{l\to\infty}\frac{1}{l}\int_0^{2l}(1-\frac{\tau}{2l})[R_X(\tau)-{\mu_X}^2]\mathrm{d}\tau=\lim_{l\to\infty}\frac{E(A^2)}{4\omega_0^2 l^2}[1-\cos(2\omega_0 l)]=0.$$

6. 设随机过程 $X(t)=A\sin t+B\cos t$,其中 A,B 皆是均值为零、方差为 σ^2 的随机变量,且互不相关,试证 $X(t)$关于均值具有均方遍历性.

证明　方法一:记 $E(A^2)=E(B^2)=\sigma^2$.

$\mu_X(t)=E[X(t)]=E(A\sin t+B\cos t)=E(A)\sin t+E(B)\cos t=0$,

$$\langle X(t)\rangle=\underset{T\to+\infty}{\mathrm{l.i.m}}\frac{1}{2T}\int_{-T}^{T}X(t)\mathrm{d}t$$

$$=\underset{T\to+\infty}{\mathrm{l.i.m}}\frac{1}{2T}\int_{-T}^{T}(A\sin t+B\cos t)\mathrm{d}t$$

$$=\underset{T\to+\infty}{\mathrm{l.i.m}}\frac{1}{T}\int_0^{T}B\cos t\mathrm{d}t,$$

因为

$$\lim_{T\to+\infty}E\left|\frac{B\sin T}{T}-0\right|^2=\lim_{T\to+\infty}E\left(\frac{\sin^2 T}{T^2}\right)E(B^2)=\lim_{T\to+\infty}E\left(\frac{\sin^2 T}{T^2}\right)\sigma^2=0,$$

所以

$$\langle X(t)\rangle=\underset{T\to+\infty}{\mathrm{l.i.m}}\frac{B\sin T}{T}=0=\mu_X(t),$$

即 $X(t)$关于均值具有均方遍历性.

方法二:$\mu_X=0,R_X(\tau)=\sigma^2\cos\tau$,于是有

$$\lim_{l\to\infty}\frac{1}{l}\int_0^{2l}(1-\frac{\tau}{2l})[R_X(\tau)-{\mu_X}^2]\mathrm{d}\tau=\lim_{l\to\infty}\frac{\sigma^2}{2l^2}[1-\cos(2l)]=0.$$

(三) 挑战篇

1. 设 $X(t)=\cos(at+\Theta)$,其中 a 为常数,Θ 为随机变量,其特征函数为 $\varphi(u)$. 证明$X(t)$为平稳过程的充要条件是 $\varphi(1)=\varphi(2)=0$.

证明　$\varphi(u)=E(\mathrm{e}^{\mathrm{i}u\Theta})=E[\cos(u\Theta)+\mathrm{i}\cdot\sin(u\Theta)]$,

$$\varphi(1)=E(\mathrm{e}^{\mathrm{i}\Theta})=E[\cos\Theta+\mathrm{i}\cdot\sin\Theta],$$
$$\varphi(2)=E(\mathrm{e}^{\mathrm{i}2\Theta})=E[\cos(2\Theta)+\mathrm{i}\cdot\sin(2\Theta)].$$

必要性:若 $X(t)$是平稳过程,则:

(1) 常数 $C=E[X(t)]=E[\cos(at+\Theta)]=\cos atE(\cos\Theta)-\sin atE(\sin\Theta)$.

取 $t=\dfrac{2\pi}{a}, t=-\dfrac{\pi}{2a}$及 $t=\dfrac{\pi}{4a}$,可得 $E(\cos\Theta)=E(\sin\Theta)=C=0$,即 $\varphi(1)=E(\cos\Theta)+\mathrm{i}E(\sin\Theta)=0$.

(2)
$$\begin{aligned}R_X(t_1,t_2)&=E[X(t_1)X(t_2)]\\&=E[\cos(at_1+\Theta)\cos(at_2+\Theta)]\\&=\frac{1}{2}\cos[a(t_1-t_2)]+\frac{1}{2}E\{\cos[a(t_1+t_2)+2\Theta]\}\\&=\frac{1}{2}\cos[a(t_1-t_2)]+\frac{1}{2}\{\cos[a(t_1+t_2)]E[\cos(2\Theta)]-\\&\quad\sin[a(t_1+t_2)]E[\sin(2\Theta)]\},\end{aligned}$$

由于 $R_X(t_1,t_2)=R_X(t_2-t_1)$只与 t_2-t_1 有关,故 $E[\cos(2\Theta)]=E[\sin(2\Theta)]=0$,即$\varphi(2)=E[\cos(2\Theta)]+\mathrm{i}E[\sin(2\Theta)]=0$.

充分性:若 $\varphi(1)=\varphi(2)=0$,则

$$E(\cos\Theta)=E(\sin\Theta)=0,\quad E[\cos(2\Theta)]=E[\sin(2\Theta)]=0.$$

(1) $E[X(t)]=E[\cos(at+\Theta)]=\cos atE(\cos\Theta)-\sin atE(\sin\Theta)=0$ 为常数.

(2) $E[X^2(t)]=R_X(t,t)=\dfrac{1}{2}+\dfrac{1}{2}\{\cos 2atE[\cos(2\Theta)]-\sin 2atE[\sin(2\Theta)]\}=\dfrac{1}{2}<\infty$.

(3) $R_X(t_1,t_2)=E[X(t_1)X(t_2)]=\dfrac{1}{2}\cos[a(t_1-t_2)]$.

所以 $X(t)$是平稳过程.

2. 设 $Z(t)$为具有自相关函数 $R_Z(\tau)$的复平稳随机过程.现定义随机变量

$$V=\int_a^{a+l}Z(t)\,\mathrm{d}t,$$

其中 $l>0$ 和 a 皆为常数.证明:$E(|V|^2)=\int_{-l}^{l}(l-|\tau|)R_Z(\tau)\,\mathrm{d}\tau$.

证明
$$\begin{aligned}E(|V|^2)&=E\left[\int_a^{a+l}Z(t)\,\mathrm{d}t\int_a^{a+l}\overline{Z(s)}\,\mathrm{d}s\right]\\&=E\left[\int_a^{a+l}\int_a^{a+l}Z(t)\,\overline{Z(s)}\,\mathrm{d}t\mathrm{d}s\right]\\&=\left[\int_a^{a+l}\int_a^{a+l}R_Z(t-s)\,\mathrm{d}t\mathrm{d}s\right]\\&=\int_{-l}^{0}\int_a^{a+l+\tau}R_Z(\tau)\,\mathrm{d}\varepsilon\mathrm{d}\tau+\int_0^l\int_{a+\tau}^{a+l}R_Z(\tau)\,\mathrm{d}\varepsilon\mathrm{d}\tau\quad(\text{变量代换})\\&=\int_{-l}^{l}(l-|\tau|)R_Z(\tau)\,\mathrm{d}\tau.\end{aligned}$$

倒数第二个等式利用变量代换,令 $\tau=t-s,\varepsilon=t$,从而有 $s=\varepsilon-\tau, t=\varepsilon$.

总 习 题 八

一、选择题

1. 以下哪种随机过程一定是宽平稳过程？(　　)

A. 严平稳过程　　B. 独立增量过程

C. 泊松过程　　D. 以上均不正确

2. 设平稳过程$\{X(t),t\in T\}$的相关函数为$R_X(\tau)$，则下列结论不正确的是(　　).

A. $R_X(\tau)\geqslant 0$

B. $R_X(\tau)=R_X(-\tau)$

C. $|R_X(\tau)|\leqslant R_X(0)$

D. 以 l 为周期的周期平稳过程的自相关函数必是以 l 为周期的周期函数

3. 设$\{X(t),t\in T\}$，$\{Y(t),t\in T\}$为两个平稳过程，且是联合平稳的. 设$\{X(t)\}$与$\{Y(t)\}$的互相关函数为$R_{XY}(\tau)\triangleq R_{XY}(t,t+\tau)$，则下列结论不正确的是(　　).

A. $R_{XY}(0)=R_{YX}(0)$　　B. $R_{XY}(\tau)=R_{YX}(\tau)$

C. $|R_{XY}(\tau)|^2\leqslant R_X(0)R_Y(0)$　　D. $|R_{XY}(\tau)|\leqslant\frac{1}{2}[R_X(0)+R_Y(0)]$

4. 下列结论不正确的是(　　).

A. 泊松过程在 $t\geqslant 0$ 时均方连续

B. 维纳过程是均方可导的

C. 维纳过程是高斯过程

D. 高斯过程的平稳性和严平稳性是等价的

5. 以下随机过程是平稳过程的是(　　).

A. $X(t)=\cos(\omega_0 t+\Theta),\Theta\sim U(0,2\pi)$

B. $X(t)=\cos(\omega_0 t+\Theta),\Theta\sim U(0,\frac{\pi}{2})$

C. $X(t)=\Theta t+t^2,\Theta\sim N(0,1)$

D. $X(t)=\Theta t^2+5t,\Theta\sim N(0,1)$

6. 以下随机过程既是宽平稳过程又是严平稳过程的是(　　).

A. $X(t)=\sin(\omega_0 t+\Theta),\Theta\sim U(0,2\pi)$

B. $X(t)=A(t)\sin(\Theta+t),\Theta\sim U(0,2\pi)$，$A(t)$是平稳过程

C. $X_n=\sin(\xi_n)$，ξ_n 是独立同正态分布 $N(0,1)$随机变量序列

D. $X_n=(\xi_n)^2$，ξ_n 是独立同柯西分布随机变量序列

7. 设 $X(t)$和 $Y(t)$均是零均值的平稳过程，则以下随机过程是平稳过程的是(　　).

A. $X(t)\cos t$

B. $X(t)+Y(t)$

C. $X(t)Y(t)$

D. $X(t)\sin(t+\Theta)$，其中 $\Theta\sim U(0,2\pi)$，$X(t)$和 Θ 独立

8. 设 $X(t)$是平稳过程,均值函数和自相关函数分别为 $\mu_X(t)=c, R_X(\tau)=\cos\tau$,则以下结论不成立的是(　　).

A. 导过程的均值函数为 $\mu_{X'}(t)=0$

B. $X(t)$在 $t=0$ 点均方连续

C. 导过程的自相关函数为 $R_{X'}(\tau)=\cos\tau$

D. 积分过程$\int_0^{\pi} X(t)\mathrm{d}t$ 的均值函数为 2

9. 设 $X(t)$是平稳过程,均值函数和自相关函数分别为 $\mu_X(t)=5, R_X(\tau)=2\cos\tau$,则以下结论正确的是(　　).

A. 导过程的均值函数为 $\mu_{X'}(t)=\sin t$

B. $X(t)$在 $t=0$ 点均方连续

C. 导过程的自相关函数为 $R_{X'}(\tau)=2\sin\tau$

D. 积分过程$\int_0^{\pi} X(t)\mathrm{d}t$ 的均值函数为 4

10. 设 $X(t)$是维纳过程,它的均值函数和自相关函数分别为

$$\mu_X(t)=0,\quad R_X(s,t)=\sigma^2\min(s,t),$$

则以下结论不成立的是(　　).

A. $X(t)$是初值为 0 的独立增量过程

B. $X(t)$是均方连续的随机过程

C. $X(t)$是均方可导的随机过程

D. $X(t)$的协方差函数为 $C_X(s,t)=\sigma^2\min(s,t)$

二、填空题

1. 平稳过程的遍历性的理论依据是________.

2. 设 $\{X(t),t\in T\}$是实平稳过程,$R_X(\tau)=25+\dfrac{4}{1+6\tau^2}$,则$\{X(t)\}$的均值函数为________,方差函数为________.

3. 设 $\{X(t),t\in T\}$是实平稳过程,$R_X(\tau)=1-\tau^2$,则导过程$\{X'(t)\}$的均值函数为________,自相关函数为________,方差函数为________.

4. 设$\{X(t),t\in T\}$的均值函数和自相关函数分别为 $\mu_X(t)=\sin t, R_X(s,t)=\cos(t-s)$,则导过程 $X'(t)$的均值函数为________,方差函数为________.

5. 设$\{X(t),t\in T\}$是实平稳过程,且是周期为 d 的周期过程,则自相关函数是________(周期或非周期)函数.

6. 设 Y,Z 是独立同分布的随机变量,均服从 $N(0,1)$,$X(t)=Y\cos t+Z\sin t$,则 $X(t)$________(是或不是)平稳过程, 其自相关函数 $R_X(t,t+\tau)$为________.

7. 设 $X(t)$和 $Y(t)$均是零均值的平稳过程,则 $X(t)+Y(t)$________(是或不是)平稳过程.

8. 设 $X(t)$和 $Y(t)$均是零均值的平稳过程,并且 $X(t)$和 $Y(t)$独立, 则 $X(t)Y(t)$________(是或不是)平稳过程.

三、解答题

1. 设$\{X(t),t\in(-\infty,+\infty)\}$是一个零均值的平稳过程,且不恒等于一个随机变量,问

$\{X(t)+X(0),t\in(-\infty,+\infty)\}$是否仍是平稳过程?

2. 设随机过程 $Z(t)=X\sin t+Y\cos t$,其中 X 和 Y 独立同分布,它们都分别以$\frac{2}{3}$和$\frac{1}{3}$的概率取值-1和 2. 求 $Z(t)$的均值函数与自相关函数,并讨论 $Z(t)$的平稳性.

3. 设随机过程 $X(t)=A\sin(2\pi\Theta_1 t+\Theta_2)$,其中 A 是常数,Θ_1 与 Θ_2 是相互独立的随机变量,Θ_1 的概率密度函数为偶函数,Θ_2 在$[-\pi,\pi]$上均匀分布. 证明:

(1) $X(t)$是宽平稳过程;

(2) $X(t)$关于均值是遍历的.

总习题八参考答案

一、选择题

1. D; 2. A; 3. B; 4. B; 5. A; 6. C; 7. D; 8. D; 9. B; 10. C.

二、填空题

1. 大数定律; 2. $\pm5,4$; 3. 0,2,2; 4. $\cos t,\sin^2 t$; 5. 周期; 6. 是,$\cos\tau$; 7. 不是; 8. 是.

三、解答题

1. **解**　由题设知 $E[X(t)]=0,R_X(t,t+\tau)=R_X(\tau)$. 设 $Y(t)=X(t)+X(0)$,则

$$E[Y(t)]=E[X(t)]+E[X(0)]=E[X(0)],$$

$$\begin{aligned}R_Y(t,t+\tau)&=E[Y(t)Y(t+\tau)]\\&=E\{[X(t)+X(0)][X(t+\tau)+X(0)]\}\\&=E[X(t)X(t+\tau)]+E[X(0)X(t+\tau)]+E[X(t)X(0)]+E[X(0)X(0)]\\&=R_X(\tau)+R_X(t+\tau)+R_X(t)+E[X^2(0)],\end{aligned}$$

所以,$Y(t)=X(t)+X(0)$不是平稳过程.

2. **解**　由题意,$Z(t)$的均值函数为

$$\mu_Z(t)=E[Z(t)]=E(X\sin t+Y\cos t)=E(X)\sin t+E(Y)\cos t=0,$$

$Z(t)$的自相关函数为

$$\begin{aligned}R_Z(t_1,t_2)&=E[Z(t_1)Z(t_2)]\\&=E[(X\sin t_1+Y\cos t_1)(X\sin t_2+Y\cos t_2)]\\&=E(X^2)\sin t_1\sin t_2+E(XY)(\sin t_1\cos t_2+\cos t_1\sin t_2)+E(Y^2)\cos t_1\cos t_2,\end{aligned}$$

因为 $E(X^2)=E(Y^2)=2,E(XY)=E(X)E(Y)=0$,所以

$$R_Z(t_1,t_2)=2(\sin t_1\sin t_2+\cos t_1\cos t_2)=2\cos(t_1-t_2)=2\cos|\tau|.$$

从而,可以确定 $Z(t)$是宽平稳过程.

又因为

$$\begin{aligned}E[Z^3(t)]&=E[(X\sin t+Y\cos t)^3]\\&=E(X^3)\sin^3 t+3E(X^2Y)\sin^2 t\cos t+3E(XY^2)\sin t\cos^2 t+E(Y^3)\cos^3 t,\end{aligned}$$

因为 $E(X^3)=E(Y^3)=(-1)^3\times\frac{2}{3}+2^3\times\frac{1}{3}=2,E(X^2Y)=E(XY^2)=0$,所以 $E[Z^3(t)]=$

$2(\sin^3 t+\cos^3 t)$. 可见,其三阶矩与 t 有关,不是严平稳过程.

3. **证明** (1) 因为 $\sin(2\pi\Theta_1 t+\Theta_2)=\sin(2\pi\Theta_1 t)\cos\Theta_2+\cos(2\pi\Theta_1 t)\sin\Theta_2$,故 $X(t)$ 的均值函数为

$$\begin{aligned}\mu_X(t) &= E[X(t)]\\ &= E[A\sin(2\pi\Theta_1 t+\Theta_2)]\\ &= A\cdot E[\sin(2\pi\Theta_1 t)\cos\Theta_2+\cos(2\pi\Theta_1 t)\sin\Theta_2]\\ &= A\cdot\{E[\sin(2\pi\Theta_1 t)]E[\cos\Theta_2]+E[\cos(2\pi\Theta_1 t)]E[\sin\Theta_2]\}\\ &= 0,\end{aligned}$$

$X(t)$ 的自相关函数为

$$\begin{aligned}R_X(t_1,t_2)&=E[X(t_1)X(t_2)]\\ &=E[A\sin(2\pi\Theta_1 t_1+\Theta_2)\cdot A\sin(2\pi\Theta_1 t_2+\Theta_2)]\\ &=\frac{A^2}{2}E[\cos(2\pi\Theta_1(t_1-t_2))-\cos(2\pi\Theta_1(t_1+t_2)+2\Theta_2)]\\ &=\frac{A^2}{2}E[\cos(2\pi\Theta_1(t_1-t_2))]\\ &=R_X(\tau),\quad \tau=t_1-t_2,\end{aligned}$$

所以依定义知,$X(t)$ 是宽平稳过程.

(2) 由题意,

$$\lim_{T\to\infty}\frac{1}{2T}\int_{-T}^{T}X(t)\mathrm{d}t=\lim_{T\to\infty}\frac{1}{2T}\int_{-T}^{T}A\sin(2\pi\Theta_1 t+\Theta_2)\mathrm{d}t=0=\mu_X(t),$$

所以 $X(t)$ 关于均值是遍历的.

第 8 章在线测试

第 9 章

平稳过程的谱分析

一、知识要点

定理 1 设 $R_X(\tau)$是平稳过程 $X(t)$的自相关函数,$S_X(\omega)$为 $X(t)$的功率谱密度,若

$$\int_{-\infty}^{+\infty} |R_X(\tau)| \mathrm{d}\tau < +\infty,$$

则

$$S_X(\omega) = \int_{-\infty}^{+\infty} R_X(\tau) \mathrm{e}^{-\mathrm{i}\omega\tau} \mathrm{d}\tau. \tag{1}$$

由傅里叶变换理论知,$S_X(\omega)$ 是 $R_X(\tau)$ 的傅里叶变换,从而 $R_X(\tau)$ 与 $S_X(\omega)$ 在 $\int_{-\infty}^{+\infty} |R_X(\tau)| \mathrm{d}\tau < +\infty$ 的条件下为傅里叶变换对,可知

$$R_X(\tau) = \frac{1}{2\pi}\int_{-\infty}^{+\infty} S_X(\omega) \mathrm{e}^{\mathrm{i}\omega\tau} \mathrm{d}\omega. \tag{2}$$

这一关系就是著名的**维纳-辛钦(Wiener-Khinchin)定理**,称(1)式和(2)式为维纳-辛钦公式.它给出了平稳过程的时域特性和频域特性之间的联系.

推论 1

$$\Psi_X^2 = R_X(0) = \frac{1}{2\pi}\int_{-\infty}^{+\infty} S_X(\omega) \mathrm{d}\omega.$$

推论 2

$$S_X(\omega) = 2\int_0^{+\infty} R_X(\tau) \cos(\omega\tau) \mathrm{d}\tau,$$

$$R_X(\tau) = \frac{1}{\pi}\int_0^{+\infty} S_X(\omega) \cos(\omega\tau) \mathrm{d}\omega.$$

证明只需用到 $S_X(\omega)$及 $R_X(\tau)$的偶函数特性.

定理 2 设输入 $X(t)$为平稳过程,其均值、自相关函数分别为 μ_X,$R_X(\tau)$,则输出 $Y(t)$也是平稳过程,且与 $X(t)$平稳相关,它的均值、自相关函数及它与 $X(t)$的互相关函数分别为

$$\mu_Y = \mu_X\int_{-\infty}^{+\infty} h(t) \mathrm{d}t,$$

$$R_Y(\tau) = \int_{-\infty}^{+\infty}\int_{-\infty}^{+\infty} h(\tau_1) h(\tau_2) R_X(\tau + \tau_1 - \tau_2) \mathrm{d}\tau_1 \mathrm{d}\tau_2,$$

$$R_{XY}(\tau)=\int_{-\infty}^{+\infty}R_X(\lambda)h(\tau-\lambda)\mathrm{d}\lambda.$$

二、分级习题

(一) 基础篇

1. 设平稳过程 $X(t)$ 的功率谱密度为 $S_X(\omega)=\dfrac{32}{\omega^2+16}$,求该过程的平均功率.

解 方法一:$Q=\dfrac{1}{2\pi}\int_{-\infty}^{+\infty}S_X(\omega)\mathrm{d}\omega=\dfrac{1}{2\pi}\int_{-\infty}^{+\infty}\dfrac{32}{\omega^2+16}\mathrm{d}\omega=\dfrac{1}{2\pi}8\arctan\dfrac{\omega}{4}\Big|_{-\infty}^{+\infty}=4.$

方法二:由傅里叶变换对 $A\mathrm{e}^{-\beta|\tau|}\leftrightarrow\dfrac{2A\beta}{\omega^2+\beta^2}$ 可得 $R_X(\tau)=4\mathrm{e}^{-4\tau}$,$Q=R_X(0)=4$.

2. 设平稳过程 $X(t)$ 的功率谱密度为

$$S_X(\omega)=\begin{cases}1-\dfrac{|\omega|}{8\pi}, & |\omega|\leqslant 8\pi,\\ 0, & \text{其他},\end{cases}$$

求该过程的均方值.

解 $E[X^2(t)]=Q=\dfrac{1}{2\pi}\int_{-\infty}^{+\infty}S_X(\omega)\mathrm{d}\omega=\dfrac{1}{2\pi}\int_{-8\pi}^{8\pi}1-\dfrac{|\omega|}{8\pi}\mathrm{d}\omega=\dfrac{1}{\pi}\int_0^{8\pi}1-\dfrac{\omega}{8\pi}\mathrm{d}\omega=4.$

3. 已知平稳过程 $X(t)$ 的功率谱密度为

$$S_X(\omega)=\frac{\omega^2}{\omega^4+3\omega^2+2},$$

求该过程的均方值.

解
$$\begin{aligned}E[X^2(t)]&=Q\\&=\frac{1}{2\pi}\int_{-\infty}^{+\infty}S_X(\omega)\mathrm{d}\omega\\&=\frac{1}{2\pi}\int_{-\infty}^{+\infty}\frac{\omega^2}{\omega^4+3\omega^2+2}\mathrm{d}\omega\\&=\frac{1}{2\pi}\int_{-\infty}^{+\infty}\frac{2}{\omega^2+2}\mathrm{d}\omega-\frac{1}{2\pi}\int_{-\infty}^{+\infty}\frac{1}{\omega^2+1}\mathrm{d}\omega\\&=\frac{\sqrt{2}-1}{2}.\end{aligned}$$

4. 下列有理函数是否是功率谱密度函数的正确表达式?为什么?

(1) $S_1(\omega)=\dfrac{\omega^2+9}{(\omega^2+4)(\omega+1)^2}$;　　(2) $S_2(\omega)=\dfrac{\omega^2+1}{\omega^4+5\omega^2+6}$;

(3) $S_3(\omega)=\dfrac{\omega^2+4}{\omega^4-4\omega^2+3}$;　　(4) $S_4(\omega)=\dfrac{\mathrm{e}^{-\mathrm{i}\omega^2}}{\omega^2+2}$;

(5) $S_5(\omega)=\delta(\omega)+\dfrac{\omega^2}{\omega^4+1}$.

解 $S_2(\omega)$,$S_5(\omega)$ 是,其他都不是,因为 $S_1(\omega)$ 不是偶函数,$S_3(\omega)$ 没有非负性,$S_4(\omega)$ 不是实函数.

5. 已知平稳过程 $X(t)$ 的自相关函数如下:

(1) $R_X(\tau)=\mathrm{e}^{-\alpha|\tau|}$;

(2) $R_X(\tau)=\mathrm{e}^{-\alpha|\tau|}\cos(\omega_0\tau)$；

(3) $R_X(\tau)=\begin{cases}1-\dfrac{|\tau|}{l}, & -l<\tau<l,\\ 0, & \text{其他}.\end{cases}$

第 9 章基础篇
题 5 和题 6

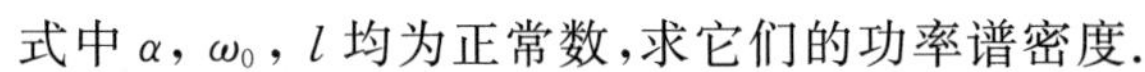

式中 α，ω_0，l 均为正常数，求它们的功率谱密度.

解　(1)

$$\begin{aligned}S_X(\omega)&=\int_{-\infty}^{+\infty}\mathrm{e}^{-\alpha|\tau|}\mathrm{e}^{-\mathrm{i}\omega\tau}\mathrm{d}\tau\\&=\int_{-\infty}^{0}\mathrm{e}^{\alpha\tau}\mathrm{e}^{-\mathrm{i}\omega\tau}\mathrm{d}\tau+\int_{0}^{+\infty}\mathrm{e}^{-\alpha\tau}\mathrm{e}^{-\mathrm{i}\omega\tau}\mathrm{d}\tau\\&=\int_{-\infty}^{0}\mathrm{e}^{(\alpha-\mathrm{i}\omega)\tau}\mathrm{d}\tau+\int_{0}^{+\infty}\mathrm{e}^{-(\alpha+\mathrm{i}\omega)\tau}\mathrm{d}\tau\\&=\frac{1}{\alpha-\mathrm{i}\omega}\mathrm{e}^{(\alpha-\mathrm{i}\omega)\tau}\Big|_{-\infty}^{0}-\frac{1}{\alpha+\mathrm{i}\omega}\mathrm{e}^{-(\alpha+\mathrm{i}\omega)\tau}\Big|_{0}^{+\infty}\\&=\frac{1}{\alpha-\mathrm{i}\omega}+\frac{1}{\alpha+\mathrm{i}\omega}\\&=\frac{2\alpha}{\alpha^2+\omega^2}.\end{aligned}$$

(2)

$$\begin{aligned}S_X(\omega)&=\int_{-\infty}^{+\infty}\mathrm{e}^{-\alpha|\tau|}\cos(\omega_0\tau)\mathrm{e}^{-\mathrm{i}\omega\tau}\mathrm{d}\tau\\&=\int_{-\infty}^{+\infty}\mathrm{e}^{-\alpha|\tau|}\cos(\omega_0\tau)[\cos(\omega\tau)+\mathrm{i}\cdot\sin(\omega\tau)]\mathrm{d}\tau\\&=2\int_{0}^{+\infty}\mathrm{e}^{-\alpha\tau}\cos(\omega_0\tau)\cos(\omega\tau)\mathrm{d}\tau\\&=\int_{0}^{+\infty}\mathrm{e}^{-\alpha\tau}\{\cos[(\omega_0+\omega)\tau]+\cos[(\omega_0-\omega)\tau]\}\mathrm{d}\tau\\&=\frac{\alpha}{\alpha^2+(\omega_0+\omega)^2}+\frac{\alpha}{\alpha^2+(\omega_0-\omega)^2}.\end{aligned}$$

(3)

$$\begin{aligned}S_X(\omega)&=\int_{-\infty}^{+\infty}R_X(\tau)\mathrm{e}^{-\mathrm{i}\omega\tau}\mathrm{d}\tau\\&=2\int_{0}^{+\infty}R_X(\tau)\cos(\omega\tau)\mathrm{d}\tau\\&=2\int_{0}^{l}\left(1-\frac{\tau}{l}\right)\cos(\omega\tau)\mathrm{d}\tau\\&=\frac{2}{\omega}\left(1-\frac{\tau}{l}\right)\sin(\omega\tau)\Big|_{0}^{l}+\frac{2}{\omega l}\int_{0}^{l}\sin(\omega\tau)\mathrm{d}\tau\\&=-\frac{2}{\omega^2 l}\cos(\omega\tau)\Big|_{0}^{l}\\&=\frac{2}{\omega^2 l}[1-\cos(\omega l)].\end{aligned}$$

6. 已知平稳过程 $X(t)$ 的功率谱密度如下：

(1) $S_X(\omega)=\begin{cases}1, & |\omega|\leqslant\omega_0,\\ 0, & \text{其他}；\end{cases}$

(2) $S_X(\omega)=\begin{cases}8\delta(\omega)+20\left(1-\dfrac{|\omega|}{10}\right), & |\omega|\leqslant 10,\\ 0, & \text{其他}.\end{cases}$

其中 ω_0 为正常数,分别求过程 $X(t)$ 的自相关函数.

解 (1)
$$\begin{aligned}R_X(\tau) &= \frac{1}{2\pi}\int_{-\infty}^{+\infty} S_X(\omega)e^{i\omega\tau}d\omega \\ &= \frac{1}{2\pi}\int_{-\omega_0}^{\omega_0} e^{i\omega\tau}d\omega \\ &= \frac{1}{2\pi}\int_{-\omega_0}^{\omega_0} \cos(\omega\tau) + i\cdot\sin(\omega\tau)d\omega \\ &= \frac{1}{2\pi}\cdot\frac{1}{\tau}\sin(\omega\tau)\Big|_{-\omega_0}^{\omega_0} \\ &= \frac{\sin(\omega_0\tau)}{\pi\tau}.\end{aligned}$$

(2)
$$\begin{aligned}R_X(\tau) &= \frac{1}{2\pi}\int_{-\infty}^{+\infty} S_X(\omega)e^{i\omega\tau}d\omega \\ &= \frac{1}{2\pi}\int_{-10}^{10}\left[8\delta(\omega)+20\left(1-\frac{|\omega|}{10}\right)\right]e^{i\omega\tau}d\omega \\ &= \frac{1}{2\pi}\left\{\int_{-10}^{10}8\delta(\omega)e^{i\omega\tau}d\omega+\int_{-10}^{10}20\left(1-\frac{|\omega|}{10}\right)[\cos(\omega\tau)+i\cdot\sin(\omega\tau)]d\omega\right\} \\ &= \frac{4}{\pi}+\frac{20}{\pi}\int_0^{10}\left(1-\frac{\omega}{10}\right)\cos(\omega\tau)d\omega \\ &= \frac{4}{\pi}+\frac{4}{\pi}\cdot\frac{\sin^2(5\tau)}{\tau^2}.\end{aligned}$$

7. 设 $X(t)$ 和 $Y(t)$ 是两个互不相关的平稳过程,它们的均值 μ_X, μ_Y 均不为零. 现定义随机过程

$$Z(t)=X(t)+Y(t),$$

求互谱密度 $S_{XY}(\omega)$ 和 $S_{XZ}(\omega)$.

解
$$R_{XY}(\tau) = E[X(t)Y(t+\tau)] = \mu_X\mu_Y,$$
$$R_{XZ}(\tau) = E\{X(t)[X(t+\tau)+Y(t+\tau)]\} = R_X(\tau)+R_{XY}(\tau),$$
$$S_{XY}(\omega) = \int_{-\infty}^{+\infty}R_{XY}(\tau)e^{-i\omega\tau}d\tau = \int_{-\infty}^{+\infty}\mu_X\mu_Y e^{-i\omega\tau}d\tau = 2\pi\mu_X\mu_Y\delta(\omega),$$
$$S_{XZ}(\omega) = \int_{-\infty}^{+\infty}R_{XZ}(\tau)e^{-i\omega\tau}d\tau = \int_{-\infty}^{+\infty}[R_X(\tau)+R_{XY}(\tau)]e^{-i\omega\tau}d\tau = S_X(\omega)+2\pi\mu_X\mu_Y\delta(\omega).$$

8. 设 $X(t)$ 和 $Y(t)$ 是两个相互独立的平稳过程,它们的均值至少有一个为零,功率谱密度分别为

$$S_X(\omega)=\frac{16}{\omega^2+16},\quad S_Y(\omega)=\frac{\omega^2}{\omega^2+16}.$$

现设新过程 $Z(t)=X(t)+Y(t)$,求:

(1) $Z(t)$ 的功率谱密度;

(2) $X(t)$ 和 $Y(t)$ 的互谱密度 $S_{XY}(\omega)$;

(3) $X(t)$ 和 $Z(t)$ 的互谱密度 $S_{XZ}(\omega)$.

解 (1) $R_Z(t,t+\tau)=E\{[X(t)+Y(t)][X(t+\tau)+Y(t+\tau)]\}=R_X(\tau)+R_Y(\tau)$,

$$\begin{aligned} S_Z(\omega) &= \int_{-\infty}^{+\infty} R_Z(\tau) e^{-i\omega\tau} d\tau \\ &= \int_{-\infty}^{+\infty} [R_X(\tau) + R_Y(\tau)] e^{-i\omega\tau} d\tau \\ &= S_X(\omega) + S_Y(\omega) \\ &= \frac{16}{\omega^2 + 16} + \frac{\omega^2}{\omega^2 + 16} \\ &= 1. \end{aligned}$$

(2) 由 $X(t)$ 与 $Y(t)$ 相互独立，可知 $R_{XY}(\tau)=\mu_X(t)\mu_Y(t+\tau)=0$，从而

$$S_{XY}(\omega) = \int_{-\infty}^{+\infty} R_{XY}(\tau) e^{-i\omega\tau} d\tau = 0.$$

(3)

$$\begin{aligned} S_{XZ}(\omega) &= \int_{-\infty}^{+\infty} R_{XZ}(\tau) e^{-i\omega\tau} d\tau \\ &= \int_{-\infty}^{+\infty} E\{X(t)[X(t+\tau) + Y(t+\tau)]\} e^{-i\omega\tau} d\tau \\ &= \int_{-\infty}^{+\infty} R_X(\tau) e^{-i\omega\tau} d\tau \\ &= S_X(\omega) \\ &= \frac{16}{\omega^2 + 16}. \end{aligned}$$

9. 设可微平稳过程 $X(t)$ 的功率谱密度为 $S_X(\omega)$，证明：过程 $X(t)$ 与其导数 $X'(t)$ 的互谱密度为

$$S_{XX'}(\omega) = i\omega S_X(\omega).$$

证明

$$\begin{aligned} S_{XX'}(\omega) &= \int_{-\infty}^{+\infty} R_{XX'}(\tau) e^{-i\omega\tau} d\tau \\ &= \int_{-\infty}^{+\infty} \frac{dR_X(\tau)}{d\tau} e^{-i\omega\tau} d\tau \\ &= \int_{-\infty}^{+\infty} e^{-i\omega\tau} dR_X(\tau) \\ &= e^{-i\omega\tau} R_X(\tau) \Big|_{-\infty}^{+\infty} + i\omega \int_{-\infty}^{+\infty} R_X(\tau) e^{-i\omega\tau} d\tau \\ &= i\omega S_X(\omega). \end{aligned}$$

证毕.

10. 假设有图 9-1 所示的低通滤波器，输入为白噪声，其功率谱密度为 $S_X(\omega)=\frac{N_0}{2}$，求：

(1) 滤波器输出的功率谱密度；

(2) 滤波器输出的自相关函数.

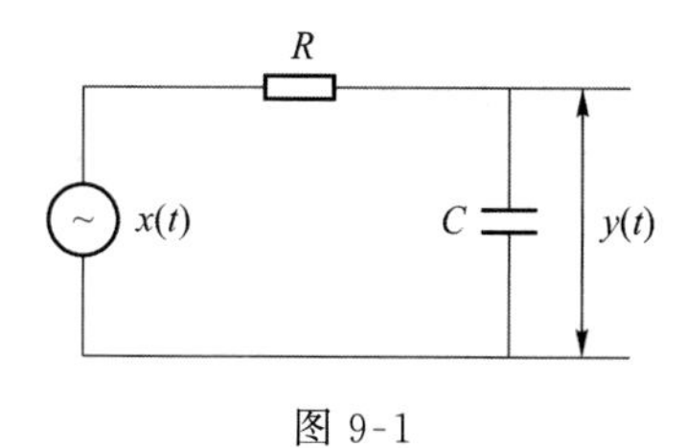

图 9-1

解 由题设,$H(\omega)=\dfrac{1}{1+\mathrm{i}\alpha\omega}$,其中 $\alpha=\dfrac{1}{RC}$,从而 $|H(\omega)|^2=\dfrac{\alpha^2}{\alpha^2+\omega^2}$. 故滤波器输出的功率谱密度为

$$S_Y(\omega)=|H(\omega)|^2S_X(\omega)=\frac{N_0\alpha^2}{2(\alpha^2+\omega^2)},$$

于是,滤波器输出的自相关函数为

$$R_Y(\tau)=\frac{N_0}{4\pi}\int_{-\infty}^{+\infty}\frac{\alpha^2}{\alpha^2+\omega^2}\mathrm{e}^{\mathrm{i}\omega\tau}\mathrm{d}\omega=\frac{N_0\alpha}{4}\mathrm{e}^{-\alpha|\tau|}.$$

11. 假设有图 9-2 所示的线性电路,输入为白噪声. 求输出 $Y(t)$的自相关函数和功率谱密度.

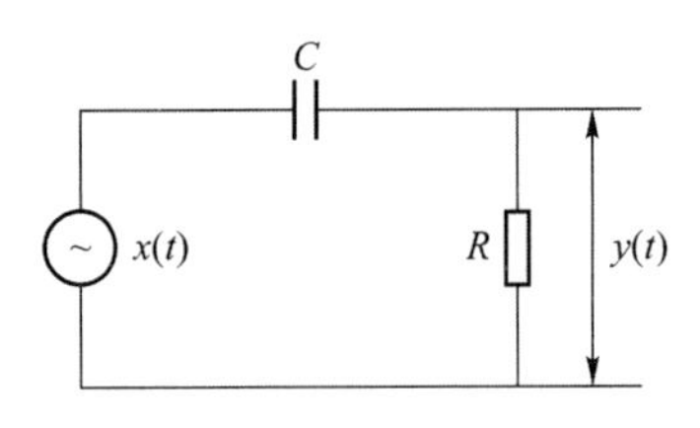

图 9-2

解 由题设输入为白噪声,其功率谱密度为 $S_X(\omega)=\dfrac{N_0}{2}$,$H(\omega)=\dfrac{\mathrm{i}\omega}{\alpha+\mathrm{i}\omega}$,其中 $\alpha=\dfrac{1}{RC}$,从而 $|H(\omega)|^2=\dfrac{\omega^2}{\alpha^2+\omega^2}$,故输出 $Y(t)$的功率谱密度为

$$S_Y(\omega)=|H(\omega)|^2S_X(\omega)=\frac{N_0\omega^2}{2(\alpha^2+\omega^2)},$$

于是,输出 $Y(t)$的自相关函数为

$$\begin{aligned}R_Y(\tau)&=\frac{N_0}{4\pi}\int_{-\infty}^{+\infty}\frac{\omega^2}{\alpha^2+\omega^2}\mathrm{e}^{\mathrm{i}\omega\tau}\mathrm{d}\omega\\&=\frac{N_0}{4\pi}\int_{-\infty}^{+\infty}\mathrm{e}^{\mathrm{i}\omega\tau}\mathrm{d}\omega-\frac{N_0}{4\pi}\int_{-\infty}^{+\infty}\frac{\alpha^2}{\alpha^2+\omega^2}\mathrm{e}^{\mathrm{i}\omega\tau}\mathrm{d}\omega\\&=\frac{N_0}{2}\delta(\tau)-\frac{\alpha N_0}{4}\mathrm{e}^{-\alpha|\tau|}.\end{aligned}$$

12. 设理想低通线性系统具有如下幅频特性:

$$|H(\omega)|=\begin{cases}A, & |\omega|\leqslant\omega_c,\\0, & |\omega|>\omega_c,\end{cases}\quad \omega_c\text{ 为常数},$$

若输入为白噪声,求系统输出的功率谱密度、自相关函数和平均功率.

解 由题设输入为白噪声,其功率谱密度为 $S_X(\omega)=\dfrac{N_0}{2}$,从而 $|H(\omega)|^2=\begin{cases}A^2, & |\omega|\leqslant\omega_c,\\0, & |\omega|>\omega_c,\end{cases}$

$$S_Y(\omega)=|H(\omega)|^2S_X(\omega)=\begin{cases}\dfrac{N_0A^2}{2}, & |\omega|\leqslant\omega_c,\\0, & |\omega|>\omega_c,\end{cases}$$

于是

$$R_Y(\tau)=\frac{N_0A^2}{4\pi}\int_{-\omega_c}^{\omega_c}e^{i\omega\tau}d\omega=\frac{N_0A^2}{4\pi\tau}(e^{i\omega_c\tau}-e^{-i\omega_c\tau})=\frac{N_0A^2\sin(\omega_c\tau)}{2\pi\tau},$$

$$Q=R_Y(0)=\frac{N_0\omega_cA^2}{2\pi}.$$

13. 设理想带通线性系统的幅频特性为

$$|H(\omega)|=\begin{cases}A, & |\omega\pm\omega_0|\leqslant\frac{\Delta\omega}{2},\\ 0, & 其他,\end{cases}\quad \Delta\omega>0 \text{ 为常数},$$

若输入为白噪声,求输出的功率谱密度和自相关函数.

解　由题设输入为白噪声,其功率谱密度为 $S_X(\omega)=\frac{N_0}{2}$,从而

$$|H(\omega)|^2=\begin{cases}A^2, & |\omega\pm\omega_0|\leqslant\frac{\Delta\omega}{2},\\ 0, & 其他,\end{cases}$$

$$S_Y(\omega)=|H(\omega)|^2S_X(\omega)=\begin{cases}\frac{N_0A^2}{2}, & |\omega\pm\omega_0|\leqslant\frac{\Delta\omega}{2},\\ 0, & 其他,\end{cases}$$

于是

$$\begin{aligned}R_Y(\tau)&=\frac{N_0A^2}{4\pi}\left[\int_{-\omega_0-\frac{\Delta\omega}{2}}^{-\omega_0+\frac{\Delta\omega}{2}}e^{i\omega\tau}d\omega+\int_{\omega_0-\frac{\Delta\omega}{2}}^{\omega_0+\frac{\Delta\omega}{2}}e^{i\omega\tau}d\omega\right]\\&=\frac{N_0A^2}{4\pi\tau i}\left[e^{-i(\omega_0-\frac{\Delta\omega}{2})\tau}-e^{-i(\omega_0+\frac{\Delta\omega}{2})\tau}+e^{i(\omega_0+\frac{\Delta\omega}{2})\tau}-e^{i(\omega_0-\frac{\Delta\omega}{2})\tau}\right]\\&=\frac{N_0A^2}{4\pi\tau}\left[2\sin(\omega_0+\frac{\Delta\omega}{2})\tau-2\sin(\omega_0-\frac{\Delta\omega}{2})\tau\right]\\&=\frac{N_0A^2}{\pi\tau}\cos(\omega_0\tau)\sin\frac{\Delta\omega\tau}{2}.\end{aligned}$$

14. 假设有一个零均值平稳过程 $X(t)$,加到脉冲响应函数为 $h(t)=\alpha e^{-\alpha t}(t\geqslant0)$ 的线性滤波器时,证明其输出功率谱密度为

$$S_Y(\omega)=\frac{\alpha^2}{\alpha^2+\omega^2}S_X(\omega).$$

解　由 $h(t)=\begin{cases}\alpha e^{-\alpha t}, & t\geqslant0,\\ 0, & 其他,\end{cases}$ 可得 $H(\omega)=\frac{\alpha}{\alpha+i\omega}$,其中 $\alpha=\frac{1}{RC}$,从而

$$|H(\omega)|^2=\frac{\alpha^2}{\alpha^2+\omega^2},$$

$$S_Y(\omega)=|H(\omega)|^2S_X(\omega)=\frac{\alpha^2}{\alpha^2+\omega^2}S_X(\omega).$$

(二) 提高篇

1. 已知随机过程 $X(t)=a\cos(\omega_0t+\Theta)$,其中 a 和 ω_0 均为常数,Θ 是在 $(0,\pi)$ 上服从均匀分布的随机变量.

(1) 过程 $X(t)$是平稳过程吗？证明之.

(2) 利用式子 $Q=\lim\limits_{l\to+\infty}\frac{1}{2l}\int_{-l}^{l}E[X^2(t)]\mathrm{d}t$,求 $X(t)$ 的功率.

*(3) 利用式子 $S_X(\omega)=\lim\limits_{l\to+\infty}\frac{E[|F_X(\omega,l)|^2]}{2\pi}$,求 $X(t)$ 的功率谱密度,并由 $Q=\frac{1}{2\pi}\int_{-\infty}^{+\infty}S_X(\omega)\mathrm{d}\omega$ 计算 $X(t)$ 的功率.

解 (1) $E[X(t)]=E[a\cos(\omega_0 t+\Theta)]=\frac{1}{\pi}\int_0^{\pi}a\cos(\omega_0 t+\theta)\mathrm{d}\theta=-\frac{2a}{\pi}\sin\omega_0 t$,

所以 $X(t)$非平稳.

(2) $Q=\lim\limits_{l\to+\infty}\frac{1}{2l}\int_{-l}^{l}E[X^2(t)]\mathrm{d}t=\lim\limits_{l\to+\infty}\frac{a^2}{2l}\int_{-l}^{l}E[\cos^2(\omega_0 t+\Theta)]\mathrm{d}t=\frac{a^2}{2}$.

(3)
$$\begin{aligned}R_X(s,t)&=E[a\cos(\omega_0 s+\Theta)a\cos(\omega_0 t+\Theta)]\\&=\frac{a^2}{\pi}\int_0^{\pi}\cos(\omega_0 s+\theta)\cos(\omega_0 t+\theta)\mathrm{d}\theta\\&=\frac{a^2}{2}\cos[\omega_0(t-s)],\end{aligned}$$

$$\begin{aligned}S_X(\omega)&=\lim_{l\to+\infty}\frac{E[|F_X(\omega,l)|^2]}{2\pi}\\&=\lim_{l\to+\infty}\frac{E\left[\int_{-l}^{l}X(s)\mathrm{e}^{-\mathrm{i}\omega s}\mathrm{d}s\int_{-l}^{l}X(t)\mathrm{e}^{\mathrm{i}\omega t}\mathrm{d}t\right]}{2\pi}\\&=\lim_{l\to+\infty}\frac{\int_{-l}^{l}\int_{-l}^{l}\frac{a^2}{2}\cos[\omega_0(t-s)]\mathrm{e}^{\mathrm{i}\omega(t-s)}\mathrm{d}s\mathrm{d}t}{2\pi}\\&=\frac{a^2}{4\pi}\lim_{l\to+\infty}\int_{-2l}^{2l}(2l-|\tau|)\cos(\omega_0\tau)\mathrm{e}^{\mathrm{i}\omega\tau}\mathrm{d}\tau\\&=\frac{a^2\pi}{2}[\delta(\omega-\omega_0)+\delta(\omega+\omega_0)].\end{aligned}$$

$$Q=\frac{1}{2\pi}\int_{-\infty}^{+\infty}S_X(\omega)\mathrm{d}\omega=\frac{a^2}{4}\int_{-\infty}^{+\infty}\delta(\omega-\omega_0)+\delta(\omega+\omega_0)\mathrm{d}\omega=\frac{a^2}{2}.$$

点评:由信号分析原理有$\lim\limits_{T\to\infty}\frac{\sin^2(T\omega)}{\pi\omega^2T}=\delta(\omega)$.

2. 设平稳过程 $X(t)$的功率谱密度为

$$S_X(\omega)=\begin{cases}C, & |\omega|\leqslant\omega_c,\\0, & 其他,\end{cases}$$

其中 $\omega_c>0$, $C>0$,试证 $X(t)$的自相关函数满足:

$$\lim_{\omega_c\to+\infty}\frac{R_X(\tau)}{R_X(0)}=\begin{cases}0, & \tau\neq0,\\1, & \tau=0.\end{cases}$$

证明 $R_X(\tau)=\frac{1}{2\pi}\int_{-\infty}^{+\infty}S_X(\omega)\mathrm{e}^{\mathrm{i}\omega\tau}\mathrm{d}\omega=\frac{1}{2\pi}\int_{-\omega_c}^{\omega_c}C\mathrm{e}^{\mathrm{i}\omega\tau}\mathrm{d}\omega=\frac{C}{\pi}\int_0^{\omega_c}\cos(\omega\tau)\mathrm{d}\omega$,

$$R_X(0) = \frac{1}{2\pi}\int_{-\infty}^{+\infty} S_X(\omega)\mathrm{d}\omega = \frac{1}{2\pi}\int_{-\omega_c}^{\omega_c} C\mathrm{d}\omega = \frac{C}{\pi}\omega_c,$$

$$\lim_{\omega_c \to +\infty} \frac{R_X(\tau)}{R_X(0)} = \lim_{\omega_c \to +\infty} \frac{1}{\omega_c}\int_0^{\omega_c} \cos(\omega\tau)\mathrm{d}\omega = \begin{cases} 1, & \tau = 0, \\ 0, & \tau \neq 0. \end{cases}$$

证毕.

3. 设随机过程

$$X(t) = \sum_{i=1}^{N} \alpha_i X_i(t),$$

其中 $\alpha_i(i=1,2,\cdots,N)$是一组实数,而随机过程 $X_i(t)(i=1,2,\cdots,N)$均为平稳的且是两两正交的,证明:

$$S_X(\omega) = \sum_{i=1}^{N} \alpha_i^2 S_{X_i}(\omega).$$

证明

$$\begin{aligned} R_X(\tau) &= E[X(t)X(t+\tau)] \\ &= E\left\{\sum_{i=1}^{N} \alpha_i X_i(t) \sum_{j=1}^{N} \alpha_j X_j(t+\tau)\right\} \\ &= E\left\{\sum_{i=1}^{N}\sum_{j=1}^{N} \alpha_i \alpha_j X_i(t) X_j(t+\tau)\right\} \\ &= \sum_{i=1}^{N}\sum_{j=1}^{N} \alpha_i \alpha_j E\{X_i(t) X_j(t+\tau)\} \\ &= \sum_{i=1}^{N} {\alpha_i}^2 E\{X_i(t) X_i(t+\tau)\} \\ &= \sum_{i=1}^{N} {\alpha_i}^2 R_{X_i}(\tau), \end{aligned}$$

$$\begin{aligned} S_X(\omega) &= \int_{-\infty}^{+\infty} R_X(\tau)\mathrm{e}^{-\mathrm{i}\omega\tau}\mathrm{d}\tau \\ &= \int_{-\infty}^{+\infty} \sum_{i=1}^{N} \alpha_i^2 R_{X_i}(\tau)\mathrm{e}^{-\mathrm{i}\omega\tau}\mathrm{d}\tau \\ &= \sum_{i=1}^{N} {\alpha_i}^2 S_{X_i}(\omega). \end{aligned}$$

4. 若系统的输入 $X(t)$为平稳随机过程,系统输出为 $Y(t)=X(t)+X(t-\tau_0)$,试证过程 $Y(t)$的功率谱密度为 $S_Y(\omega)=2S_X(\omega)[1+\cos(\omega\tau_0)]$.

证明 $R_Y(\tau)=E[Y(t)Y(t+\tau)]$

$=E\{[X(t)+X(t-\tau_0)][X(t+\tau)+X(t+\tau-\tau_0)]\}$

$=2R_X(\tau)+R_X(\tau-\tau_0)+R_X(\tau+\tau_0)$,

$$\begin{aligned} S_Y(\omega) &= \int_{-\infty}^{+\infty} R_Y(\tau)\mathrm{e}^{-\mathrm{i}\omega\tau}\mathrm{d}\tau \\ &= \int_{-\infty}^{+\infty} [2R_X(\tau) + R_X(\tau - \tau_0) + R_X(\tau + \tau_0)]\mathrm{e}^{-\mathrm{i}\omega\tau}\mathrm{d}\tau \end{aligned}$$

$$= 2S_X(\omega) + \int_{-\infty}^{+\infty} R_X(\tau - \tau_0) e^{-i\omega\tau} d\tau + \int_{-\infty}^{+\infty} R_X(\tau + \tau_0) e^{-i\omega\tau} d\tau$$

$$= 2S_X(\omega) + \int_{-\infty}^{+\infty} R_X(\tau) e^{-i\omega(\tau+\tau_0)} d\tau + \int_{-\infty}^{+\infty} R_X(\tau) e^{-i\omega(\tau-\tau_0)} d\tau$$

$$= 2S_X(\omega) + (e^{i\omega\tau_0} + e^{-i\omega\tau_0}) S_X(\omega)$$

$$= 2S_X(\omega)[1 + \cos(\omega\tau_0)].$$

5. 若两个随机过程 $X(t)$和 $Y(t)$是联合平稳的随机过程,令

$$W(t) = X(t)\cos(\omega_0 t) + Y(t)\sin(\omega_0 t).$$

(1) 讨论 $X(t)$和 $Y(t)$的均值和相关函数满足什么条件,$W(t)$是平稳过程;

(2) 利用(1)所得的条件,根据 $X(t)$和 $Y(t)$的功率谱密度,求 $W(t)$的功率谱密度.

解 (1)$\mu_W(t) = E[W(t)] = E[X(t)\cos(\omega_0 t) + Y(t)\sin(\omega_0 t)] = \mu_X \cos(\omega_0 t) + \mu_Y \sin(\omega_0 t)$,

$$R_W(\tau) = E\{[X(t)\cos(\omega_0 t) + Y(t)\sin(\omega_0 t)] \cdot$$
$$[X(t+\tau)\cos(\omega_0(t+\tau)) + Y(t+\tau)\sin(\omega_0(t+\tau))]\}$$
$$= R_X(\tau)\cos(\omega_0 t)\cos(\omega_0(t+\tau)) + R_{XY}(\tau)\cos(\omega_0 t)\sin(\omega_0(t+\tau)) +$$
$$R_{YX}(\tau)\sin(\omega_0 t)\cos(\omega_0(t+\tau)) + R_Y(\tau)\sin(\omega_0 t)\sin(\omega_0(t+\tau)).$$

当 $\mu_X = \mu_Y = 0$,$R_X(\tau) = R_Y(\tau)$且 $R_{XY}(\tau) = -R_{YX}(\tau)$时,$\mu_W = 0$,$R_W(\tau) = R_X(\tau)\cos(\omega_0\tau) + R_{XY}(\tau)\sin(\omega_0\tau)$,$W(t)$为平稳过程.

(2) $W(t)$是平稳过程时,$R_W(\tau) = R_X(\tau)\cos(\omega_0\tau) + R_{XY}(\tau)\sin(\omega_0\tau)$,

$$S_W(\omega) = \int_{-\infty}^{+\infty} [R_X(\tau)\cos(\omega_0\tau) + R_{XY}(\tau)\sin(\omega_0\tau)] e^{-i\omega\tau} d\tau$$

$$= \int_{-\infty}^{+\infty} [R_X(\tau) \frac{e^{i\omega_0\tau} + e^{-i\omega_0\tau}}{2} + R_{XY}(\tau) \frac{e^{i\omega_0\tau} - e^{-i\omega_0\tau}}{2i}] e^{-i\omega\tau} d\tau$$

$$= \int_{-\infty}^{+\infty} \frac{1}{2} R_X(\tau)[e^{-i(\omega-\omega_0)\tau} + e^{-i(\omega+\omega_0)\tau}] + \frac{1}{2i} R_{XY}(\tau)[e^{\ i(\omega-\omega_0)\tau} - e^{-i(\omega+\omega_0)\tau}] d\tau$$

$$= \frac{1}{2}[S_X(\omega+\omega_0) + S_X(\omega-\omega_0)] + \frac{i}{2}[S_{XY}(\omega+\omega_0) - S_{XY}(\omega-\omega_0)].$$

6. 设随机过程 $X(t)$和 $Y(t)$联合平稳,求证:

(1) $\mathrm{Re}[S_{XY}(\omega)] = \mathrm{Re}[S_{YX}(\omega)]$;

(2) $\mathrm{Im}[S_{XY}(\omega)] = -\mathrm{Im}[S_{YX}(\omega)]$.

证明 $S_{XY}(\omega) = \lim\limits_{l \to +\infty} \frac{1}{2l} E[F_X(\omega, l)\overline{F_Y(\omega, l)}] = \overline{\lim\limits_{l \to +\infty} \frac{1}{2l} E[F_Y(\omega, l)\overline{F_X(\omega, l)}]} = \overline{S_{YX}(\omega)}$,

$$S_{XY}(\omega) = \mathrm{Re}[S_{XY}(\omega)] + i \cdot \mathrm{Im}[S_{XY}(\omega)],$$

$$S_{YX}(\omega) = \mathrm{Re}[S_{YX}(\omega)] + i \cdot \mathrm{Im}[S_{YX}(\omega)],$$

从而可得 $\mathrm{Re}[S_{XY}(\omega)] = \mathrm{Re}[S_{YX}(\omega)]$,$\mathrm{Im}[S_{XY}(\omega)] = -\mathrm{Im}[S_{YX}(\omega)]$.

7. 设输入随机信号 $X(t)$的自相关函数为 $R_X(\tau) = a^2 + be^{-|\tau|}$,式中 a, b 为正常数,如果系统的脉冲响应函数 $h(t) = \begin{cases} e^{-\alpha t}, & t \geqslant 0, \\ 0, & t < 0, \end{cases}$求输出信号 $Y(t)$的均方值($\alpha > 0$).

解 由定理 2 可知

$$
\begin{aligned}
E[Y^2(t)] &= R_Y(0) \\
&= \int_{-\infty}^{+\infty}\int_{-\infty}^{+\infty} h(\tau_1)h(\tau_2)R_X(\tau_1-\tau_2)\mathrm{d}\tau_1\mathrm{d}\tau_2 \\
&= \int_{0}^{+\infty}\int_{0}^{+\infty} \mathrm{e}^{-\alpha\tau_1}\mathrm{e}^{-\alpha\tau_2}[a^2+b\mathrm{e}^{-|\tau_1-\tau_2|}]\mathrm{d}\tau_2\mathrm{d}\tau_1 \\
&= \int_{0}^{+\infty}\int_{0}^{+\infty} a^2\mathrm{e}^{-\alpha\tau_1}\mathrm{e}^{-\alpha\tau_2}\mathrm{d}\tau_2\mathrm{d}\tau_1 + \int_{0}^{+\infty}\int_{0}^{+\infty} b\mathrm{e}^{-|\tau_1-\tau_2|}\mathrm{e}^{-\alpha\tau_1}\mathrm{e}^{-\alpha\tau_2}\mathrm{d}\tau_2\mathrm{d}\tau_1 \\
&= \int_{0}^{+\infty}\mathrm{e}^{-\alpha\tau_1}\frac{a^2}{\alpha}\mathrm{d}\tau_1 + b\int_{0}^{+\infty}\int_{0}^{\tau_1}\mathrm{e}^{-\alpha\tau_1-\tau_1}\mathrm{e}^{-\alpha\tau_2+\tau_2}\mathrm{d}\tau_2\mathrm{d}\tau_1 + \\
&\quad\ b\int_{0}^{+\infty}\int_{\tau_1}^{+\infty}\mathrm{e}^{-\alpha\tau_1+\tau_1}\mathrm{e}^{-\alpha\tau_2-\tau_2}\mathrm{d}\tau_2\mathrm{d}\tau_1 \\
&= \frac{a^2}{\alpha^2} + b\int_{0}^{+\infty}\mathrm{e}^{-\alpha\tau_1-\tau_1}\frac{\mathrm{e}^{(1-\alpha)\tau_1}-1}{1-\alpha}\mathrm{d}\tau_1 + b\int_{0}^{+\infty}\mathrm{e}^{-\alpha\tau_1+\tau_1}\frac{\mathrm{e}^{-(\alpha+1)\tau_1}}{\alpha+1}\mathrm{d}\tau_1 \\
&= \frac{a^2}{\alpha^2} + \frac{b}{1-\alpha}\int_{0}^{+\infty}\mathrm{e}^{-2\alpha\tau_1}-\mathrm{e}^{-(\alpha+1)\tau_1}\mathrm{d}\tau_1 + \frac{b}{\alpha+1}\cdot\frac{1}{2\alpha} \\
&= \frac{a^2}{\alpha^2} + \frac{b}{1-\alpha}\left(\frac{1}{2\alpha}-\frac{1}{\alpha+1}\right) + \frac{b}{2\alpha(\alpha+1)} \\
&= \frac{a^2}{\alpha^2} + \frac{b}{\alpha(\alpha+1)}.
\end{aligned}
$$

8. 设线性系统的脉冲响应函数 $h(t)=\begin{cases}3\mathrm{e}^{-3t}, & t\geqslant 0,\\ 0, & t<0,\end{cases}$ 其输入是自相关函数为 $R_X(\tau)=2\mathrm{e}^{-4|\tau|}$ 的随机过程，试求输出的自相关函数 $R_Y(\tau)$、互相关函数 $R_{XY}(\tau)$ 和 $R_{YX}(\tau)$ 分别在 $\tau=0$，$\tau=0.5$，$\tau=1$ 时的值.

解　由定理 2 可知

$$
\begin{aligned}
R_Y(\tau) &= \int_{-\infty}^{+\infty}\int_{-\infty}^{+\infty} h(\tau_1)h(\tau_2)R_X(\tau+\tau_1-\tau_2)\mathrm{d}\tau_1\mathrm{d}\tau_2 \\
&= \int_{0}^{+\infty}\int_{0}^{+\infty} 3\mathrm{e}^{-3\tau_1}3\mathrm{e}^{-3\tau_2}2\mathrm{e}^{-4|\tau+\tau_1-\tau_2|}\mathrm{d}\tau_2\mathrm{d}\tau_1 \\
&= 18\int_{0}^{+\infty}\int_{0}^{\tau+\tau_1}\mathrm{e}^{-3(\tau_1+\tau_2)}\mathrm{e}^{-4(\tau+\tau_1-\tau_2)}\mathrm{d}\tau_2\mathrm{d}\tau_1 + 18\int_{0}^{+\infty}\int_{\tau+\tau_1}^{+\infty}\mathrm{e}^{-3(\tau_1+\tau_2)}\mathrm{e}^{4(\tau+\tau_1-\tau_2)}\mathrm{d}\tau_2\mathrm{d}\tau_1 \\
&= 18\int_{0}^{+\infty}\mathrm{e}^{-7\tau_1-4\tau}(\mathrm{e}^{\tau+\tau_1}-1)\mathrm{d}\tau_1 + 18\int_{0}^{+\infty}\mathrm{e}^{\tau_1+4\tau}\frac{\mathrm{e}^{-7(\tau+\tau_1)}}{7}\mathrm{d}\tau_1 \\
&= 18\left[\mathrm{e}^{-3\tau}\int_{0}^{+\infty}\mathrm{e}^{-6\tau_1}\mathrm{d}\tau_1 - \mathrm{e}^{-4\tau}\int_{0}^{+\infty}\mathrm{e}^{-7\tau_1}\mathrm{d}\tau_1 + \frac{1}{7}\mathrm{e}^{-3\tau}\int_{0}^{+\infty}\mathrm{e}^{-6\tau_1}\mathrm{d}\tau_1\right] \\
&= 18\left[\frac{\mathrm{e}^{-3\tau}}{6} - \frac{1}{7}\mathrm{e}^{-4\tau} + \frac{1}{7\times 6}\mathrm{e}^{-3\tau}\right] \\
&= \frac{6}{7}(4\mathrm{e}^{-3\tau}-3\mathrm{e}^{-4\tau}),
\end{aligned}
$$

从而

$$
R_Y(0)=\frac{6}{7},\quad R_Y(0.5)=\frac{6}{7}(4\mathrm{e}^{-1.5}-3\mathrm{e}^{-2}),\quad R_Y(1)=\frac{6}{7}(4\mathrm{e}^{-3}-3\mathrm{e}^{-4}).
$$

$$\begin{aligned}R_{XY}(\tau) &= \int_{-\infty}^{+\infty} R_X(u)h(\tau-u)\mathrm{d}u \\ &= \int_{-\infty}^{\tau} 3\mathrm{e}^{-3(\tau-u)}2\mathrm{e}^{-4|u|}\mathrm{d}u \\ &= 6\left[\int_{-\infty}^{0}\mathrm{e}^{-3(\tau-u)}\mathrm{e}^{4u}\mathrm{d}u+\int_0^{\tau}\mathrm{e}^{-3(\tau-u)}\mathrm{e}^{-4u}\mathrm{d}u\right] \\ &= 6\mathrm{e}^{-3\tau}\left[\int_{-\infty}^{0}\mathrm{e}^{7u}\mathrm{d}u+\int_0^{\tau}\mathrm{e}^{-u}\mathrm{d}u\right] \\ &= 6\mathrm{e}^{-3\tau}\left[\frac{8}{7}-\mathrm{e}^{-\tau}\right] \\ &= \frac{6}{7}(8\mathrm{e}^{-3\tau}-7\mathrm{e}^{-4\tau}),\end{aligned}$$

$$R_{YX}(\tau)=R_{XY}(-\tau),$$

$$R_{XY}(0)=\frac{6}{7},\quad R_{XY}(0.5)=\frac{6}{7}(8\mathrm{e}^{-1.5}-7\mathrm{e}^{-2}),\quad R_{XY}(1)=\frac{6}{7}(8\mathrm{e}^{-3}-7\mathrm{e}^{-4}),$$

$$R_{YX}(0)=\frac{6}{7},\quad R_{YX}(0.5)=\frac{6}{7}(8\mathrm{e}^{1.5}-7\mathrm{e}^{2}),\quad R_{YX}(1)=\frac{6}{7}(8\mathrm{e}^{3}-7\mathrm{e}^{4}).$$

9. 假设有图 9-3 所示的线性电路,输入电压为

$$X(t)=X_0+\cos(2\pi t+\Theta),$$

式中 $X_0\sim U(0,1)$,$\Theta\sim U(0,2\pi)$,X_0 与 Θ 相互独立,求输出电压 $Y(t)$ 的自相关函数.

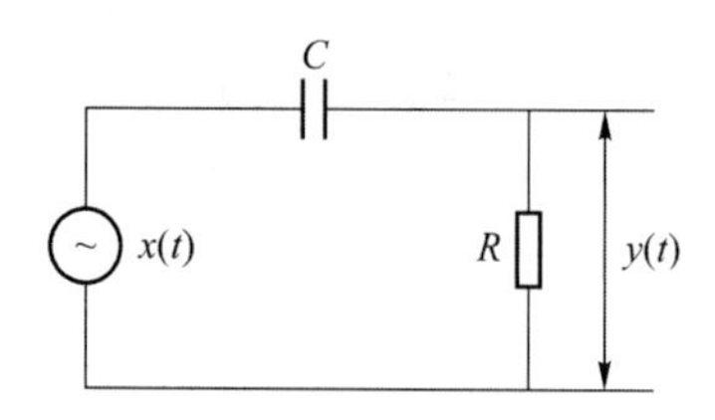

图 9-3

解 由题设知 $H(\omega)=\dfrac{\mathrm{i}\omega}{\alpha+\mathrm{i}\omega}$,其中 $\alpha=\dfrac{1}{RC}$,从而 $|H(\omega)|^2=\dfrac{\omega^2}{\alpha^2+\omega^2}$,

$$\begin{aligned}R_X(\tau) &= E[X(t)X(t+\tau)] \\ &= E\{[X_0+\cos(2\pi t+\Theta)][X_0+\cos(2\pi(t+\tau)+\Theta)]\} \\ &= E(X_0^2)+E(X_0)E[\cos(2\pi t+\Theta)+\cos(2\pi(t+\tau)+\Theta)]+ \\ &\quad E[\cos(2\pi t+\Theta)\cos(2\pi(t+\tau)+\Theta)] \\ &= \frac{1}{3}+\frac{1}{4\pi}\int_0^{2\pi}\cos(2\pi t+\theta)+\cos(2\pi(t+\tau)+\theta)\mathrm{d}\theta+ \\ &\quad \frac{1}{2\pi}\int_0^{2\pi}\cos(2\pi t+\theta)\cos(2\pi(t+\tau)+\theta)\mathrm{d}\theta \\ &= \frac{1}{3}+\frac{1}{4\pi}\int_0^{2\pi}\cos(2\pi\tau)-\cos(2\pi(2t+\tau)+2\theta)\mathrm{d}\theta \\ &= \frac{1}{3}+\frac{1}{2}\cos(2\pi\tau),\end{aligned}$$

$$S_X(\omega)=\int_{-\infty}^{+\infty}R_X(\tau)\mathrm{e}^{-\mathrm{i}\omega\tau}\mathrm{d}\tau$$
$$=\int_{-\infty}^{+\infty}\left[\frac{1}{3}+\frac{1}{2}\cos(2\pi\tau)\right]\mathrm{e}^{-\mathrm{i}\omega\tau}\mathrm{d}\tau$$
$$=\frac{1}{3}\delta(-\omega)+\frac{\pi}{2}[\delta(\omega-2\pi)+\delta(\omega+2\pi)],$$
$$S_Y(\omega)=|H(\omega)|^2S_X(\omega)$$
$$=\frac{\omega^2}{\alpha^2+\omega^2}\left\{\frac{1}{3}\delta(-\omega)+\frac{\pi}{2}[\delta(\omega-2\pi)+\delta(\omega+2\pi)]\right\},$$

于是

$$R_Y(\tau)=\frac{1}{2\pi}\int_{-\infty}^{+\infty}\frac{\omega^2}{\alpha^2+\omega^2}\left\{\frac{1}{3}\delta(-\omega)+\frac{\pi}{2}[\delta(\omega-2\pi)+\delta(\omega+2\pi)]\right\}\mathrm{e}^{\mathrm{i}\omega\tau}\mathrm{d}\omega$$
$$=\frac{1}{2\pi}\cdot\frac{4\pi^2}{\alpha^2+4\pi^2}\cdot\frac{\pi}{2}(\mathrm{e}^{\mathrm{i}2\pi\tau}+\mathrm{e}^{-\mathrm{i}2\pi\tau})$$
$$=\frac{2\pi^2}{\alpha^2+4\pi^2}\cos(2\pi\tau).$$

(三) 挑战篇

1. 假设有一个零均值平稳过程 $X(t)$,加到脉冲响应函数为

$$h(t)=\begin{cases}\alpha\mathrm{e}^{-\alpha t}, & 0\leqslant t\leqslant l,\\ 0, & \text{其他}\end{cases}$$

的线性滤波器时,证明其输出功率谱密度为

$$S_Y(\omega)=\frac{\alpha^2}{\alpha^2+\omega^2}[1-2\mathrm{e}^{-\alpha l}\cos(\omega l)+\mathrm{e}^{-2\alpha l}]S_X(\omega).$$

证明　由 $h(t)=\begin{cases}\alpha\mathrm{e}^{-\alpha t}, & 0\leqslant t\leqslant l,\\ 0, & \text{其他},\end{cases}$ 得

$$H(\omega)=\int_{-\infty}^{+\infty}h(t)\mathrm{e}^{-\mathrm{i}\omega t}\mathrm{d}t$$
$$=\int_0^l\alpha\mathrm{e}^{-\alpha t}\mathrm{e}^{-\mathrm{i}\omega t}\mathrm{d}t$$
$$=\alpha\int_0^l\mathrm{e}^{-(\alpha+\mathrm{i}\omega)t}\mathrm{d}t$$
$$=\frac{\alpha}{-(\alpha+\mathrm{i}\omega)}[\mathrm{e}^{-(\alpha+\mathrm{i}\omega)l}-1]$$
$$=\frac{\alpha}{-(\alpha+\mathrm{i}\omega)}\{[\mathrm{e}^{-\alpha l}\cos(\omega l)-1]-\mathrm{i}\mathrm{e}^{-\alpha l}\sin(\omega l)\},$$

于是

$$|H(\omega)|^2=\left|\frac{\alpha}{-(\alpha+\mathrm{i}\omega)}\{[\mathrm{e}^{-\alpha l}\cos(\omega l)-1]-\mathrm{i}\mathrm{e}^{-\alpha l}\sin(\omega l)\}\right|^2$$
$$=\frac{\alpha^2}{\alpha^2+\omega^2}[1-2\mathrm{e}^{-\alpha l}\cos(\omega l)+\mathrm{e}^{-2\alpha l}],$$
$$S_Y(\omega)=|H(\omega)|^2S_X(\omega)=\frac{\alpha^2}{\alpha^2+\omega^2}[1-2\mathrm{e}^{-\alpha l}\cos(\omega l)+\mathrm{e}^{-2\alpha l}]S_X(\omega).$$

2. 假设平稳过程 $X(t)$ 通过一个微分器,其输出过程 $\frac{\mathrm{d}X(t)}{\mathrm{d}t}$ 存在,微分器的频率响应函数 $H(\omega)=\mathrm{i}\omega$,求:

(1) $X(t)$ 与 $\frac{\mathrm{d}X(t)}{\mathrm{d}t}$ 的互谱密度;

(2) $\frac{\mathrm{d}X(t)}{\mathrm{d}t}$ 的功率谱密度.

解 由定理 2 可得

(1)
$$S_{XX'}(\omega)=H(-\omega)S_X(\omega)=-\mathrm{i}\omega S_X(\omega),$$
$$S_{X'X}(\omega)=H(\omega)S_X(\omega)=\mathrm{i}\omega S_X(\omega).$$

(2)
$$S_{X'}(\omega)=|H(\omega)|^2 S_X(\omega)=\omega^2 S_X(\omega).$$

3. 图 9-4 所示为单个输入两个输出的线性系统,输入 $X(t)$ 为平稳过程,求证输出 $Y_1(t)$,$Y_2(t)$ 的互谱密度为

$$S_{Y_1Y_2}(\omega)=H_1(\omega)\overline{H_2(\omega)}S_X(\omega).$$

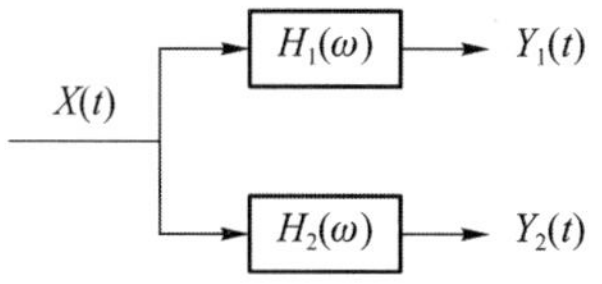

图 9-4

解 $Y_1(t)=\int_{-\infty}^{+\infty}h_1(\tau_1)X(t-\tau_1)\mathrm{d}\tau_1$, $Y_2(t)=\int_{-\infty}^{+\infty}h_2(\tau_2)X(t-\tau_2)\mathrm{d}\tau_2$,

$$R_{Y_1Y_2}(t)=E[Y_1(t)Y_2(t+\tau)]=\int_{-\infty}^{+\infty}\int_{-\infty}^{+\infty}h_1(\tau_1)h_2(\tau_2)R_X(\tau+\tau_1-\tau_2)\mathrm{d}\tau_1\mathrm{d}\tau_2,$$

$$\begin{aligned}S_{Y_1Y_2}(\omega)&=\int_{-\infty}^{+\infty}\int_{-\infty}^{+\infty}h_1(\tau_1)h_2(\tau_2)\mathrm{d}\tau_1\mathrm{d}\tau_2\int_{-\infty}^{+\infty}\mathrm{e}^{-\mathrm{i}\omega\tau}R_X(\tau+\tau_1-\tau_2)\mathrm{d}\tau\\&=\int_{-\infty}^{+\infty}h_1(\tau_1)\mathrm{e}^{-\mathrm{i}\omega\tau_1}\mathrm{d}\tau_1\int_{-\infty}^{+\infty}h_2(\tau_2)\mathrm{e}^{\mathrm{i}\omega\tau_2}\mathrm{d}\tau_2\int_{-\infty}^{+\infty}\mathrm{e}^{-\mathrm{i}\omega u}R_X(u)\mathrm{d}u\\&=H_1(\omega)\overline{H_2(\omega)}S_X(\omega).\end{aligned}$$

总 习 题 九

一、选择题

1. 下列结论不正确的是( ).

A. 平稳过程的自相关函数和功率谱密度是傅里叶变换对

B. $\delta(\tau)$ 和 1 是傅里叶变换对

C. 1 和 $\delta(\omega)$ 是傅里叶变换对

D. 1 和 $2\pi\delta(\omega)$ 是傅里叶变换对

2. 下列结论不正确的是( ).

A. $S_{XY}(\omega)=S_{YX}(-\omega)=\overline{S_{YX}(\omega)}$

B. $\mathrm{Re}[S_{XY}(\omega)]$和$\mathrm{Re}[S_{YX}(\omega)]$是$\omega$的偶函数

C. $\mathrm{Im}[S_{XY}(\omega)]$和$\mathrm{Im}[S_{YX}(\omega)]$是$\omega$的偶函数

D. 若$R_{XY}(\tau)$绝对可积,则互谱密度和互相关函数构成傅里叶变换对

3. 下列函数是平稳过程的自相关函数的是(　　).

A. $R(\tau)=\begin{cases}1-|\tau|, & |\tau|<1,\\ 0, & \text{其他}\end{cases}$

B. $R(\tau)=\tau\cos\tau$

C. $R(\tau)=1-\tau$

D. $R(\tau)=\begin{cases}\tau^2, & |\tau|<1,\\ 0, & \text{其他}\end{cases}$

4. 下列函数是平稳过程的功率谱密度函数的是(　　).

A. $S(\omega)=\dfrac{\mathrm{e}^{\mathrm{i}\omega^2}}{4+\omega^2}$　　B. $S(\omega)=\dfrac{\omega}{1+\omega^2}$

C. $S(\omega)=\dfrac{\omega^2}{1+(\omega-1)^2}$　　D. $S(\omega)=\dfrac{4}{1+\omega^2}$

5. 随机相位正弦波$X(t)=a\cos(\omega_0 t+\Theta)$,式中$a,\omega_0$为常数,$\Theta\sim U(0,2\pi)$,以下结论不正确的是(　　).

A. $X(t)$是平稳过程,自相关函数为$R(\tau)=\dfrac{a^2}{2}\cos(\omega_0\tau)$

B. $X(t)$的均方值函数为$\sigma_X^2(t)=\dfrac{a^2}{2}\cos(\omega_0\tau)$

C. $X(t)$的协方差函数为$C_X(t,t+\tau)=\dfrac{a^2}{2}\cos(\omega_0\tau)$

D. $X(t)$的平均功率$Q=\dfrac{a^2}{2}$

6. 随机相位正弦波$X(t)=\cos(t+\Theta)$, $\Theta\sim U(0,2\pi)$,自相关函数和功率谱密度函数分别为$R_X(\tau)$,$S_X(\omega)$,以下结论不正确的是(　　).

A. $X(t)$是平稳过程,自相关函数为$R_X(\tau)=\cos\tau$

B. $X(t)$的平均功率$Q=\dfrac{1}{2\pi}\int_{-\infty}^{+\infty}S_X(\omega)\mathrm{d}\omega$

C. $X(t)$的功率谱密度为$S_X(\omega)=\dfrac{\pi}{2}[\delta(\omega-1)+\delta(\omega+1)]$

D. $X(t)$的平均功率$Q=\dfrac{1}{2}$

7. 设平稳过程$X(t)$的自相关函数、功率谱密度和平均功率分别为$R_X(\tau)$,$S_X(\omega)$和Q,以下结论不正确的是(　　).

A. $R_X(\tau)=\dfrac{1}{2\pi}\int_{-\infty}^{+\infty}S_X(\omega)\mathrm{e}^{\mathrm{i}\omega t}\mathrm{d}\omega$

B. $X(t)$的平均功率$Q=\dfrac{1}{2\pi}\int_{-\infty}^{+\infty}S_X(\omega)\mathrm{d}\omega$

C. $S_X(\omega)=\dfrac{1}{2\pi}\int_{-\infty}^{+\infty}R_X(\tau)\mathrm{e}^{-\mathrm{i}\omega t}\mathrm{d}t$

D. $Q=R_X(0)$

8. 下列关于平稳过程的功率谱密度 $S_X(\omega)$ 的结论不正确的是( ).

A. $S_X(\omega)$ 是一个偶函数

B. $S_X(\omega)$ 是一个非负实函数

C. $S_X(\omega)$ 是自相关函数的傅里叶变换,即 $S_X(\omega)=\int_{-\infty}^{+\infty}R_X(\tau)e^{-i\omega t}dt$

D. $S_X(\omega)$ 满足 $\int_{-\infty}^{+\infty}S_X(\omega)d\omega=1$

二、填空题

1. δ 函数的积分 $\int_{-\infty}^{+\infty}\delta(x)dx=$__________.

2. 概率分布为正态分布的白噪声称为______白噪声.

3. 若噪声在一个有限频带上有正常数的功率谱密度,而在此频带之外为零,则称为______白噪声. 限带白噪声分为______型和______型.

4. 若平稳过程 $X(t)$ 的自相关函数为 $R_X(\tau)=e^{-a|\tau|}$ $(a>0)$,则其功率谱密度为 $S_X(\omega)=$__________.

5. 若平稳过程 $X(t)$ 的功率谱密度为 $S_X(\omega)=\begin{cases}1, & |\omega|<\omega_0,\\ 0, & |\omega|\geqslant\omega_0,\end{cases}$ 则其自相关函数为 $R_X(\tau)=$__________.

6. 若平稳过程 $X(t)$ 的自相关函数为 $R_X(\tau)=1+\frac{1}{4}e^{-2|\tau|}$,则其功率谱密度为 $S_X(\omega)=$__________.

7. 若平稳过程 $X(t)$ 的功率谱密度为 $\delta(\omega)$,则其自相关函数为 $R_X(\tau)=$__________.

8. 若两随机过程 $X(t)$ 和 $Y(t)$ 是联合平稳的,其互相关函数为

$$R_{XY}(\tau)=\begin{cases}4e^{-\tau}, & \tau\geqslant 0,\\ 0, & \tau<0,\end{cases}$$

则互谱密度为 $S_{XY}(\omega)=$__________,$S_{YX}(\omega)=$__________.

9. 若两随机过程 $X(t)$ 和 $Y(t)$ 是联合平稳的,其互谱密度为

$$S_{XY}(\omega)=\begin{cases}1+i\omega, & -1\leqslant\omega\leqslant 1,\\ 0, & \text{其他},\end{cases}$$

则互相关函数为 $R_{XY}(\tau)=$__________,$R_{YX}(\tau)=$__________.

三、解答题

1. 设随机过程 $X(t)=a\cos(\Omega t+\Theta)$,其中 a 为常数,Ω 和 Θ 是相互独立的随机变量,且 Θ 在区间 $(0,2\pi)$ 内服从均匀分布,Ω 的一维概率密度为偶函数,即 $f_\Omega(\omega)=f_\Omega(-\omega)$. 证明:$X(t)$ 的功率谱密度是 $S_X(\omega)=\pi a^2 f_\Omega(\omega)$.

2. 验证下列线性系统是否为线性时不变系统:

(1) 如果系统 L 对于任意的 t,都有

$$y(t)=L[x(t)]=\frac{dx(t)}{dt};$$

(2) 如果系统 L 对于任意的 t,都有

$$y(t)=L[x(t)]=\int_{-\infty}^{\infty}h(t-s)x(s)\mathrm{d}s=x(t)*h(t);$$

(3) 如果系统 L 对于任意的 t,都有

$$y(t)=L[x(t)]=[x(t)]^2.$$

总习题九参考答案

一、选择题

1. C;　2. C;　3. A;　4. D;　5. B;　6. D;　7. C;　8. D.

二、填空题

1. 1;　2. 高斯;　3. 限带,低通,带通;　4. $\dfrac{2a}{a^2+\omega^2}$;　5. $\dfrac{\sin(\omega_0\tau)}{\pi\tau}$;

6. $2\pi\delta(\omega)+\dfrac{1}{4+\omega^2}$;　7. $\dfrac{1}{2\pi}$;　8. $\dfrac{4}{1+\mathrm{i}\omega},\dfrac{4}{1-\mathrm{i}\omega}$;

9. $\dfrac{1}{\pi\tau^2}[(\tau-1)\sin\tau+\tau\cos\tau],\dfrac{1}{\pi\tau^2}[(\tau+1)\sin\tau-\tau\cos\tau]$.

三、解答题

1. **证明**　根据自相关函数的定义,得

$$\begin{aligned}R_X(\tau)&=E[X(t)X(t+\tau)]\\&=E\{a\cos(\Omega t+\Theta)\cdot a\cos(\Omega(t+\tau)+\Theta)\}\\&=\int_{-\infty}^{+\infty}\int_0^{2\pi}a^2\cos(\omega t+\theta)\cdot\cos(\omega(t+\tau)+\theta)\frac{1}{2\pi}f_\Omega(\omega)\mathrm{d}\theta\mathrm{d}\omega\\&=\int_{-\infty}^{+\infty}\frac{a^2}{2}\cos(\omega\tau)f_\Omega(\omega)\mathrm{d}\omega\\&=\int_0^{+\infty}a^2\cos(\omega\tau)f_\Omega(\omega)\mathrm{d}\omega,\end{aligned}$$

根据维纳-辛钦定理,有

$$\begin{aligned}S_X(\omega)&=\int_{-\infty}^{+\infty}R_X(\tau)\mathrm{e}^{-\mathrm{i}\omega\tau}\mathrm{d}\tau\\&=\int_{-\infty}^{+\infty}\int_0^{+\infty}a^2\cos(\omega_1\tau)f_\Omega(\omega_1)\mathrm{d}\omega_1\mathrm{d}\tau\\&=\frac{\pi a^2}{2}\int_{-\infty}^{+\infty}[\delta(\omega-\omega_1)+\delta(\omega+\omega_1)]f_\Omega(\omega_1)\mathrm{d}\omega\\&=\frac{\pi a^2}{2}[f_\Omega(\omega)+f_\Omega(-\omega)]\\&=\pi a^2f_\Omega(\omega),\end{aligned}$$

命题得证.

2. **解** 运用定义验证是否线性、是否时不变.

(1) 因为

$$L\left[\sum_{k=1}^{n}a_kx_k(t)\right]=\frac{\mathrm{d}}{\mathrm{d}t}\left[\sum_{k=1}^{n}a_kx_k(t)\right]=\sum_{k=1}^{n}a_k\frac{\mathrm{d}x_k(t)}{\mathrm{d}t}=\sum_{k=1}^{n}a_kL[x_k(t)]=\sum_{k=1}^{n}a_ky_k(t),$$

所以 L 是线性的，又有

$$L[x(t+\tau)]=\frac{\mathrm{d}x(t+\tau)}{\mathrm{d}t}=\frac{\mathrm{d}x(t+\tau)}{\mathrm{d}(t+\tau)}\cdot\frac{\mathrm{d}(t+\tau)}{\mathrm{d}t}=\frac{\mathrm{d}x(t+\tau)}{\mathrm{d}(t+\tau)}=y(t+\tau),$$

所以 L 是时不变的，故 L 是线性时不变系统.

(2) 因为

$$\begin{aligned}L\left[\sum_{k=1}^{n}a_kx_k(t)\right]&=\int_{-\infty}^{\infty}h(t-s)\left[\sum_{k=1}^{n}a_kx_k(s)\right]\mathrm{d}s\\&=\sum_{k=1}^{n}a_k\int_{-\infty}^{\infty}h(t-s)x_k(s)\mathrm{d}s\\&=\sum_{k=1}^{n}a_kL[x_k(t)]\\&=\sum_{k=1}^{n}a_ky_k(t),\end{aligned}$$

所以 L 是线性的，又有

$$\begin{aligned}L[x(t+\tau)]&=\int_{-\infty}^{\infty}h(t-s)x(s+\tau)\mathrm{d}s\\&\xlongequal{u=s+\tau}\int_{-\infty}^{\infty}h(t+\tau-u)x(u)\mathrm{d}u\\&=y(t+\tau),\end{aligned}$$

所以 L 是时不变的，故 L 是线性时不变系统.

(3) 因为

$$\begin{aligned}L[a_1x_1(t)+a_2x_2(t)]&=[a_1x_1(t)+a_2x_2(t)]^2\\&=a_1^2[x_1(t)]^2+2a_1a_2x_1(t)x_2(t)+a_2^2[x_2(t)]^2,\end{aligned}$$

但

$$a_1L[x_1(t)]+a_2L[x_2(t)]=a_1[x_1(t)]^2+a_2[x_2(t)]^2,$$

故

$$L[a_1x_1(t)+a_2x_2(t)]\neq a_1L[x_1(t)]+a_2L[x_2(t)],$$

所以 L 不是线性时不变系统.

第 9 章在线测试

第 10 章

离散时间马尔可夫链

一、知识要点

定义 1 若 X_n 为齐次马尔可夫链,对任意的 $i,j\in E$,任意的正整数 k, $p_{ij}^{(k)}(m)$不依赖于 m,记 $p_{ij}^{(k)}(m)$为 $p_{ij}^{(k)}$,称它为 **X_n 由状态 i 出发经 k 步到达状态 j 的转移概率**(以后我们均考虑这样的齐次马尔可夫链).

定理 1 设 $p_{ij}^{(k)}(k=1,2,\cdots)$是马尔可夫链 X_n 的转移概率,则对任意正整数 k,l 有

$$p_{ij}^{(k+l)} = \sum_{s\in E} p_{is}^{(k)} p_{sj}^{(l)}.$$

称上式为 C-K(Chapman-Kolmognov)方程. C-K 方程的矩阵形式为

$$\boldsymbol{P}^{(k+l)} = \boldsymbol{P}^{(k)} \cdot \boldsymbol{P}^{(l)}.$$

定理 2 设马尔可夫链 X_n 有初始分布 $\boldsymbol{q}(0)$和转移概率矩阵 $\boldsymbol{P}=(p_{ij})$,则:

(1) 对任意的正整数 $n_1<n_2<\cdots<n_r$,$X_{n_1},X_{n_2},\cdots,X_{n_r}$ 的联合分布律为

$$P\{X_{n_1}=i_1,\cdots,X_{n_r}=i_r\} = \sum_{i\in E} q_i(0) p_{ii_1}^{(n_1)} p_{i_1 i_2}^{(n_2-n_1)} \cdots p_{i_{r-1} i_r}^{(n_r-n_{r-1})};$$

(2) 对任意的正整数 $n>1$,

$$q_j(n) = \sum_{i\in E} q_i(0) p_{ij}^{(n)},$$

其矩阵表示为

$$\boldsymbol{q}(n) = \boldsymbol{q}(0)\boldsymbol{P}^{(n)}.$$

定义 2 若 $f_{jj}=1$,则称状态 j 是常返的,否则称状态 j 是非常返的. 设 j 是常返状态,若 $\mu_j<\infty$,则称 j 是正常返的,否则称 j 是零常返的. 称正常返非周期状态为遍历状态.

定理 3

(1) 如果 $\sum_{n=1}^{\infty} p_{jj}^{(n)} < \infty$, 则 j 是非常返的;

(2) 如果 $\sum_{n=1}^{\infty} p_{jj}^{(n)} = \infty$,则 j 是常返的,进一步,如果 $\lim_{n\to\infty} p_{jj}^{(n)} = 0$,则 j 是零常返的,否则 j 是正常返的.

定理 4 如果 $i\leftrightarrow j$,则 i 和 j 有相同的状态类型,即

(1) i 和 j 同为常返或非常返,如果同为常返,则它们同为正常返或零常返;

(2) i 和 j 有相同的周期.

定义 3 设(p_{ij})是马尔可夫链 X_n 的转移矩阵,如果非负数列$\{\pi_j\}$满足:

$$\sum_{j=0}^{\infty}\pi_j=1,\quad \pi_j=\sum_{k=0}^{\infty}\pi_k p_{kj},\quad j=0,1,2,\cdots,$$

则称$\{\pi_j\}$是X_n的平稳分布.

定理5 设X_n是不可分遍历的马尔可夫链,则有

$$\lim_{n\to\infty}P\{X_n=j\}=\lim_{n\to\infty}p_{ij}^{(n)}=\pi_j=\frac{1}{\mu_j}.$$

二、分级习题

(一)基础篇

· 马尔可夫链的判定及其转移概率矩阵

1. 设$\{Z_n,n\geqslant 1\}$是独立同分布的随机变量序列,且

$$P\{Z=1\}=p,\quad P\{Z=-1\}=q,\quad 0<p<1,p+q=1.$$

设$Y_n=\sum_{j=1}^{n}Z_j(n\geqslant 1)$,$X_n=Y_{2n}(n\geqslant 1)$,证明$\{X_n,n\geqslant 1\}$是马尔可夫链,并求其转移概率和初始分布.

解 状态空间为$E=\{2k,k=0,\pm 1,\pm 2,\cdots\}$,对任意正整数$n$,有

$$\begin{aligned}P\{X_{n+1}=2j\mid X_1=2i_1,\cdots,X_{n-1}=2i_{n-1},X_n=2i\}&=\begin{cases}q^2, & j=i-1,\\ 2pq, & j=i,\\ p^2, & j=i+1\end{cases}\\ &=P\{X_{n+1}=2j\mid X_n=2i\},\end{aligned}$$

可见$\{X_n\}$为马尔可夫链,且转移概率为

$$P_{2i,2i-2}=q^2,\quad P_{2i,2i}=2pq,\quad P_{2i,2i+2}=p^2,$$

初始分布为

$$P\{X_1=2\}=p^2,\quad P\{X_1=0\}=2pq,\quad P\{X_1=-2\}=q^2.$$

2. 设$\{Y_n,n\geqslant 1\}$为一独立同分布且取非负整数值的随机变量序列,其概率分布为$P\{Y_n=k\}=p_k(k=0,1,2,\cdots)$,令$X_n=\sum_{i=0}^{n}Y_i(n\geqslant 0)$,证明$\{X_n,n\geqslant 0\}$是马尔可夫链,并求其转移概率.

解 状态空间$E=\{0,1,2,\cdots\}$,对任意正整数n及$i_0,i_1,\cdots,i_{n-1},i,j\in E$,有

$$\begin{aligned}&P\{X_{n+1}=j\mid X_0=i_0,X_1=i_1,\cdots,X_{n-1}=i_{n-1},X_n=i\}\\ =&P\{Y_{n+1}=j-i\mid X_0=i_0,X_1=i,\cdots,X_{n-1}=i_{n-1},X_n=i\}\\ =&\begin{cases}p_{j-i}, & j-i\geqslant 0,\\ 0, & j-i<0\end{cases}\\ =&P\{X_{n+1}=j\mid X_n=i\},\end{aligned}$$

可见$\{X_n,n\geqslant 0\}$为马尔可夫链,且转移概率为

$$p_{ij}=\begin{cases}p_{j-i}, & j-i\geqslant 0,\\ 0, & j-i<0.\end{cases}$$

3. N个黑球和N个白球分装在两个袋中,每个袋中各装N个.每次从每个袋中随机地取出一球互相交换后放回袋中,以X_n记n次交换后第一个袋中的黑球数目,证明

$\{X_n,n\geqslant 0\}$是马尔可夫链并求其转移概率.

解　状态空间 $E=\{0,1,2,\cdots,N\}$,对任意正整数 n 及任意 $i_0,i_1,\cdots,i_{n-1},i,j\in E$,有

$$P\{X_{n+1}=j\,|\,X_0=i_0,X_1=i_1,\cdots,X_{n-1}=i_{n-1},X_n=i\}$$

$$=\begin{cases}1, & i=0,j=1,\\ \left(\dfrac{i}{N}\right)^2, & 0<i<N,j=i-1,\\ \dfrac{2i(N-i)}{N^2}, & 0<i<N,j=i,\\ \left(\dfrac{N-i}{N}\right)^2, & 0<i<N,j=i+1,\\ 1, & i=N,j=N-1\end{cases}$$

$$=P\{X_{n+1}=j\,|\,X_n=i\},$$

可见$\{X_n,n\geqslant 0\}$为马尔可夫链,且转移概率为

$$p_{01}=1,\quad P_{N,N-1}=1,$$

当 $0<i<N$ 时,

$$p_{i,i-1}=\left(\frac{i}{N}\right)^2,\quad p_{i,i}=\frac{2i(N-i)}{N^2},\quad p_{i,i+1}=\left(\frac{N-i}{N}\right)^2.$$

4. 写出下列马尔可夫链的转移概率矩阵:

(1) $E=\{0,1,2,\cdots,n\}(n\geqslant 2)$是有限个正整数的集合,若 $p_{00}=1,p_{nn}=1$,

$$p_{ij}=\begin{cases}p, & j=i+1,\\ q, & j=i-1,\\ 0, & \text{其他},\end{cases}\quad 0<p<1,q=1-p.$$

(2) $E=\{\cdots,-2,-1,0,1,2,\cdots\}$是全体整数的集合,

$$p_{ij}=\begin{cases}p, & j=i+1,\\ q, & j=i-1,\\ 0, & \text{其他},\end{cases}\quad 0<p<1,q=1-p.$$

解　转移概率矩阵分别为

(1) $$\begin{pmatrix}1&0&0&0&\cdots&0&0&0&0\\ q&0&p&0&\cdots&0&0&0&0\\ 0&q&0&p&\cdots&0&0&0&0\\ \vdots&\vdots&\vdots&\vdots&\cdots&\vdots&\vdots&\vdots&\vdots\\ 0&0&0&0&\cdots&q&0&p&0\\ 0&0&0&0&\cdots&0&q&0&p\\ 0&0&0&0&\cdots&0&0&0&1\end{pmatrix};$$

(2) $$\begin{pmatrix} &\vdots&\vdots&\vdots&\vdots&\vdots&\vdots& \\ \cdots&q&0&p&0&0&0&\cdots\\ \cdots&0&q&0&p&0&0&\cdots\\ \cdots&0&0&q&0&p&0&\cdots\\ &\vdots&\vdots&\vdots&\vdots&\vdots&\vdots& \end{pmatrix}.$$

• n 步转移概率及有限维分布律的计算

5. 设有 3 个状态$\{0,1,2\}$的马尔可夫链,其一步转移概率矩阵为

$$\boldsymbol{P}=\begin{pmatrix}0&1&0\\q&0&p\\0&1&0\end{pmatrix}.$$

(1) 求 $\boldsymbol{P}^{(2)}$,并证明 $\boldsymbol{P}^{(2)}=\boldsymbol{P}^{(4)}$;

(2) 求 $\boldsymbol{P}^{(n)}(n\geqslant1)$.

解 (1)
$$\boldsymbol{P}^{(2)}=\begin{pmatrix}0&1&0\\q&0&p\\0&1&0\end{pmatrix}\begin{pmatrix}0&1&0\\q&0&p\\0&1&0\end{pmatrix}=\begin{pmatrix}q&0&p\\0&1&0\\q&0&p\end{pmatrix},$$

$$\boldsymbol{P}^{(3)}=\boldsymbol{P}^{(2)}\boldsymbol{P}=\begin{pmatrix}q&0&p\\0&1&0\\q&0&p\end{pmatrix}\begin{pmatrix}0&1&0\\q&0&p\\0&1&0\end{pmatrix}=\begin{pmatrix}0&1&0\\q&0&p\\0&1&0\end{pmatrix}=\boldsymbol{P},$$

从而证得 $\boldsymbol{P}^{(4)}=\boldsymbol{P}^{(3)}\boldsymbol{P}=\boldsymbol{P}^{(2)}$.

(2) $\boldsymbol{P}^{(n)}=\begin{cases}\boldsymbol{P}, & 当\ n\ 为奇数,\\ \boldsymbol{P}^{(2)}, & 当\ n\ 为偶数.\end{cases}$

6. 设$\{X_n,n\geqslant0\}$是一齐次马尔可夫链,其状态空间为$\{a,b,c\}$,转移概率矩阵为

$$\begin{pmatrix}\frac{1}{2}&\frac{1}{4}&\frac{1}{4}\\\frac{2}{3}&0&\frac{1}{3}\\\frac{3}{5}&\frac{2}{5}&0\end{pmatrix}.$$

(1) 求 $P\{X_1=b,X_2=c,X_3=a,X_4=c,X_5=a,X_6=c,X_7=b\mid X_0=c\}$;

(2) 求 $P\{X_{n+2}=c\mid X_n=b\}$.

解 (1)
$$\begin{aligned}&P\{X_1=b,X_2=c,X_3=a,X_4=c,X_5=a,X_6=c,X_7=b\mid X_0=c\}\\
=&P\{X_1=b\mid X_0=c\}P\{X_2=c\mid X_1=b\}P\{X_3=a\mid X_2=c\}P\{X_4=c\mid X_3=a\}\cdot\\
&P\{X_5=a\mid X_4=c\}P\{X_6=c\mid X_5=a\}P\{X_7=b\mid X_6=c\}\\
=&p_{cb}p_{bc}p_{ca}p_{ac}p_{ca}p_{ac}p_{cb}\\
=&\frac{2}{5}\times\frac{1}{3}\times\frac{3}{5}\times\frac{1}{4}\times\frac{3}{5}\times\frac{1}{4}\times\frac{2}{5}\\
=&\frac{3}{2500}.\end{aligned}$$

(2) $P\{X_{n+2}=c\mid X_n=b\}=\frac{2}{3}\times\frac{1}{4}+0\times\frac{1}{3}+\frac{1}{3}\times0=\frac{1}{6}$.

7. 设两个马尔可夫链的状态空间为 $E=\{1,2,3,4\}$,转移概率矩阵分别为

$$\boldsymbol{P}_1=\begin{pmatrix}\frac{1}{2}&\frac{1}{2}&0&0\\0&\frac{1}{4}&\frac{3}{4}&0\\\frac{1}{4}&0&\frac{1}{2}&\frac{1}{4}\\\frac{1}{2}&0&0&\frac{1}{2}\end{pmatrix},\quad\boldsymbol{P}_2=\begin{pmatrix}\frac{1}{4}&\frac{1}{4}&\frac{1}{4}&\frac{1}{4}\\0&0&1&0\\0&0&0&1\\1&0&0&0\end{pmatrix},$$

第 10 章基础篇题 7

如果初始分布为$\left(\frac{1}{4},\frac{1}{4},\frac{1}{4},\frac{1}{4}\right)$，求：

(1) $P\{X_2=2\}$；

(2) $P\{X_2=2,X_3=1,X_5=4\}$；

(3) $P\{X_2=1,X_4=2\mid X_0=3\}$.

解　先考虑转移概率矩阵为 $\boldsymbol{P}_1$ 的马尔可夫链.

(1)
$$\boldsymbol{P}_1^{(2)}=\begin{pmatrix}\frac{1}{4} & \frac{3}{8} & \frac{3}{8} & 0\\ \frac{3}{16} & \frac{1}{16} & \frac{9}{16} & \frac{3}{16}\\ \frac{3}{8} & \frac{1}{8} & \frac{1}{4} & \frac{1}{4}\\ \frac{1}{2} & \frac{1}{4} & 0 & \frac{1}{4}\end{pmatrix},$$

$$P\{X_2=2\}=\sum_{i=1}^{4}P\{X_0=i\}P\{X_2=2\mid X_0=i\}=\frac{1}{4}\left(\frac{3}{8}+\frac{1}{16}+\frac{1}{8}+\frac{1}{4}\right)=\frac{13}{64}.$$

(2) $P\{X_2=2,X_3=1,X_5=4\}=P\{X_2=2\}p_{21}p_{14}^{(2)}=\frac{13}{64}\times0\times0=0.$

(3) $P\{X_2=1,X_4=2\mid X_0=3\}=p_{31}^{(2)}p_{12}^{(2)}=\frac{3}{8}\times\frac{3}{8}=\frac{9}{64}.$

下面考虑转移概率矩阵为 $\boldsymbol{P}_2$ 的马尔可夫链.

(1)
$$\boldsymbol{P}_2^{(2)}=\begin{pmatrix}\frac{5}{16} & \frac{1}{16} & \frac{5}{16} & \frac{5}{16}\\ 0 & 0 & 0 & 1\\ 1 & 0 & 0 & 0\\ \frac{1}{4} & \frac{1}{4} & \frac{1}{4} & \frac{1}{4}\end{pmatrix},$$

$$P\{X_2=2\}=\sum_{i=1}^{4}P\{X_0=i\}P\{X_2=2\mid X_0=i\}=\frac{1}{4}\left(\frac{1}{16}+\frac{1}{4}\right)=\frac{5}{64}.$$

(2) $P\{X_2=2,X_3=1,X_5=4\}=P\{X_2=2\}p_{21}p_{14}^{(2)}=\frac{5}{64}\times0\times\frac{5}{16}=0.$

(3) $P\{X_2=1,X_4=2\mid X_0=3\}=p_{31}^{(2)}p_{12}^{(2)}=1\times\frac{1}{16}=\frac{1}{16}.$

(二) 提高篇

- **周期、状态分类及平稳分布的计算**

1. 设有限马尔可夫链的状态空间为 $E=\{1,2,3,4\}$，转移概率矩阵为

$$\begin{pmatrix}\frac{1}{2} & \frac{1}{4} & \frac{1}{8} & \frac{1}{8}\\ 0 & 0 & 1 & 0\\ 0 & 0 & 0 & 1\\ 1 & 0 & 0 & 0\end{pmatrix}.$$

(1) 此链的状态是否互通？哪些是常返状态？

(2) 求状态 1 的周期和平均返回时间.

解 (1) 由转移概率矩阵可知任意两个状态都相通,由于 $f_{11}^{(1)}=p_{11}=\frac{1}{2}$,$f_{11}^{(2)}=p_{14}p_{41}=\frac{1}{8}$,$f_{11}^{(3)}=p_{13}p_{34}p_{41}=\frac{1}{8}$,$f_{11}^{(4)}=p_{12}p_{23}p_{34}p_{41}=\frac{1}{4}$,知 $f_{11}=\sum_{n=1}^{4}f_{11}^{(n)}=1$,状态 1 常返.由于任意两个状态相通,因此所有状态都常返.

(2) 由于 $p_{11}>0$,状态 1 的周期为 1,即状态 1 是非周期的.状态 1 的平均返回时间为 $\mu_1=1\times\frac{1}{2}+2\times\frac{1}{8}+3\times\frac{1}{8}+4\times\frac{1}{4}=\frac{17}{8}$.

2. 设有限马尔可夫链的状态空间为 $E=\{1,2,3,4\}$,转移概率矩阵为

$$\begin{pmatrix} 0 & 0 & 1 & 0 \\ 1 & 0 & 0 & 0 \\ 0 & \frac{1}{2} & \frac{1}{2} & 0 \\ \frac{1}{3} & 0 & 0 & \frac{2}{3} \end{pmatrix}.$$

第 10 章提高篇题 2

(1) 哪些是常返状态？哪些是周期状态？

(2) 求常返状态的平均返回时间.

解 (1) 由于 $1\to3\to2\to1$,所以状态 1、2、3 相通,构成闭集.对状态 3,由于 $f_{33}^{(1)}=p_{33}=\frac{1}{2}$,$f_{33}^{(3)}=p_{32}p_{21}p_{13}=\frac{1}{2}$,可见 $f_{33}=f_{33}^{(1)}+f_{33}^{(3)}=1$,即状态 3 是常返的.由于状态 1、2、3 相通,故 1、2、3 均为常返状态.对状态 4,由于 $f_{44}^{(1)}=\frac{2}{3}$,$f_{44}^{(n)}=0(n=2,3,\cdots)$,故 $f_{44}=\frac{2}{3}$,状态 4 非常返.由 $p_{33}>0$,知状态 3 非周期,状态 1、2、3 相通,它们都是非周期状态,同样由 $p_{44}>0$,知状态 4 非周期.

(2) 由(1)得 $\mu_3=1\times\frac{1}{2}+3\times\frac{1}{2}=2$.对状态 1,由于 $f_{11}^{(n)}=\frac{1}{2^{n-2}}(n=3,4,\cdots)$,可以算得 $\mu_1=\sum_{n=3}^{\infty}\frac{n}{2^{n-2}}=4$.同样对状态 2,由于 $f_{22}^{(n)}=\frac{1}{2^{n-2}}(n=3,4,\cdots)$,可以算得 $\mu_2=\sum_{n=3}^{\infty}\frac{n}{2^{n-2}}=4$.

3. 设马尔可夫链的转移概率矩阵为

$$\boldsymbol{P}=\begin{pmatrix} \frac{1}{2} & \frac{1}{3} & \frac{1}{6} \\ \frac{1}{3} & \frac{1}{3} & \frac{1}{3} \\ \frac{1}{3} & \frac{1}{2} & \frac{1}{6} \end{pmatrix},$$

第 10 章提高篇题 3

求两步转移概率矩阵.此链的状态是否遍历？如果遍历,求极限分布,即求 $\lim\limits_{n\to\infty}p_{ij}^{(n)}(i,j=1,2,3)$.

解
$$P^{(2)}=\begin{pmatrix}\frac{1}{2}&\frac{1}{3}&\frac{1}{6}\\ \frac{1}{3}&\frac{1}{3}&\frac{1}{3}\\ \frac{1}{3}&\frac{1}{2}&\frac{1}{6}\end{pmatrix}\begin{pmatrix}\frac{1}{2}&\frac{1}{3}&\frac{1}{6}\\ \frac{1}{3}&\frac{1}{3}&\frac{1}{3}\\ \frac{1}{3}&\frac{1}{2}&\frac{1}{6}\end{pmatrix}=\begin{pmatrix}\frac{5}{12}&\frac{13}{36}&\frac{2}{9}\\ \frac{7}{18}&\frac{7}{18}&\frac{2}{9}\\ \frac{7}{18}&\frac{13}{36}&\frac{1}{4}\end{pmatrix},$$

因为两步转移概率矩阵中每个元素均大于零,所以该马尔可夫链是遍历的.由极限分布满足 $\sum_{j=1}^{3}\pi_j=1,\pi_j=\sum_{k=1}^{3}\pi_k p_{kj}(j=1,2,3)$,可得

$$\begin{cases}\frac{1}{2}\pi_1+\frac{1}{3}\pi_2+\frac{1}{3}\pi_3=\pi_1,\\ \frac{1}{3}\pi_1+\frac{1}{3}\pi_2+\frac{1}{2}\pi_3=\pi_2,\\ \frac{1}{6}\pi_1+\frac{1}{3}\pi_2+\frac{1}{6}\pi_3=\pi_3,\\ \pi_1+\pi_2+\pi_3=1,\end{cases}$$

解方程组得极限分布为$\left(\frac{2}{5},\frac{13}{35},\frac{8}{35}\right)$.

4. 设马尔可夫链的状态空间为 $E=\{1,2,3\}$,转移概率矩阵为

$$P=\begin{pmatrix}0&\frac{1}{2}&\frac{1}{2}\\ \frac{1}{2}&0&\frac{1}{2}\\ \frac{1}{2}&\frac{1}{2}&0\end{pmatrix},$$

试问此链的状态是否遍历？如果遍历,求极限分布.

解
$$P^{(2)}=\begin{pmatrix}0&\frac{1}{2}&\frac{1}{2}\\ \frac{1}{2}&0&\frac{1}{2}\\ \frac{1}{2}&\frac{1}{2}&0\end{pmatrix}\begin{pmatrix}0&\frac{1}{2}&\frac{1}{2}\\ \frac{1}{2}&0&\frac{1}{2}\\ \frac{1}{2}&\frac{1}{2}&0\end{pmatrix}=\begin{pmatrix}\frac{1}{2}&\frac{1}{4}&\frac{1}{4}\\ \frac{1}{4}&\frac{1}{2}&\frac{1}{4}\\ \frac{1}{4}&\frac{1}{4}&\frac{1}{2}\end{pmatrix},$$

因为两步转移概率矩阵中每个元素均大于零,所以该马尔可夫链是遍历的.由极限分布满足 $\sum_{j=1}^{3}\pi_j=1,\pi_j=\sum_{k=1}^{3}\pi_k p_{kj}(j=1,2,3)$,可得

$$\begin{cases}\frac{1}{2}\pi_2+\frac{1}{2}\pi_3=\pi_1,\\ \frac{1}{2}\pi_1+\frac{1}{2}\pi_3=\pi_2,\\ \frac{1}{2}\pi_1+\frac{1}{2}\pi_2=\pi_3,\\ \pi_1+\pi_2+\pi_3=1,\end{cases}$$

解方程组得极限分布为$\left(\frac{1}{3},\frac{1}{3},\frac{1}{3}\right)$.

5. 设马尔可夫链的状态空间为 $E=\{1,2\}$,转移概率矩阵为

$$\boldsymbol{P}=\begin{pmatrix}\frac{2}{3} & \frac{1}{3}\\ \frac{1}{3} & \frac{2}{3}\end{pmatrix},$$

求证:当 $n\to\infty$ 时,$\boldsymbol{P}^{(n)}\to\begin{pmatrix}\frac{1}{2} & \frac{1}{2}\\ \frac{1}{2} & \frac{1}{2}\end{pmatrix}$.

证明 由有限状态链的状态之间都互通,可知马尔可夫链是遍历的,从而极限分布存在. 由极限分布满足 $\pi_1+\pi_2=1,\sum\limits_{j=1}^{2}\pi_j p_{ij}=\pi_i$,可得

$$\begin{cases}\frac{2}{3}\pi_1+\frac{1}{3}\pi_2=\pi_1,\\ \frac{1}{3}\pi_1+\frac{2}{3}\pi_2=\pi_2,\\ \pi_1+\pi_2=1,\end{cases}$$

解方程组得极限分布为 $\left(\frac{1}{2},\frac{1}{2}\right)$,从而证得 $\boldsymbol{P}^{(n)}\to\begin{pmatrix}\frac{1}{2} & \frac{1}{2}\\ \frac{1}{2} & \frac{1}{2}\end{pmatrix}$.

6. 设马尔可夫链的状态 i 有 $f_{ii}^{(n)}=\frac{n}{2^{n+1}}(n=0,1,2,\cdots)$,问:

(1) i 是否常返? 求其周期.

(2) i 是否遍历?

解 (1) 由 $f_{ii}=\sum\limits_{n=1}^{+\infty}f_{ii}^{(n)}=\sum\limits_{n=1}^{+\infty}\frac{n}{2^{n+1}}=1,p_{ii}=f_{ii}^{(1)}=\frac{1}{4}$ 可得状态 i 是常返非周期状态.

(2) 状态 i 的平均返回时间 $\mu_i=\sum\limits_{n=1}^{+\infty}f_{ii}^{(n)}n=\sum\limits_{n=1}^{+\infty}\frac{n^2}{2^{n+1}}<+\infty$,所以状态 i 是正常返状态,因而是遍历状态.

7. 讨论有限马尔可夫链的状态分类、周期及平稳分布,设其转移概率矩阵为

(1) $\begin{pmatrix}0 & 1\\ 1 & 0\end{pmatrix}$;

(2) $\begin{pmatrix}\frac{1}{2} & \frac{1}{2} & 0\\ 0 & \frac{1}{2} & \frac{1}{2}\\ 0 & 0 & 1\end{pmatrix}$;

(3) $\begin{pmatrix}\frac{1}{2} & \frac{1}{2} & 0 & 0\\ 1 & 0 & 0 & 0\\ 0 & 0 & \frac{1}{3} & \frac{2}{3}\\ 0 & 0 & 0 & 1\end{pmatrix}$;

(4) $\begin{pmatrix}0 & 1 & 0 & 0 & 0\\ \frac{1}{3} & \frac{1}{3} & \frac{1}{3} & 0 & 0\\ 0 & \frac{1}{3} & \frac{1}{3} & \frac{1}{3} & 0\\ 0 & 0 & \frac{1}{3} & \frac{1}{3} & \frac{1}{3}\\ 0 & 0 & 0 & \frac{1}{2} & \frac{1}{2}\end{pmatrix}$.

解　(1) 设 $E=\{1,2\}$. 链不可分,正常返,周期均为 2. 平稳分布为 $\left(\frac{1}{2},\frac{1}{2}\right)$.

(2) 设 $E=\{1,2,3\}$. 状态 1 和状态 2 均为非常返状态,状态 3 正常返,3 个状态都是非周期状态. 平稳分布为 $(0,0,1)$.

(3) 设 $E=\{1,2,3,4\}$. 状态 1、状态 2 和状态 4 是正常返状态,而状态 3 是非常返状态,所有状态是非周期的. 平稳分布为 $\left(\frac{2}{3}\lambda_1,\frac{1}{3}\lambda_1,0,\lambda_2\right)$,其中 $\lambda_1,\lambda_2\geqslant 0,\lambda_1+\lambda_2=1$.

(4) 设 $E=\{1,2,3,4,5\}$. 链不可分,非周期. 平稳分布为 $\left(\frac{1}{12},\frac{3}{12},\frac{3}{12},\frac{3}{12},\frac{2}{12}\right)$.

8. 设 3 个有限马尔可夫链有 $a+1$ 个状态,其转移概率矩阵 $\boldsymbol{P}=(p_{ij})$ 分别满足:

(1) $p_{01}=1,p_{aa-1}=1$,对 $0<j<a$,有

$$p_{jj+1}=\left(\frac{a-j}{a}\right)^2,\quad p_{jj-1}=\left(\frac{j}{a}\right)^2,\quad p_{jj}=\frac{2j(a-j)}{a^2}.$$

(2) $p_{01}=1,p_{aa-1}=1$,对 $0<j<a$,有

$$p_{jj-1}=\frac{j}{a},\quad p_{jj+1}=1-\frac{j}{a}.$$

(3) $p_{00}=q,p_{01}=p,p_{aa-1}=p$,对 $0<j<a$,有

$$p_{jj+1}=p,\quad p_{jj-1}=q,\quad 0<p<1,q=1-p.$$

试讨论这 3 个链是否可分,并求其周期、状态分类及平稳分布.

解　(1) 链不可分,所有状态是非周期的,故链不可约遍历,平稳分布为

$$\pi_k=\frac{(\mathrm{C}_a^k)^2}{\mathrm{C}_{2a}^a},\quad k=0,1,2,\cdots,a.$$

(2) 链不可分,所有状态正常返且周期均为 2,平稳分布为

$$\pi_k=\frac{\mathrm{C}_a^k}{2^a},\quad k=0,1,2,\cdots,a.$$

(3) 链不可分,所有状态正常返非周期,平稳分布为

$$\pi_k=\left(\frac{p}{q}\right)^k\frac{1-\frac{p}{q}}{1-\left(\frac{p}{q}\right)^{a+1}},\quad k=0,1,2,\cdots,a,p\neq q;$$

$$\pi_k=\frac{1}{a+1},\quad k=0,1,2,\cdots,a,p=q.$$

9. 讨论下列可列状态的马尔可夫链的状态分类、周期及平稳分布,设其转移概率矩阵为

(1) $\begin{pmatrix} 0 & 1 & 0 & 0 & 0 & \cdots \\ \frac{1}{4} & 0 & \frac{3}{4} & 0 & 0 & \cdots \\ \frac{1}{4} & 0 & 0 & \frac{3}{4} & 0 & \cdots \\ \frac{1}{4} & 0 & 0 & 0 & \frac{3}{4} & \cdots \\ & & \cdots & \cdots & & \end{pmatrix}$;　(2) $\begin{pmatrix} 0 & 1 & 0 & 0 & 0 & \cdots \\ \frac{1}{2} & 0 & \frac{1}{2} & 0 & 0 & \cdots \\ 0 & \frac{1}{2} & 0 & \frac{1}{2} & 0 & \cdots \\ 0 & 0 & \frac{1}{2} & 0 & \frac{1}{2} & \cdots \\ & & \cdots & \cdots & & \end{pmatrix}$;

(3) $\begin{pmatrix} \frac{1}{2} & \frac{1}{2} & 0 & 0 & 0 & \cdots \\ \frac{1}{3} & 0 & \frac{2}{3} & 0 & 0 & \cdots \\ \frac{1}{4} & 0 & 0 & \frac{3}{4} & 0 & \cdots \\ \frac{1}{5} & 0 & 0 & 0 & \frac{4}{5} & \cdots \\ & & \cdots & \cdots & & \end{pmatrix}$;　　(4) $\begin{pmatrix} 1-p & p & 0 & 0 & 0 & \cdots \\ 1-p & 0 & p & 0 & 0 & \cdots \\ 1-p & 0 & 0 & p & 0 & \cdots \\ 1-p & 0 & 0 & 0 & p & \cdots \\ & & \cdots & \cdots & & \end{pmatrix}$，$0<p<1$.

解　设状态空间为 $E=\{0,1,2,\cdots\}$.

(1) 链不可分,所有状态非周期.解得平稳分布为 $\pi_0=\frac{1}{5},\pi_k=\left(\frac{3}{4}\right)^{k-1}\times\frac{1}{5}(k=1,2,\cdots)$,可见链是正常返的.

(2) 链不可分,周期为 2.平稳分布不存在,所有状态零常返.

(3) 链不可分,所有状态非周期.平稳分布不存在,所有状态零常返.

(4) 链不可分,所有状态非周期.存在平稳分布 $\pi_k=p^kq(k=0,1,2,\cdots;q=1-p)$,所有状态正常返.

总 习 题 十

一、选择题

1. 设 $\{X_n,n\geqslant 0\}$ 为齐次马尔可夫链,状态空间为 E,一步转移概率矩阵为 $\boldsymbol{P}=(p_{ij})$,n 步转移概率矩阵为 $\boldsymbol{P}^{(n)}=(p_{ij}^{(n)})$,初始分布 $q_i(0)=P\{X_0=i\}$,一维分布为 $q_j(n)=P\{X_n=j\}$,则以下结论不成立的是(　　).

A. $\boldsymbol{P}^{(n)}=\boldsymbol{P}^n$　　　B. $q_j(n)=\sum\limits_{i\in E}q_i(0)\cdot p_{ij}^{(n)}$

C. $\boldsymbol{P}^{(n+k)}=\boldsymbol{P}^{(n)}\boldsymbol{P}^{(k)}$　　　D. $q_j(n)=\sum\limits_{i\in E}p_{ij}^{(n)}$

总习题十
选择题 1 和 3

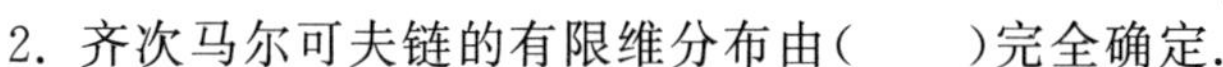

2. 齐次马尔可夫链的有限维分布由(　　)完全确定.

A. 初始分布和一步转移概率矩阵

B. 初始分布和多步转移概率矩阵

C. 一步转移概率矩阵和多步转移概率矩阵

D. 初始分布 $\boldsymbol{q}(0)$ 和一维分布 $\boldsymbol{q}(n)$

3. 设 $\{X_n,n\geqslant 0\}$ 为齐次马尔可夫链,状态空间为 E,状态 i 为正常返的,则下列结论不成立的是(　　).

A. $f_{ii}=1$　　　B. $\sum\limits_{k=1}^{+\infty}kf_{ii}^{(k)}<+\infty$

C. $\sum\limits_{n=0}^{+\infty}p_{ii}^{(n)}=+\infty$　　　D. $\sum\limits_{k=1}^{+\infty}kp_{ii}^{(k)}<+\infty$

二、填空题

1. 设齐次马尔可夫链的一步转移概率矩阵为 $\boldsymbol{P}=(p_{ij})$,n 步转移概率矩阵为 $\boldsymbol{P}^{(n)}=(p_{ij}^{(n)})$,则二者之间的关系为__________.

2. 设$\{X_n,n\geqslant 0\}$为齐次马尔可夫链，状态空间为 E，初始概率为 $q_i(0)=P\{X_0=i\}$，绝对概率为 $q_j(n)=P\{X_n=j\}$，n 步转移概率为 $p_{ij}^{(n)}$，三者之间的关系为__________.

3. 在齐次马尔可夫链$\{X_n,n\geqslant 0\}$中，记

$$f_{ij}^{(n)}=P\{X_v\neq j,1\leqslant v\leqslant n-1,X_n=j\mid X_0=i\},\quad n\geqslant 1,$$

$f_{ij}=\sum\limits_{n=1}^{\infty}f_{ij}^{(n)}$，若 $f_{ii}=1$，称状态 i 为__________，若 $f_{ii}<1$，称状态 i 为__________.

4. 状态 i 常返的充要条件为 $\sum\limits_{n=0}^{\infty}p_{ii}^{(n)}=$__________，若状态 i 正常返且非周期，则状态 i 称为__________.

5. 状态相通关系为等价关系，具有__________、__________、__________.

6. 设$\{X_n,n\geqslant 0\}$为齐次马尔可夫链，状态空间为 E，$C\subset E$，若对任意 $i\in C$ 及 $j\notin C$，都有 $p_{ij}=0$，称 C 为________. 若 C 的状态相通，称 C 为________.

7. 设$\{X_n,n\geqslant 0\}$为齐次马尔可夫链，状态空间为 $E=\{1,2,3\}$，一步转移概率矩阵为 $\boldsymbol{P}=\begin{pmatrix}\frac{1}{2} & \frac{1}{2}\\ \frac{1}{4} & \frac{3}{4}\end{pmatrix}$，则其平稳分布为__________.

三、解答题

1. 5 个白球和 5 个黑球分散在两个罐子中，每个罐子中都有 5 个球，每一次我们从两个罐子中都随机抽取一个球并交换它们. 用 X_n 表示在时刻 n 左边罐子中白球的个数，计算 X_n 的转移概率.

2. 重复掷两枚骰子，其中骰子均为 4 面，4 面上的数字分别为 1，2，3，4. 令 Y_k 表示第 k 次投掷出的数字之和，$S_n=Y_1+Y_2+\cdots+Y_n$ 表示前 n 次投掷出的数字之和，$X_n=\mathrm{mod}(S_n,6)$（表示 S_n 除以 6 的余数），求 X_n 的转移概率.

3. 一个出租车司机在机场 A 和宾馆 B、宾馆 C 之间按照如下方式行车：如果他在机场，那么下一时刻他将以等概率到达两个宾馆中的任意一个；如果他在其中一个宾馆，那么下一时刻他以概率 3/4 返回到机场，以概率 1/4 开往另一个宾馆.

(1) 求该链的转移概率矩阵；

(2) 假设在时刻 0 司机在机场，分别求出在时刻 2 司机在这 3 个可能地点的概率以及在时刻 3 他在宾馆 B 的概率.

4. 设齐次马尔可夫链$\{X_n,n\geqslant 0\}$的转移概率矩阵为

$$\boldsymbol{P}=\begin{pmatrix}0.3 & 0.7 & 0\\ 0 & 0.2 & 0.8\\ 0.7 & 0 & 0.3\end{pmatrix}.$$

总习题十
解答题 4 和 5

(1) 求两步转移概率矩阵 $\boldsymbol{P}^{(2)}$ 及当初始分布为

$$P\{X_0=1\}=1,\quad P\{X_0=2\}=P\{X_0=3\}=0$$

时，经两步转移后处于状态 2 的概率.

(2) 求马尔可夫链的平稳分布.

5. 设$\{X_n,n\geqslant 0\}$是具有 3 个状态 0，1，2 的齐次马尔可夫链，一步转移概率矩阵为

$$P=\begin{pmatrix}3/4 & 1/4 & 0\\ 1/4 & 1/2 & 1/4\\ 0 & 3/4 & 1/4\end{pmatrix},$$

初始分布 $\boldsymbol{q}(0)=\left(\frac{1}{3},\frac{1}{3},\frac{1}{3}\right)$，试求：

(1) $P\{X_0=0,X_2=1\}$；

(2) $P\{X_2=1\}$.

6. 设马尔可夫链的状态空间 $E=\{1,2,3,4,5\}$，转移概率矩阵为

$$P=\begin{pmatrix}0.3 & 0.4 & 0.3 & 0 & 0\\ 0.6 & 0.4 & 0 & 0 & 0\\ 0 & 1 & 0 & 0 & 0\\ 0 & 0 & 0 & 0.3 & 0.7\\ 0 & 0 & 0 & 1 & 0\end{pmatrix},$$

总习题十
解答题 6 和 7

求状态的分类、各常返闭集的平稳分布及各状态的平均返回时间.

7. 设齐次马尔可夫链 $\{X_n,n\geqslant 0\}$ 的状态空间 $E=\{1,2,3,4,5\}$，转移概率矩阵为

$$P=\begin{pmatrix}1/2 & 0 & 0 & 1/2 & 0\\ 1/2 & 0 & 1/2 & 0 & 0\\ 0 & 0 & 1 & 0 & 0\\ 1 & 0 & 0 & 0 & 0\\ 0 & 1 & 0 & 0 & 0\end{pmatrix},$$

证明 $\{X_n,n\geqslant 0\}$ 不是不可约链.

8. 设齐次马尔可夫链 $\{X_n,n\geqslant 0\}$ 的状态空间 $E=\{1,2,3,4\}$，转移概率矩阵为

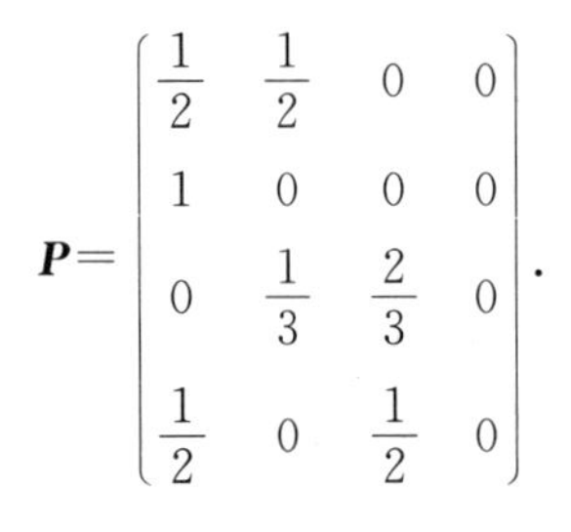

$$P=\begin{pmatrix}\frac{1}{2} & \frac{1}{2} & 0 & 0\\ 1 & 0 & 0 & 0\\ 0 & \frac{1}{3} & \frac{2}{3} & 0\\ \frac{1}{2} & 0 & \frac{1}{2} & 0\end{pmatrix}.$$

总习题十
解答题 8

(1) 画出状态转移图；

(2) 试判断各状态的类型；

(3) 分解状态空间；

(4) 求出不可约闭集的平稳分布.

9. 设齐次马尔可夫链 $\{X_n,n\geqslant 0\}$ 的状态空间 $E=\{1,2,3,4\}$，转移概率矩阵为

$$P=\begin{pmatrix}0.6 & 0 & 0.4 & 0\\ 0 & 0.6 & 0 & 0.4\\ 0.4 & 0 & 0.6 & 0\\ 0 & 0.2 & 0 & 0.8\end{pmatrix}.$$

总习题十
解答题 9

(1) 试对状态空间进行分解，讨论各状态的类型；

(2) 求平稳分布；

(3) 计算 $P\{X_2=3\mid X_0=1\}$，$P\{X_2=2\mid X_0=1\}$.

10. 一位研究某一地区生活方式的社会学家确定人们在城市(U)、郊区(S)、农村(R)居

住的转移情况由如下的转移概率矩阵给出：

$$P=\begin{pmatrix}0.86 & 0.08 & 0.06\\ 0.05 & 0.88 & 0.07\\ 0.03 & 0.05 & 0.92\end{pmatrix},$$

从长远看，选择这 3 种居住地点的人所占的比例分别是多少？

11. 一位教授的车库里有两盏照明灯，当两盏灯都烧坏时将更换它们，第二天两盏灯可正常照明，假设当它们都可照明时，两盏中的一盏烧坏的概率是 0.02（每盏烧坏的概率都是 0.01 且我们忽略两盏灯在同一天烧坏的可能性），然而，当车库只有一盏灯时，它烧坏的概率是 0.05.

（1）从长远看，车库仅有一盏灯工作的时间所占的比例是多少？

（2）两次替换之间的时间间隔的期望值是多少？

12. 在每一个月末，一个大型零售商店按照当前客户的付款状态将他们的账户分类为：当即付款（状态 0），拖欠 30～60 天（状态 1），拖欠 60～90 天（状态 2），拖欠 90 天以上（状态 3）. 他们的经验表明，可以用一个马尔可夫链来描述客户账户状态的变化，其转移概率矩阵是

$$P=\begin{pmatrix}0.9 & 0.1 & 0 & 0\\ 0.8 & 0 & 0.2 & 0\\ 0.5 & 0 & 0 & 0.5\\ 0.1 & 0 & 0 & 0.9\end{pmatrix},$$

从长远看，处于这几种状态的账户所占的比例分别是多少？

总习题十参考答案

一、选择题

1. D； 2. A； 3. D.

二、填空题

1. $P^{(n)}=P^n$； 2. $q_j(n)=\sum_{i\in E}q_i(0)\cdot p_{ij}^{(n)}$； 3. 常返的，非常返的； 4. $+\infty$，遍历态；

5. 自反性、对称性、传递性； 6. 闭集，不可约的； 7. $\left(\frac{1}{3},\frac{2}{3}\right)$.

三、解答题

1. **解**

$$P=\begin{pmatrix}0 & 1 & 0 & 0 & 0 & 0\\ \frac{1}{25} & \frac{8}{25} & \frac{16}{25} & 0 & 0 & 0\\ 0 & \frac{4}{25} & \frac{12}{25} & \frac{9}{25} & 0 & 0\\ 0 & 0 & \frac{9}{25} & \frac{12}{25} & \frac{4}{25} & 0\\ 0 & 0 & 0 & \frac{16}{25} & \frac{8}{25} & \frac{1}{25}\\ 0 & 0 & 0 & 0 & 1 & 0\end{pmatrix}.$$

2. **解**

$$\boldsymbol{P}=\begin{pmatrix}\frac{3}{16} & \frac{2}{16} & \frac{2}{16} & \frac{2}{16} & \frac{3}{16} & \frac{4}{16}\\ \frac{4}{16} & \frac{3}{16} & \frac{2}{16} & \frac{2}{16} & \frac{2}{16} & \frac{3}{16}\\ \frac{3}{16} & \frac{4}{16} & \frac{3}{16} & \frac{2}{16} & \frac{2}{16} & \frac{2}{16}\\ \frac{2}{16} & \frac{3}{16} & \frac{4}{16} & \frac{3}{16} & \frac{2}{16} & \frac{2}{16}\\ \frac{2}{16} & \frac{2}{16} & \frac{3}{16} & \frac{4}{16} & \frac{3}{16} & \frac{2}{16}\\ \frac{2}{16} & \frac{2}{16} & \frac{2}{16} & \frac{3}{16} & \frac{4}{16} & \frac{3}{16}\end{pmatrix}.$$

3. **解** (1)

$$\boldsymbol{P}=\begin{pmatrix}0 & \frac{1}{2} & \frac{1}{2}\\ \frac{3}{4} & 0 & \frac{1}{4}\\ \frac{3}{4} & \frac{1}{4} & 0\end{pmatrix}.$$

(2) 在时刻 0 司机在机场,在时刻 2 司机在机场的概率是 3/4,在宾馆 B、宾馆 C 的概率都是 1/8. 在时刻 3 他在宾馆 B 的概率为$\frac{3}{4}\times\frac{1}{2}+\frac{1}{8}\times 0+\frac{1}{8}\times\frac{1}{4}=\frac{13}{32}$.

4. **解** (1) 两步转移概率矩阵为

$$\boldsymbol{P}^{(2)}=\boldsymbol{P}^2=\begin{pmatrix}0.3 & 0.7 & 0\\ 0 & 0.2 & 0.8\\ 0.7 & 0 & 0.3\end{pmatrix}\begin{pmatrix}0.3 & 0.7 & 0\\ 0 & 0.2 & 0.8\\ 0.7 & 0 & 0.3\end{pmatrix}=\begin{pmatrix}0.09 & 0.35 & 0.56\\ 0.56 & 0.04 & 0.4\\ 0.42 & 0.49 & 0.09\end{pmatrix},$$

$$P\{X_2=2\}=q_1(0)p_{12}^{(2)}+q_2(0)p_{22}^{(2)}+q_3(0)p_{32}^{(2)}=0.35.$$

(2) 由公式 $\boldsymbol{\pi}=\boldsymbol{\pi P}$,其中 $\boldsymbol{\pi}=(\pi_1,\pi_2,\pi_3)$,再利用 $\pi_1+\pi_2+\pi_3=1$,可得

$$\begin{cases}\pi_1=0.3\pi_1+0.7\pi_3,\\ \pi_2=0.7\pi_1+0.2\pi_2,\\ \pi_3=0.8\pi_2+0.3\pi_3,\\ \pi_1+\pi_2+\pi_3=1,\end{cases}$$

解得 $\pi_1=\frac{8}{23},\pi_2=\frac{7}{23},\pi_3=\frac{8}{23}$.

5. **解** (1) $P\{X_0=0,X_2=1\}=P\{X_0=0\}P\{X_2=1|X_0=0\}=q_0(0)p_{01}^{(2)}$,而 $q_0(0)=\frac{1}{3}$,$p_{01}^{(2)}$可由两步转移概率矩阵得出,

$$\boldsymbol{P}^{(2)}=\boldsymbol{P}^2=\begin{pmatrix}3/4 & 1/4 & 0\\ 1/4 & 1/2 & 1/4\\ 0 & 3/4 & 1/4\end{pmatrix}\begin{pmatrix}3/4 & 1/4 & 0\\ 1/4 & 1/2 & 1/4\\ 0 & 3/4 & 1/4\end{pmatrix}=\begin{pmatrix}5/8 & 5/16 & 1/16\\ 5/16 & 1/2 & 3/16\\ 3/16 & 9/16 & 1/4\end{pmatrix},$$

可得 $p_{01}^{(2)}=\dfrac{5}{16}$,故所求概率 $P\{X_0=0,X_2=1\}=q_0(0)p_{01}^{(2)}=\dfrac{1}{3}\times\dfrac{5}{16}=\dfrac{5}{48}$.

(2) $P\{X_2=1\}=q_0(0)p_{01}^{(2)}+q_1(0)p_{11}^{(2)}+q_2(0)p_{21}^{(2)}=11/24$.

6. **解**　$\{1,2,3\}$,$\{4,5\}$都是闭集,其中$\{1,2,3\}$是不可约的常返闭集.

状态 1,2,3,4,5 都是常返态,由公式 $\boldsymbol{\pi}=\boldsymbol{\pi P}$,其中 $\boldsymbol{\pi}=(\pi_1,\pi_2,\pi_3,\pi_4,\pi_5)$,再利用 $\pi_1+\pi_2+\pi_3+\pi_4+\pi_5=1$,可得

$$\begin{cases}\pi_1=0.3\pi_1+0.6\pi_2,\\ \pi_2=0.4\pi_1+0.4\pi_2+\pi_3,\\ \pi_3=0.3\pi_1,\\ \pi_4=0.3\pi_4+\pi_5,\\ \pi_5=0.7\pi_4,\\ \pi_1+\pi_2+\pi_3+\pi_4+\pi_5=1,\end{cases}$$

解得 $\pi_1=\dfrac{30}{74}\alpha=\dfrac{15}{37}\alpha,\pi_2=\dfrac{35}{74}\alpha,\pi_3=\dfrac{9}{74}\alpha,\pi_4=\dfrac{10}{17}(1-\alpha),\pi_5=\dfrac{7}{17}(1-\alpha)$,其中 $0<\alpha<1$,平稳分布不唯一.

7. **证明**

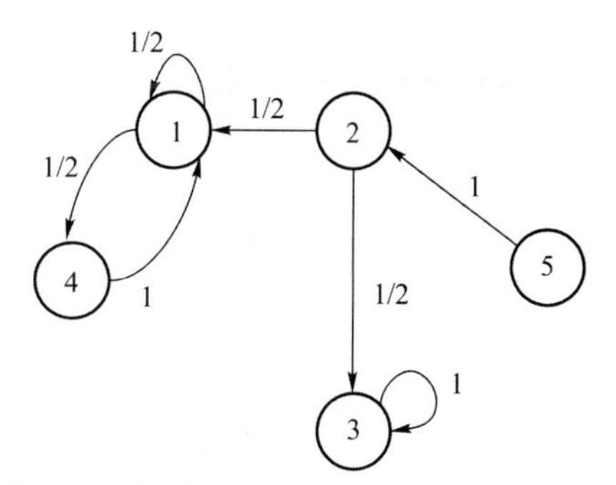

由上图知 3 是吸收的,故$\{3\}$是闭集.$\{1,4\}$,$\{1,4,3\}$,$\{1,2,3,4\}$都是闭集,其中$\{3\}$及$\{1,4\}$是不可约的.又 E 含有闭子集,故$\{X_n,n\geqslant 0\}$不是不可约链.

8. **解**　(1)

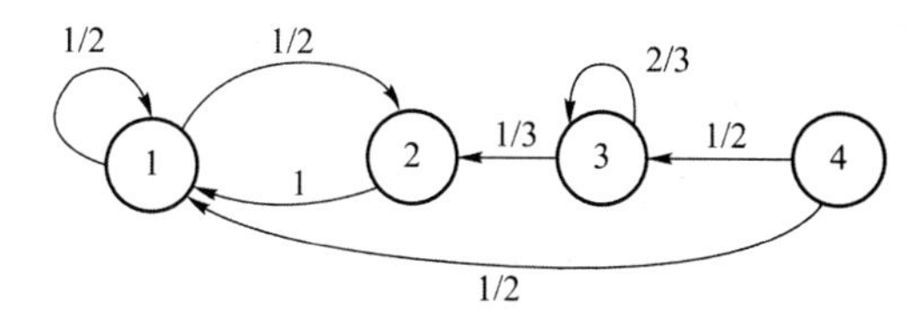

(2)由 $f_{33}^{(1)}=\dfrac{2}{3}$,$f_{33}^{(n)}=0(n\geqslant 2)$,$f_{33}=\dfrac{2}{3}<1$;$f_{44}^{(n)}=0(n\geqslant 1)$,$f_{44}=0<1$,可得状态 3、状态 4 为非常返状态.

$$f_{11}=f_{11}^{(1)}+f_{11}^{(2)}=\frac{1}{2}+\frac{1}{2}=1,\quad f_{22}=\sum_{n=1}^{\infty}f_{22}^{(n)}=0+\frac{1}{2}+\frac{1}{2^2}+\frac{1}{2^3}+\cdots=1,$$

故状态 1、状态 2 为常返状态.又因为

$$\mu_1=\sum_{n=1}^{\infty}nf_{11}^{(n)}=1\times\frac{1}{2}+2\times\frac{1}{2}=\frac{3}{2}<\infty,$$

$$\mu_2=\sum_{n=1}^{\infty}nf_{22}^{(n)}=0+2\times\frac{1}{2}+3\times\frac{1}{2^2}+4\times\frac{1}{2^3}+\cdots=3<\infty,$$

所以状态1、状态2为正常返状态，且为非周期的，从而是遍历状态.

(3) $E=D\cup C$，其中 $D=\{3,4\}$，$C=\{1,2\}$.

(4) $(\pi_1,\pi_2)=(\pi_1,\pi_2)\begin{pmatrix}\frac{1}{2}&\frac{1}{2}\\1&0\end{pmatrix}$，$\pi_1+\pi_2=1$，即 $\begin{cases}\pi_1=\frac{1}{2}\pi_1+\pi_2,\\\pi_2=\frac{1}{2}\pi_1,\\\pi_1+\pi_2=1,\end{cases}$ 解得 $\begin{cases}\pi_1=\frac{2}{3},\\\pi_2=\frac{1}{3},\end{cases}$ 即不可约闭集 C 上的平稳分布为 $\left(\frac{2}{3},\frac{1}{3},0,0\right)$.

9. **解** (1) 转移概率矩阵 $\boldsymbol{P}$ 可排成如下标准形式：

$$\boldsymbol{P}=\begin{array}{c}\begin{matrix}1&2&3&4\end{matrix}\\\begin{pmatrix}0.6&0&0.4&0\\0&0.6&0&0.4\\0.4&0&0.6&0\\0&0.2&0&0.8\end{pmatrix}\end{array}=\begin{array}{c}\begin{matrix}1&3&2&4\end{matrix}\\\begin{pmatrix}0.6&0.4&0&0\\0.4&0.6&0&0\\0&0&0.6&0.4\\0&0&0.2&0.8\end{pmatrix}\end{array},$$

状态空间可分解为 $\{1,3\}$，$\{2,4\}$，各状态均为正常返.

(2) 由公式 $\boldsymbol{\pi}=\boldsymbol{\pi P}$，其中 $\boldsymbol{\pi}=(\pi_1,\pi_2,\pi_3,\pi_4)$，再利用 $\pi_1+\pi_2+\pi_3+\pi_4=1$，可得

$$\begin{cases}\pi_1=0.6\pi_1+0.4\pi_3,\\\pi_3=0.4\pi_1+0.6\pi_3,\\\pi_2=0.6\pi_2+0.4\pi_4,\\\pi_4=0.2\pi_2+0.8\pi_4,\\\pi_1+\pi_2+\pi_3+\pi_4=1,\end{cases}$$

解得 $\pi_1=\frac{3}{5}\alpha$，$\pi_2=\frac{2}{5}\alpha$，$\pi_3=\frac{1}{3}(1-\alpha)$，$\pi_4=\frac{2}{3}(1-\alpha)$，其中 $0<\alpha<1$，平稳分布不唯一.

(3)
$$P\{X_2=3\mid X_0=1\}=p_{11}p_{13}+p_{12}p_{23}+p_{13}p_{33}+p_{14}p_{43}=0.48,$$
$$P\{X_2=2\mid X_0=1\}=p_{11}p_{12}+p_{12}p_{22}+p_{13}p_{32}+p_{14}p_{42}=0.$$

10. **解** 由公式 $\boldsymbol{\pi}=\boldsymbol{\pi P}$，其中 $\boldsymbol{\pi}=(\pi_1,\pi_2,\pi_3)$，再利用 $\pi_1+\pi_2+\pi_3=1$，可得

$$\begin{cases}\pi_1=0.86\pi_1+0.05\pi_2+0.03\pi_3,\\\pi_2=0.08\pi_1+0.88\pi_2+0.05\pi_3,\\\pi_3=0.06\pi_1+0.07\pi_2+0.92\pi_3,\\\pi_1+\pi_2+\pi_3=1,\end{cases}$$

解得 $\pi_1=\frac{61}{283}$，$\pi_2=\frac{94}{283}$，$\pi_3=\frac{128}{283}$.

11. **解** (1) 状态表示烧坏灯泡的个数，则状态空间为 $\{0,1,2\}$，一步转移概率矩阵为

$$\boldsymbol{P}=\begin{pmatrix}0.98&0.02&0\\0&0.95&0.05\\1&0&0\end{pmatrix},$$

由公式 $\boldsymbol{\pi}=\boldsymbol{\pi P}$,其中 $\boldsymbol{\pi}=(\pi_0,\pi_1,\pi_2)$,再利用 $\pi_0+\pi_1+\pi_2=1$,可得

$$\begin{cases}\pi_0=0.98\pi_0+\pi_2,\\ \pi_1=0.02\pi_0+0.95\pi_1,\\ \pi_2=0.05\pi_1,\\ \pi_0+\pi_1+\pi_2=1,\end{cases}$$

解得 $\pi_0=\frac{50}{71},\pi_1=\frac{20}{71},\pi_2=\frac{1}{71}$. 从长远看,车库仅有一盏灯工作的时间所占的比例是$\frac{20}{71}$.

(2) 两盏灯都烧坏时将更换它们,两次替换之间的时间间隔是从状态 2 出发再次回到状态 2 的时间间隔,其期望值为 $\mu_2=\frac{1}{\pi_2}=71$.

12. **解**　由公式 $\boldsymbol{\pi}=\boldsymbol{\pi P}$,其中 $\boldsymbol{\pi}-(\pi_1,\pi_2,\pi_3,\pi_4)$,再利用 $\pi_1+\pi_2+\pi_3+\pi_4=1$,可得

$$\begin{cases}\pi_1=0.9\pi_1+0.8\pi_2+0.5\pi_3+0.1\pi_4,\\ \pi_2=0.1\pi_1,\\ \pi_3=0.2\pi_2,\\ \pi_4=0.5\pi_3+0.9\pi_4,\\ \pi_1+\pi_2+\pi_3+\pi_4=1,\end{cases}$$

解得 $\pi_1=\frac{50}{61},\pi_2=\frac{5}{61},\pi_3=\frac{1}{61},\pi_4=\frac{5}{61}$.

第 10 章在线测试

第 11 章

连续时间马尔可夫链

一、知识要点

定理 1（Chapman-Kolmogorov 方程） 设$\{X(t),t\geqslant 0\}$为连续时间马尔可夫链，状态空间为 E，$\boldsymbol{P}(t)=\{p_{ij}(t)\}$为转移概率矩阵，则

$$p_{ij}(t+s)=\sum_{k\in E}p_{ik}(t)p_{kj}(s).$$

定理 2（柯尔莫哥洛夫向前和向后方程） 对于一切状态 i,j 和时间 $t\geqslant 0$，

$$p'_{ij}(t)=\sum_{k\neq i}q_{kj}p_{ik}(t)-v_j p_{ij}(t),$$

$$p'_{ij}(t)=\sum_{k\neq i}q_{ik}p_{kj}(t)-v_i p_{ij}(t).$$

定理 3 设$\{X(t),t\geqslant 0\}$是连续时间马尔可夫链，状态空间为 E，$\forall i\in E$，T_i 为状态 i 的时间，且 $\boldsymbol{Q}$ 矩阵满足全稳定性，则

(1) $P\{X(s)=i,0\leqslant s\leqslant t\,|\,X(0)=i\}=\mathrm{e}^{-v_i t}$；

(2) 设 $0<v_i<+\infty$，$i\neq j$，则 $P\{X(\tau_i)=j\,|\,X(0)=i\}=\dfrac{q_{ij}}{v_i}$.

定理 4 齐次马尔可夫链的有限维分布具有下列性质：

(1) $q_j(t)=\sum_{i\in E}q_i p_{ij}(t)$；

(2) $q_j(t+s)=\sum_{i\in E}q_i(t)p_{ij}(s)$.

二、分级习题

（一）基础篇

1. 一位销售员在北京、上海和广州之间依照下列 $\boldsymbol{Q}$ 矩阵飞来飞去：

$$\boldsymbol{Q}=\begin{pmatrix}-4 & 2 & 2\\ 3 & -4 & 1\\ 5 & 0 & -5\end{pmatrix}.$$

(1) 求他在每一座城市停留时间比例的极限值.

(2) 他平均每年从上海到北京飞多少次？

解 (1) 平稳分布即为在每一座城市停留时间比例的极限值，平稳分布满足方程

$$\begin{cases}\boldsymbol{\pi Q}=\boldsymbol{0},\\ \pi_1+\pi_2+\pi_3=1,\end{cases}$$

即

$$\begin{cases}-4\pi_1+3\pi_2+5\pi_3=0,\\ 2\pi_1-4\pi_2=0,\\ 2\pi_1+\pi_2-5\pi_3=0,\\ \pi_1+\pi_2+\pi_3=1,\end{cases}$$

解得 $\pi_1=\frac{1}{2},\pi_2=\frac{1}{4},\pi_3=\frac{1}{4}$.

(2) 平均一年中花费$\frac{1}{4}$的时间即 3 个月在上海,平均每月从上海出发 4 次,1 次飞往广州,3 次飞往北京,则每年平均从上海飞往北京的次数为 $3\times3=9$.

2. 一家小计算机店的空间最多可以展示 3 台待售计算机.顾客按照每周 2 人的泊松过程到达,如果店里至少有 1 台计算机的话将会购买 1 台.当商店仅剩一台计算机时,店家将下一个 2 台计算机的订单,订单到货的时间服从均值为 1 周的指数分布.当然,在商店等待交货期间,销售可能使得存货量由 1 变为 0.

(1) 写出转移速率矩阵 $\boldsymbol{Q}$,并通过求解 $\boldsymbol{\pi Q}=\boldsymbol{0}$ 得到平稳分布.

(2) 商店卖出计算机的速率是多少?

解　(1) $\boldsymbol{Q}$ 矩阵为

$$\boldsymbol{Q}=\begin{pmatrix}-1&0&1&0\\2&-3&0&1\\0&2&-2&0\\0&0&2&-2\end{pmatrix},$$

平稳分布满足方程

$$\begin{cases}\boldsymbol{\pi Q}=\boldsymbol{0},\\ \pi_0+\pi_1+\pi_2+\pi_3=1,\end{cases}$$

$$\begin{cases}-\pi_0+2\pi_1=0,\\ -3\pi_1+2\pi_2=0,\\ \pi_0-2\pi_2+2\pi_3=0,\\ \pi_1-2\pi_3=0,\\ \pi_0+\pi_1+\pi_2+\pi_3=1,\end{cases}$$

解得 $\pi_0=\frac{2}{5},\pi_1=\frac{1}{5},\pi_2=\frac{3}{10},\pi_3=\frac{1}{10}$.

(2) 商店卖出计算机的速率是每周 $2(1-\pi_0)=\frac{6}{5}$.

3. 考虑仅有一位维修工人负责维修两台机器.机器 i 在发生故障前可正常工作的时间服从速率为λ_i 的指数分布.每台机器的维修时间服从速率为μ_i 的指数分布,且维修工人依照机器发生故障的次序进行维修.

(1) 构建一个此情形下的马尔可夫链,其状态空间为$\{0,1,2,12,21\}$.

(2) 假定$\lambda_1=1,\mu_1=2,\lambda_2=3,\mu_2=4$,求平稳分布.

解 (1) 状态 0 表示两台都正常工作，状态 1 表示 1 号机器故障，状态 2 表示 2 号机器故障，状态 12 表示 1 号机器故障后 2 号机器又故障，状态 21 表示 2 号机器故障后 1 号机器又故障，则其 $\boldsymbol{Q}$ 矩阵为

$$\boldsymbol{Q}=\begin{pmatrix} -(\lambda_1+\lambda_2) & \lambda_1 & \lambda_2 & 0 & 0 \\ \mu_1 & -(\mu_1+\lambda_2) & 0 & \lambda_2 & 0 \\ \mu_2 & 0 & -(\mu_2+\lambda_1) & 0 & \lambda_1 \\ 0 & 0 & \mu_1 & -\mu_1 & 0 \\ 0 & \mu_2 & 0 & 0 & -\mu_2 \end{pmatrix}.$$

(2) 代入 $\lambda_1=1,\mu_1=2,\lambda_2=3,\mu_2=4$，可得

$$\boldsymbol{Q}=\begin{pmatrix} -4 & 1 & 3 & 0 & 0 \\ 2 & -5 & 0 & 3 & 0 \\ 4 & 0 & -5 & 0 & 1 \\ 0 & 0 & 2 & -2 & 0 \\ 0 & 4 & 0 & 0 & -4 \end{pmatrix},$$

利用方程组

$$\begin{cases} \boldsymbol{\pi Q}=\boldsymbol{0}, \\ \pi_0+\pi_1+\pi_2+\pi_{12}+\pi_{21}=1, \end{cases}$$

解得平稳分布为 $\pi_0=\dfrac{44}{129},\pi_1=\dfrac{16}{129},\pi_2=\dfrac{36}{129},\pi_{12}=\dfrac{24}{129},\pi_{21}=\dfrac{9}{129}$.

4. 一小间办公室中有两个人负责股票共同基金的销售业务，他们每个人的状态为要么在打电话，要么没在打电话，假设业务员 i 的通话时间服从速率为μ_i 的指数分布，没在打电话的时间服从速率为λ_i 的指数分布.

(1) 构建一个马尔可夫链模型，状态空间为$\{0,1,2,12\}$，其中状态表示正在打电话的业务员；

(2) 若$\lambda_1=1,\mu_1=3,\lambda_2=1,\mu_2=3$，求平稳分布.

解 (1) 状态 0 表示两个业务员都未通话，状态 1 表示 1 号业务员在通话，状态 2 表示 2 号业务员在通话，状态 12 表示 1 号和 2 号业务员都在通话，则其 $\boldsymbol{Q}$ 矩阵为

$$\boldsymbol{Q}=\begin{pmatrix} -(\lambda_1+\lambda_2) & \lambda_1 & \lambda_2 & 0 \\ \mu_1 & -(\mu_1+\lambda_2) & 0 & \lambda_2 \\ \mu_2 & 0 & -(\mu_2+\lambda_1) & \lambda_1 \\ 0 & \mu_1 & \mu_2 & -(\mu_1+\mu_2) \end{pmatrix}.$$

(2) 代入$\lambda_1=1,\mu_1=3,\lambda_2=1,\mu_2=3$，可得

$$\boldsymbol{Q}=\begin{pmatrix} -2 & 1 & 1 & 0 \\ 3 & -4 & 0 & 1 \\ 3 & 0 & -4 & 1 \\ 0 & 3 & 3 & -6 \end{pmatrix},$$

利用方程组

$$\begin{cases} \boldsymbol{\pi Q}=\boldsymbol{0}, \\ \pi_0+\pi_1+\pi_2+\pi_{12}=1, \end{cases}$$

解得平稳分布为 $\pi_0=\dfrac{9}{17},\pi_1=\dfrac{3}{17},\pi_2=\dfrac{3}{17},\pi_{12}=\dfrac{2}{17}$.

(二)提高篇

1. 试证有限马尔可夫链的绝对概率分布 $p_j(t)$ 满足下列方程:

$$p_j'(t)=\sum_{k\in E}p_k(t)q_{kj},\quad j\in E.$$

证明 由 C-K 方程 $p_{ij}(t+s)=\sum\limits_{k\in E}p_{ik}(t)p_{kj}(s)$,可得

$$\begin{aligned}p_{ij}(t+h)-p_{ij}(t)&=\sum_{k\in E}p_{ik}(h)p_{kj}(t)-p_{ij}(t)\\&=\sum_{k\neq i}p_{ik}(h)p_{kj}(t)-[1-p_{ii}(h)]p_{ij}(t),\end{aligned}$$

由 $p_{ik}(0)=0(i\neq k),p_{ii}(0)=1$,可得

$$\begin{aligned}p_j'(t)&=\lim_{h\to0^+}\frac{p_{ij}(t+h)-p_{ij}(t)}{h}\\&=\lim_{h\to0^+}\left\{\sum_{k\neq i}\frac{p_{ik}(h)}{h}p_{kj}(t)-\frac{[1-p_{ii}(h)]}{h}p_{ij}(t)\right\}\\&=\lim_{h\to0^+}\left\{\sum_{k\neq i}\frac{p_{ik}(h)-p_{ik}(0)}{h}p_{kj}(t)-\frac{[p_{ii}(0)-p_{ii}(h)]}{h}p_{ij}(t)\right\}\\&=\sum_{k\neq i}q_{ik}p_{kj}(t)-v_ip_{ij}(t)\\&=\sum_{k\in E}p_k(t)q_{kj},\quad j\in E,\end{aligned}$$

其中 $v_i=\sum\limits_{j\neq i}q_{ij}=-q_{ii}$.

2. 设 $X(t)$ 为连续时间马尔可夫链,状态空间 $E=\{1,2,\cdots,m\}$,且当 $i\neq j,i,j\in E$ 时,$q_{ij}=1$;当 $i\in E$ 时,$q_{ij}=-(m-1)$,试写出马尔可夫链的向前方程,并求 $p_{ij}(t)$.

解 该马尔可夫链的 $\boldsymbol{Q}$ 矩阵为

$$\boldsymbol{Q}=\begin{pmatrix}-(m-1)&1&\cdots&1\\1&-(m-1)&\cdots&1\\\cdots&\cdots&\cdots&\cdots\\1&1&\cdots&-(m-1)\end{pmatrix},$$

向前方程为 $\boldsymbol{P}'(t)=\boldsymbol{P}(t)\boldsymbol{Q}$,可得 $\boldsymbol{P}(t)=\mathrm{e}^{\boldsymbol{Q}t}$,$p_{ij}(t)$ 是 $\boldsymbol{P}(t)$ 的第(i,j)个元素.

3. (纯生过程)考虑一个正数序列$\{\lambda_i\}$及马尔可夫链$\{X(t),t\geqslant0\}$具有转移概率 $p_{ij}(t)$,

$$\begin{cases}p_{ii+1}(h)=\lambda_ih+o(h), & i=0,1,2,\cdots,\\p_{ii}(h)=1-\lambda_ih+o(h), & i=0,1,2,\cdots,\\p_{ii-1}(h)=0, & i=1,2,\cdots,\\p_{ij}(h)=o(h), & |i-j|\geqslant2,\end{cases}$$

求柯尔莫哥洛夫方程.

解 该马尔可夫链的 $\boldsymbol{Q}$ 矩阵为

$$\boldsymbol{Q}=\begin{pmatrix}-\lambda_0&\lambda_0&0&\cdots\\0&-\lambda_1&\lambda_1&\cdots\\0&0&\cdots&\cdots\end{pmatrix},$$

其向前方程为

$$p'_{i0}(t)=-\lambda_i p_{i0}(t),p'_{ij}(t)=\lambda_{j-1}p_{i,j-1}(t)-\lambda_i p_{ij}(t),j\geqslant 1 \text{ 或 } \boldsymbol{P}'(t)=\boldsymbol{P}(t)\boldsymbol{Q};$$

向后方程为

$$p'_{ij}(t)=-\lambda_i p_{ij}(t)+\lambda_i p_{i+1,j}(t) \text{ 或 } \boldsymbol{P}'(t)=\boldsymbol{Q}\boldsymbol{P}(t).$$

4. 设某机器的正常工作时间是一服从指数分布的随机变量，它的平均正常工作时间为$\frac{1}{\lambda}$；它损坏后的修复时间也是服从指数分布的随机变量，它的平均修复时间为$\frac{1}{\mu}$. 如该机器在$t=0$时是正常工作的，问在$t=10$时该机器正常工作的概率是多少？

解 设$X(t)$表示在t时刻机器的状态，$X(t)=0$表示机器正常工作，$X(t)=1$表示机器在修复，则$X(t)$是具有两个状态$E=\{0,1\}$的马尔可夫链，$\boldsymbol{Q}$矩阵为$\boldsymbol{Q}=\begin{pmatrix}-\lambda & \lambda \\ \mu & -\mu\end{pmatrix}$，转移函数矩阵为

$$\boldsymbol{P}(t)=\begin{pmatrix}\frac{\mu}{\lambda+\mu}+\frac{\lambda}{\lambda+\mu}\mathrm{e}^{-(\lambda+\mu)t} & \frac{\lambda}{\lambda+\mu}-\frac{\lambda}{\lambda+\mu}\mathrm{e}^{-(\lambda+\mu)t} \\ \frac{\mu}{\lambda+\mu}-\frac{\mu}{\lambda+\mu}\mathrm{e}^{-(\lambda+\mu)t} & \frac{\lambda}{\lambda+\mu}+\frac{\mu}{\lambda+\mu}\mathrm{e}^{-(\lambda+\mu)t}\end{pmatrix},$$

从而有在$t=10$时该机器正常工作的概率为$\frac{\mu}{\lambda+\mu}+\frac{\lambda}{\lambda+\mu}\mathrm{e}^{-10(\lambda+\mu)}$，当$t$趋于无穷时，该机器正常工作的概率为$\frac{\mu}{\lambda+\mu}$.

5. 设某车间有m台车床，由于各种原因时而工作，时而停止，假定时刻t一台正在工作的车床在时刻$t+h$停止工作的概率为$\mu h+o(h)$，而时刻t不工作的车床在时刻$t+h$开始工作的概率为$\lambda h+o(h)$，且各车床工作情况是相互独立的，若$N(t)$表示时刻t正在工作的车床数，求：

第 11 章提高篇题 5

(1) 马尔可夫链$\{N(t),t\geqslant 0\}$的平稳分布；

(2) 当$m=10,\lambda=60,\mu=30$时，平稳状态时有一半以上车床在工作的概率.

解 (1) $N(t)$是马尔可夫链，状态空间为$E=\{0,1,2,3,\cdots,m\}$，其$\boldsymbol{Q}$矩阵为

$$\boldsymbol{Q}=\begin{pmatrix}-m\lambda & m\lambda & 0 & 0 & 0 & 0 \\ \mu & -\mu-(m-1)\lambda & (m-1)\lambda & 0 & 0 & 0 \\ 0 & 2\mu & -2\mu-(m-2)\lambda & (m-2)\lambda & 0 & 0 \\ \vdots & \vdots & \ddots & \ddots & \ddots & \vdots \\ 0 & 0 & 0 & (m-1)\mu & -\lambda-(m-1)\mu & \lambda \\ 0 & 0 & 0 & 0 & m\mu & -m\mu\end{pmatrix},$$

由极限分布满足$\sum\limits_{k=0}^{m}\pi_k=1,\sum\limits_{k=0}^{m}\pi_k q_{kj}=0$可得

$$\pi_k=\mathrm{C}_m^k\left(\frac{\lambda}{\lambda+\mu}\right)^k\left(\frac{\mu}{\lambda+\mu}\right)^{m-k},\quad k=0,1,\cdots,m.$$

(2) $\pi_6+\pi_7+\cdots+\pi_{10}=\sum\limits_{k=6}^{10}\mathrm{C}_{10}^k\left(\frac{60}{90}\right)^k\left(\frac{30}{90}\right)^{10-k}=\sum\limits_{k=6}^{10}\mathrm{C}_{10}^k\left(\frac{2}{3}\right)^k\left(\frac{1}{3}\right)^{10-k}.$

6. (排队问题)设有一服务台，$[0,t]$内到达服务台的顾客数是服从泊松分布的随机变

量，即顾客流是泊松过程. 单位时间内到达服务台的平均人数为 λ，服务台只有一个服务员，顾客接受服务的时间是服从指数分布的随机变量，平均服务时间为 $\frac{1}{\mu}$. 如果服务台空闲，则到达的顾客立刻接受服务；如果顾客到达时服务员正在为另一顾客服务，则他必须排队等候；如果顾客到达时发现已经有两人在等候，则他就离开而不再回来. 设 $X(t)$ 表示在 t 时刻系统内的顾客人数(包括正在被服务的顾客和排队等候的顾客)，该人数就是系统所处的状态，于是这个系统的状态空间为 $E=\{0,1,2,3\}$，又设在 $t=0$ 时系统处于零状态，即服务员空闲着. 求在 t 时刻系统处于状态 j 的无条件概率 $p_j(t)$ 所满足的微分方程.

解　该马尔可夫链的 $\boldsymbol{Q}$ 矩阵为

$$\boldsymbol{Q}=\begin{pmatrix} -\lambda & \lambda & 0 & 0 \\ \mu & -(\lambda+\mu) & \lambda & 0 \\ 0 & \mu & -(\lambda+\mu) & \lambda \\ 0 & 0 & \mu & -\mu \end{pmatrix},$$

这里 $p_{0j}(t)=p_j(t)$. 由向后方程 $\boldsymbol{P}'(t)=\boldsymbol{Q}\boldsymbol{P}(t)$，可得 $\boldsymbol{P}(t)=\mathrm{e}^{\boldsymbol{Q}t}$，$p_{0j}(t)$ 为矩阵 $\mathrm{e}^{\boldsymbol{Q}t}$ 的第 1 行第 $j+1$ 列元素.

总习题十一

一、选择题

总习题十一
选择题 1 和 2

1. 设 $N(t)$ 是参数为 λ 的泊松过程，则下列结论不正确的是(　　).

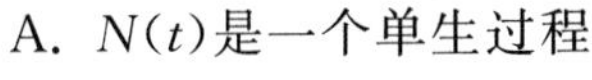

A. $N(t)$ 是一个单生过程

B. $N(t)$ 是一个离散时间马尔可夫链

C. $N(t)$ 是一个连续时间马尔可夫链

D. $N(t)$ 是一个初值为 0 的独立增量过程

2. 参数为 λ 的泊松过程是一个连续时间马尔可夫链，则以下结论不正确的是(　　).

A. $$\boldsymbol{Q}=\begin{pmatrix} -\lambda & \lambda & 0 & 0 & 0 & \cdots \\ 0 & -\lambda & \lambda & 0 & 0 & \cdots \\ 0 & 0 & -\lambda & \lambda & 0 & \cdots \\ 0 & 0 & 0 & \ddots & \ddots & \cdots \\ 0 & 0 & 0 & 0 & \ddots & \ddots \\ \vdots & \vdots & \vdots & \vdots & \vdots & \ddots \end{pmatrix}$$

$$\text{B. } \boldsymbol{P}(1)=\begin{pmatrix} e^{-\lambda} & \lambda e^{-\lambda} & \frac{\lambda^2}{2!}e^{-\lambda} & \frac{\lambda^3}{3!}e^{-\lambda} & \cdots & \cdots \\ 0 & e^{-\lambda} & \lambda e^{-\lambda} & \frac{\lambda^2}{2!}e^{-\lambda} & \frac{\lambda^3}{3!}e^{-\lambda} & \cdots \\ 0 & 0 & e^{-\lambda} & \lambda e^{-\lambda} & \ddots & \ddots \\ 0 & 0 & 0 & e^{-\lambda} & \lambda e^{-\lambda} & \ddots \\ 0 & 0 & 0 & 0 & \ddots & \ddots \\ \vdots & \vdots & \vdots & \vdots & \vdots & \ddots \end{pmatrix}$$

$$\text{C. } \boldsymbol{P}(t)=\begin{pmatrix} e^{-\lambda t} & \lambda e^{-\lambda t} & \frac{(\lambda t)^2}{2!}e^{-\lambda t} & \frac{(\lambda t)^3}{3!}e^{-\lambda t} & \cdots & \cdots \\ 0 & e^{-\lambda t} & \lambda t e^{-\lambda t} & \frac{(\lambda t)^2}{2!}e^{-\lambda t} & \frac{(\lambda t)^3}{3!}e^{-\lambda t} & \cdots \\ 0 & 0 & e^{-\lambda t} & \lambda t e^{-\lambda t} & \ddots & \ddots \\ 0 & 0 & 0 & e^{-\lambda t} & \lambda t e^{-\lambda t} & \ddots \\ 0 & 0 & 0 & 0 & \ddots & \ddots \\ \vdots & \vdots & \vdots & \vdots & \vdots & \ddots \end{pmatrix}$$

$$\text{D. } \boldsymbol{P}=\begin{pmatrix} 1-\lambda & \lambda & 0 & 0 & 0 & \cdots \\ 0 & 1-\lambda & \lambda & 0 & 0 & \cdots \\ 0 & 0 & 1-\lambda & \lambda & 0 & \cdots \\ 0 & 0 & 0 & \ddots & \ddots & \cdots \\ 0 & 0 & 0 & 0 & \ddots & \ddots \\ \vdots & \vdots & \vdots & \vdots & \vdots & \ddots \end{pmatrix}$$

二、填空题

1. 设连续时间马尔可夫链的 $\boldsymbol{Q}$ 矩阵为 $\boldsymbol{Q}=\begin{pmatrix} -1 & 1 \\ 2 & -2 \end{pmatrix}$，则平稳分布 $\boldsymbol{\pi}=$________.

2. 设连续时间马尔可夫链的转移概率矩阵为 $\boldsymbol{P}(t)$，转移强度矩阵为 $\boldsymbol{Q}$，则柯尔莫哥洛夫向前方程为________，柯尔莫哥洛夫向后方程为________.

3. 设连续时间马尔可夫链的转移概率矩阵为

$$\boldsymbol{P}(h)=\begin{pmatrix} 1-\lambda h-o(h) & \lambda h+o(h) \\ \mu h+o(h) & 1-\mu h-o(h) \end{pmatrix},$$

则转移强度矩阵为 $\boldsymbol{Q}=$____________.

三、解答题

1. 证明参数为 λ 的泊松过程是连续时间齐次马尔可夫链.

总习题十一
解答题 1

2. 两位银行的工作人员在柜台工作，每位工作人员的服务桌旁都有一把椅子，顾客可以坐在椅子上接受服务，此外还有一把椅子，可供顾客坐着等待，顾客按照速率 λ 到达，但是当他到达时，如果椅子上已经坐了在等待的顾客，他会离开. 假定工作人员 i 的服务时间服从速率为 μ_i 的指数分布，当两位工作人员都空闲时，顾客以等概率选择其中一位接受服务.

（1）构建一个此系统的马尔可夫链，其状态空间为{0,1,2,12,3}，其中前 4 个状态表示处于工作状态的工作人员，而最后一个状态表示系统中一共有3 位顾客：每位工作人员服务一位顾客，另外一位顾客正在等待.

(2) 考虑一种特殊情形：$\lambda=2,\mu_1=3,\mu_2=3$，求平稳分布.

总习题十一
解答题 2

总习题十一参考答案

一、选择题

1. B； 2. D.

二、填空题

1. $\left(\frac{2}{3},\frac{1}{3}\right)$； 2. $\boldsymbol{P}'(t)=\boldsymbol{P}(t)\boldsymbol{Q},\boldsymbol{P}'(t)=\boldsymbol{QP}(t)$； 3. $\begin{pmatrix}-\lambda & \lambda\\ \mu & -\mu\end{pmatrix}$.

三、解答题

1. **证明** 设$\{X_t,t\geqslant 0\}$是参数为λ的泊松过程，对任何$0\leqslant t_0<t_1<\cdots<t_{n+1}$以及状态$i_0\leqslant i_1\leqslant\cdots\leqslant i_{n+1}\in E$有

$$
\begin{aligned}
&P\{X_{t_{n+1}}=i_{n+1}\mid X_{t_0}=i_0,X_{t_1}=i_1,\cdots,X_{t_n}=i_n\}\\
=&P\{X_{t_{n+1}}-X_{t_n}=i_{n+1}-i_n\mid X_{t_0}-X_0=i_0,X_{t_1}-X_{t_0}=i_1-i_0,\cdots,X_{t_n}-X_{t_{n-1}}=i_n-i_{n-1}\}\\
=&P\{X_{t_{n+1}}-X_{t_n}=i_{n+1}-i_n\}\\
=&P\{X_{t_{n+1}}=i_{n+1}\mid X_{t_n}=i_n\},
\end{aligned}
$$

所以$\{X_t,t\geqslant 0\}$是连续时间马尔可夫链，其转移概率函数为

$$
\begin{aligned}
p_{ij}(t)&=P\{X_{s+t}=j\mid X_s=i\}\\
&=P\{X_{s+t}-X_s=j-i\}\\
&=\begin{cases}\mathrm{e}^{-\lambda t}\dfrac{(\lambda t)^{j-i}}{(j-i)!}, & j\geqslant i,\\ 0, & j<i,\end{cases}\quad t>0,
\end{aligned}
$$

与s无关，所以$\{X_t,t\geqslant 0\}$是齐次马尔可夫链.

2. **解** (1) 该马尔可夫链有 5 个状态，转移强度矩阵为

$$
\boldsymbol{Q}=\begin{pmatrix}
-\lambda & \frac{\lambda}{2} & \frac{\lambda}{2} & 0 & 0\\
\mu_1 & -(\mu_1+\lambda) & 0 & \lambda & 0\\
\mu_2 & 0 & -(\lambda+\mu_2) & \lambda & 0\\
0 & \mu_2 & \mu_1 & -(\mu_1+\mu_2+\lambda) & \lambda\\
0 & 0 & 0 & \mu_1+\mu_2 & -(\mu_1+\mu_2)
\end{pmatrix}.
$$

(2) $\lambda=2,\mu_1=3,\mu_2=3$时，转移强度矩阵为

$$
\boldsymbol{Q}=\begin{pmatrix}
-2 & 1 & 1 & 0 & 0\\
3 & -5 & 0 & 2 & 0\\
3 & 0 & -5 & 2 & 0\\
0 & 3 & 3 & -8 & 2\\
0 & 0 & 0 & 6 & -6
\end{pmatrix},
$$

利用方程组

$$\begin{cases} \boldsymbol{\pi Q} = \boldsymbol{0}, \\ \pi_0 + \pi_1 + \pi_2 + \pi_{12} + \pi_3 = 1, \end{cases}$$

解得平稳分布为 $\pi_0 = \dfrac{27}{53}, \pi_1 = \dfrac{9}{53}, \pi_2 = \dfrac{9}{53}, \pi_{12} = \dfrac{6}{53}, \pi_3 = \dfrac{2}{53}$.

第 11 章在线测试

参考文献

[1] 北京邮电大学数学系概率教学组.概率论与随机过程[M].北京:北京邮电大学出版社,2021.

[2] 史悦,孙洪祥.概率论与随机过程[M].北京:北京邮电大学出版社,2010.

[3] 盛骤,谢式千,潘承毅.概率论与数理统计[M].4版.北京:高等教育出版社,2008.

[4] Durrett R.随机过程[M].张景肖,李贞贞,译.北京:机械工业出版社,2014.

[5] Ross S M.随机过程[M].何声武,谢盛荣,程依明,译.北京:中国统计出版社,1997.

[6] 周荫清,李春升.随机过程习题集[M].北京:北京航空学院出版社,1987.

[7] 赵鲁涛.概率论与数理统计教学设计[M].北京:机械出版社,2015.

[8] Ross S M.应用随机过程:概率模型导论[M].龚光鲁,译.11版.北京:人民邮电出版社,2016.

[9] 李裕奇,刘赪.随机过程习题解答[M].4版.北京:北京航空航天大学出版社,2018.

[10] 胡细宝,孙洪祥,王丽霞.概率论·数理统计·随机过程[M].北京:北京邮电大学出版社,2004.

[11] 陈萍,侯传志,冯予.随机数学及其应用[M].北京:人民邮电出版社,2015.

[12] 葛余博.概率论与数理统计[M].北京:清华大学出版社,2005.

[13] 杨振明.概率论[M].北京:科学出版社,1999.

[14] 复旦大学.概率论[M].北京:人民教育出版社,1979.

[15] 朱华,黄辉宁,李永庆,等.随机信号分析[M].北京:北京理工大学出版社,1990.

[16] 李永庆,梅文博.随机信号分析解题指南[M].北京:北京理工大学出版社,2007.

[17] 严士健,王隽骧,刘秀芳.概率论基础[M].北京:科学出版社,1982.

[18] 施仁杰.马尔可夫链基础及其应用[M].西安:西安电子科技大学出版社,1992.

[19] 南京工学院数学教研组.积分变换[M].北京:高等教育出版社,1989.

[20] 邓永录,梁之舜.随机点过程及其应用[M].北京:科学出版社,1998.

[21] 何书元.随机过程[M].北京:北京大学出版社,2008.

[22] 叶俊,梁恒,李劲松.概率论与数理统计[M].北京:高等教育出版社,2016.

[23] 陈希孺.概率论与数理统计[M].合肥:中国科学技术大学出版社,2002.

[24] Anderson W J. Continuous-time Markov Chains[M]. New York: Springer-Verlag, 1991.